环保公益性行业科研专项经费项目系列丛书

城市污泥堆肥林地利用及其环境生态风险评价

张立秋 孙德智 封 莉 主编

U0334234

中国环境出版社·北京

图书在版编目（CIP）数据

城市污泥堆肥林地利用及其环境生态风险评价 / 张立秋，孙德智，封莉主编. —北京：中国环境出版社，2014.12
ISBN 978-7-5111-2141-7

Ⅰ．①城…　Ⅱ．①张…②孙…③封…　Ⅲ．①城市—污泥利用②林地—堆肥—环境生态评价　Ⅳ．①X703②X826

中国版本图书馆 CIP 数据核字（2014）第 274323 号

出 版 人	王新程
策划编辑	付江平
责任校对	尹　芳
封面设计	宋　瑞

出版发行　中国环境出版社
　　　　　（100062　北京市东城区广渠门内大街 16 号）
　　　　　网　　　址：http://www.cesp.com.cn
　　　　　电子邮箱：bjgl@cesp.com.cn
　　　　　联系电话：010-67112765（编辑管理部）
　　　　　　　　　　010-67111484（管理图书出版中心）
　　　　　发行热线：010-67125803，010-67113405（传真）
印　　刷　北京中科印刷有限公司
经　　销　各地新华书店
版　　次　2014 年 11 月第 1 版
印　　次　2014 年 11 月第 1 次印刷
开　　本　787×1092　1/16
印　　张　15.75
字　　数　374 千字
定　　价　48.00 元

环保公益性行业科研专项经费项目系列丛书
编著委员会

序　言

　　我国作为一个发展中的人口大国，资源环境问题是长期制约经济社会可持续发展的重大问题。党中央、国务院高度重视环境保护工作，提出了建设生态文明、建设资源节约型与环境友好型社会、推进环境保护历史性转变、让江河湖泊休养生息、节能减排是转方式调结构的重要抓手、环境保护是重大民生问题、探索中国环保新道路等一系列新理念新举措。在科学发展观的指导下，"十一五"环境保护工作成效显著，在经济增长超过预期的情况下，主要污染物减排任务超额完成，环境质量持续改善。

　　随着当前经济的高速增长，资源环境约束进一步强化，环境保护正处于负重爬坡的艰难阶段。治污减排的压力有增无减，环境质量改善的压力不断加大，防范环境风险的压力持续增加，确保核与辐射安全的压力继续加大，应对全球环境问题的压力急剧加大。要破解发展经济与保护环境的难点，解决影响可持续发展和群众健康的突出环境问题，确保环保工作不断上台阶出亮点，必须充分依靠科技创新和科技进步，构建强大坚实的科技支撑体系。

　　2006 年，我国发布了《国家中长期科学和技术发展规划纲要（2006—2020年）》（以下简称《规划纲要》），提出了建设创新型国家战略，科技事业进入了发展的快车道，环保科技也迎来了蓬勃发展的春天。为适应坏境保护历史性转变和创新型国家建设的要求，原国家环境保护总局于 2006 年召开了第一次全国环保科技大会，出台了《关于增强环境科技创新能力的若干意见》，确立了科技兴环保战略，建设了环境科技创新体系、环境标准体系、环境技术管理体系三大工程。五年来，在广大环境科技工作者的努力下，水体污染控制与治理科技重大专项启动实施，科技投入持续增加，科技创新能力显著增强；发布了 502 项新标准，现行国家标准达 1 263 项，环境标准体系建设实现了跨越式发展；完成了 100 余项环保技术文件的制（修）订工作，初步建成以重点行业污染防治技术政策、技术指南和工程技术规范为主要内容的国家环境技术管理体系。环境科技为全面完成"十一五"环保规划的各项任务起到了重要的引领和支撑作用。

为优化中央财政科技投入结构,支持市场机制不能有效配置资源的社会公益研究活动,"十一五"期间国家设立了公益性行业科研专项经费。根据财政部、科技部的总体部署,环保公益性行业科研专项紧密围绕《规划纲要》和《国家环境保护"十一五"科技发展规划》确定的重点领域和优先主题,立足环境管理中的科技需求,积极开展应急性、培育性、基础性科学研究。"十一五"期间,环境保护部组织实施了公益性行业科研专项项目 234 项,涉及大气、水、生态、土壤、固废、核与辐射等领域,共有包括中央级科研院所、高等院校、地方环保科研单位和企业等几百家单位参与,逐步形成了优势互补、团结协作、良性竞争、共同发展的环保科技"统一战线"。目前,专项取得了重要研究成果,提出了一系列控制污染和改善环境质量技术方案,形成一批环境监测预警和监督管理技术体系,研发出一批与生态环境保护、国际履约、核与辐射安全相关的关键技术,提出了一系列环境标准、指南和技术规范建议,为解决我国环境保护和环境管理中急需的成套技术和政策制定提供了重要的科技支撑。

为广泛共享"十一五"期间环保公益性行业科研专项项目研究成果,及时总结项目组织管理经验,环境保护部科技标准司组织出版"十一五"环保公益性行业科研专项经费项目系列丛书。该丛书汇集了一批专项研究的代表性成果,具有较强的学术性和实用性,可以说是环境领域不可多得的资料文献。丛书的组织出版,在科技管理上也是一次很好的尝试,我们希望通过这一尝试,能够进一步活跃环保科技的学术氛围,促进科技成果的转化与应用,为探索中国环保新道路提供有力的科技支撑。

中华人民共和国环境保护部副部长

吴晓青

2011 年 10 月

前　言

随着我国城市化进程的加快和城市污水处理率的提高，城市污泥的产生量也呈现出快速增长的态势。城市污泥中既含有丰富的有机质、氮、磷、钾等营养元素，也含有重金属、病原微生物、多环芳烃等有毒有害有机物，一旦处置不当，就有可能产生二次环境污染事故。因此，如何妥善处理处置城市污泥，已经成为我国城市化进程中亟待解决的重大环境问题之一。

城市污泥堆肥化处理是实现污泥资源化利用的一条有效途径。与城市污泥堆肥农用相比，将污泥堆肥产品应用于林地具有更大的优势：一是林地面积大，相对环境容量也较大，可以接纳相对较多的城市污泥；二是可以避开食物链，一般不会影响或威胁到人体健康；三是可以提高林地土壤肥力，促进土壤微生物的活动，从而改善土壤结构，促进土壤团粒形成，有助于增加林木产量；四是可以利用林木植物对某些重金属的高富集特性，实现土壤重金属污染的绿色修复。可见，城市污泥堆肥林地利用具有广阔的应用前景。但是，污泥堆肥中仍然含有的重金属、病原微生物、有毒有害有机污染物（如多环芳烃）、氮磷等营养物是否会在土壤中残留积累，或随降雨径流进入地下水和地表水体，进而产生新的环境生态风险呢？为了回答这一问题，课题组于 2011 年承担了环境保护部公益性行业科研专项"城市污泥堆肥林业利用环境生态风险评估技术体系与控制对策研究（201109041）"，选择在北京鹫峰国家森林公园内的混交林、风景林和园林绿地开展了近三年的现场试验和实验室研究，建立了城市污泥堆肥林地利用环境生态风险监测方法体系，对于污泥堆肥产品中主要风险因子（包括重金属、病原微生物、多环芳烃、氮磷营养物等）在环境介质中的暴露水平、迁移转化规律进行了较为系统的研究，确定了不同环境介质中潜在的污染风险因子，并从环境影响、生态风险、人体健康三个方面对城市污泥堆肥林地利用的环境生态风险进行了评价，在此基础上，提出了城市污泥堆肥林业利用环境生态风险控制对策。

课题组在上述研究的基础上，将研究成果进行整理编撰此书，希望能为相关研究提供一些参考和依据。本书第 1 章由张立秋、孙中恩编写；第 2 章由冯丽娟、薛彬、马博强、孙雯编写；第 3 章由封莉、冯丽娟、孙雯编写；第 4 章由张立秋、孙德智、冯丽娟、薛彬、马博强、王颖、张鑫、李萍萍、孙昊婉编写；第 5 章由翟羽佳、张立秋、封莉编写；第 6 章由翟羽佳、张立秋、封莉编写。全书由张立秋、孙德智统稿，周媛、李东参加了书稿的资料收集、整理和校对工作。在此，还要特别感谢鹫峰国家森林公园王永先生、苗少波先生在试验进行过程中给予的大力支持。

本书在编写过程中参考了与本领域相关的论著与文献，借鉴了国内外许多专家和学者发表的研究成果，在此向有关作者致以谢忱。

由于编者水平有限，加之时间仓促，书中的错误、疏漏之处在所难免，希望得到专家、学者及广大读者的批评指教。

编 者

2014 年 10 月于北京

目 录

第1章　城市污泥处置技术概述

1.1　城市污泥概述

1.1.1　我国城市污泥现状

城市污泥是城市污水处理过程中产生的固体或流体状副产物，含水率一般介于75%～99%之间。在城市污水处理厂，污泥的产生量占污水处理量的0.3%～0.5%（以含水率为97%计）。随着我国社会经济的发展和城市人口的快速增长、人民生活水平的不断提高，城市污水的排放量也日渐增加，随之又产生了城市污泥的处理处置问题。城市污泥一旦处置不当，就有可能对环境产生二次污染。

自2001年开始，我国城市污水处理厂的建设数量呈现快速增加趋势（图1-1），截至2013年3月底，全国设市城市、县累计建成城镇污水处理厂3451座，城市污水处理设施的日处理能力已经达到$1.45×10^8 \text{ m}^3$。2012年4月，国务院办公厅根据《中华人民共和国国民经济和社会发展第十二个五年规划纲要》和《"十二五"节能减排综合性工作方案》，印发了《"十二五"全国城镇污水处理及再生利用设施建设规划》，明确要求至2015年，全国城市污水处理率要达到85%，其中直辖市、省会城市和计划单列市城区实现污水全部收集和处理，地级市和县级市的污水处理率要分别达到85%和70%，县城污水处理率平均达到70%，建制镇污水处理率平均达到30%。在此背景下，我国城市污水的处理量在今后几年势必会有较大的增长。

伴随着我国城市污水处理厂建设数量的增加和城市污水处理率的提高，城市污泥的产生量在近些年也呈现出快速增长的态势。2006年，我国城市污水处理厂产生的剩余污泥量约为1 500万t（含水率为80%）；至2010年，城市污水处理厂剩余污泥的产生量已经增加到3 000万t（含水率为80%），产生量翻了一倍。城市污泥产生量的快速增加在我国的大城市表现得尤为明显，以北京为例，1998年北京城市污水处理厂剩余污泥的产生量仅有25万t左右（含水率为80%）；到2012年，全市每年城市污泥产生量已经达到132万t，折合3 600 t/d（城区2 600 t/d，郊区1 000 t/d），在不到15年的时间里，城市污泥的产生量增加了4倍多。预计到2015年，全市城市污泥产生量将达到6 580 t/d（年产量为240万t），其中心城区3 960 t/d，郊区2 620 t/d。图1-2所示为北京市1998—2012年城市污水处理厂剩余污泥产生量的变化情况。

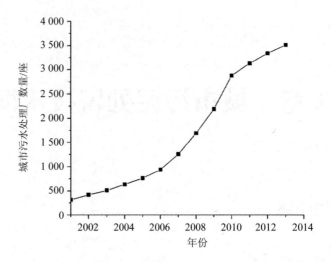

图 1-1　我国城市污水处理厂建设数量随时间变化趋势

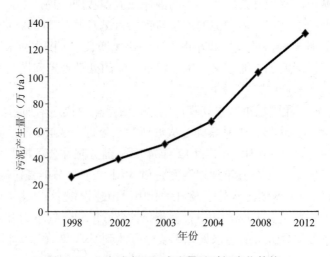

图 1-2　北京城市污泥产生量随时间变化趋势

1.1.2　城市污泥的性质与特点

1. 城市污泥的组成

城市污泥主要由细菌菌体、有机残片、无机颗粒、胶体等组成，是一种以有机成分为主的较为复杂的混合物，其中包含对农业有潜在利用价值的有机质、氮、磷、钾和各种微量营养元素。由于污泥来源于各种污水，所以污泥中不可避免地含有多种有毒有害物质，如重金属、多环芳烃（PAHs）、病原微生物等；同时，污泥中含有较多的易分解或腐化的成分，通常会散发出难闻的气味。

2. 城市污泥的化学特性

1）城市污泥的基本理化特性

城市污泥的分类及其基本理化性质如表 1-1 所示。

表 1-1　城市污泥分类及其基本理化特性

项目	初沉池污泥	剩余活性污泥	厌氧消化污泥
pH 值	5.0~8.0	6.5~8.0	6.5~7.5
干固体总量/%	3.0~8.0	0.5~1.0	5.0~10.0
挥发性固体总量（以干重计）/%	60~90	60~80	30~60
固体颗粒密度/（g/cm³）	1.3~1.5	1.2~1.4	1.3~1.6
容重/（g/cm³）	1.02~1.03	1.0~1.01	1.03~1.04
碱度（以 $CaCO_3$ 计）/（mg/L）	500~1 500	200~500	2 500~3 500

2）城市污泥的化学构成

城市污泥的来源及其在污水处理厂的处理方法很大程度上决定着它们的化学组成。一般来说，城市污泥中含有较为丰富的氮、磷、钾等营养元素和铁、镁、锌等金属元素（表 1-2）。城市污泥中的有机物主要包含蛋白质、碳水化合物和脂肪，这些有机物主要由长链分子构成（表 1-3）。有机物是植物和微生物生长的主要营养物质，城市污泥中含有的可供生物利用的有机成分包括多糖、脂肪、含氮、硫和磷的有机化合物等，这些物质有利于土壤腐殖质的形成，继而改善土壤颗粒的渗透性、透气性和聚集性。

表 1-2　城市污泥中植物营养元素的存在形式

元素	符号	离子或分子	元素	符号	离子或分子
氮	N	NO_3^-、NH_4^+	镁	Mg	Mg^{2+}
磷	P	$H_2PO_4^-$、HPO_4^{2-}	锰	Mn	Mn^{2+}
钾	K	K^+	铜	Cu	Cu^{2+}
硫	S	SO_4^{2-}	锌	Zn	Zn^{2+}
钙	Ca	Ca^{2+}	钼	Mo	MoO_4^{2+}
铁	Fe	Fe^{2+}、Fe^{3+}	硼	B	H_3BO_3、$H_3BO_3^-$、$B(OH)_4^+$

表 1-3　城市污泥中的有机物组成

有机物种类	初沉池污泥	剩余活性污泥	厌氧消化污泥
有机物含量/%	60~90	60~80	30~50
纤维素含量（占干重）/%	8~13	5~10	8~15
半纤维素含量（占干重）/%	2~4	—	—
木质素含量（占干重）/%	3~7	—	—
油脂和脂肪含量（占干重）/%	6~35	5~12	5~20
蛋白质（占干重）/%	20~30	32~41	15~20
碳氮比	（9.4~10.0）：1	（4.6~5.0）：1	—

城市污泥中除了含有有机质、氮、磷、钾等营养组分外，还含有多种重金属组分（如砷、镉、铬、铜、铅、汞、镍、锌等）。表 1-4 给出了我国部分城市污水处理厂污泥中所含

的重金属组分、含量及我国林用和园林绿化用污泥泥质的相关标准。

表 1-4　我国城市污水处理厂污泥中重金属成分及质量分数　　单位：mg/kg

污水处理厂	Zn	Cu	Ni	Hg	As	Cd	Pb	Cr
上海曲阳污水处理厂	3 740	350.0	34.8	1.22	5.68	0.85	9.95	15.77
上海龙华污水处理厂	1 370	101.0	17.3	0.19	1.51	0.19	0.95	1.18
上海曹阳污水处理厂	146.7	146	42.9	6.04	15	5.55	129.0	70
上海天山污水处理厂	1 615	426.0	42.6	7.8	21.9	1.49	116	46.6
上海吴淞污水处理厂	149	226	65.2	1.12	2.32	0.097	7.27	3.74
上海闵行污水处理厂	1 090	119	32.2	2.16	7.1	1.67	76.5	53.4
上海北郊污水处理厂	2 467	158	44.6	9.25	33.4	2.52	108	21.9
广州大坦沙污水处理厂	3 394	1225	693.1	1.96	57.12	2.56	120.0	1550
佛山镇安污水处理厂	19.51	637	—	—	—	9.37	48.0	139
深圳滨河污水处理厂	1 945	1719	—	2.95	—	2.37	210	195
苏州城西污水处理厂	1 739	88.7	10.4	—	—	1.3	61.6	—
西安污水处理厂	2 803	605.8	266	2.37	23.8	1.30	374	1423
太原杨家堡污水处理厂	775.1	149.2	39.1	6.96	19.8	0.95	54.5	42.6
太原北郊污水处理厂	1 525	222.6	32.4	6.43	15.5	0.65	49.8	271.0
太原胶家堡污水处理厂	1 423	3 068	297.1	6.4	23.3	4.30	53.3	1411
太原镇城底污水处理厂	168.6	39.3	27.3	0.68	5.60	—	66.6	43.9
太原古交污水处理厂	251.2	28.4	32.9	0.61	9.18	0.05	42.3	49.1
杭州四堡污水处理厂	4 205	367.1	457.6	1.86	12.95	3.55	135.5	537.2
上海金山石化污水处理厂	8 352	193	53	2.5	7.5	2.4	371	249
北京酒仙桥污水处理厂	64	35.2	—	—	—	—	—	—
北京高碑店污水处理厂	—	—	—	—	—	—	41	—
林用泥质标准	<3 000	<1500	<200	<15	<75	<20	<1 000	<1 000
园林绿化用泥质标准 A 级	<1 500	<500	<100	<3	<30	<3	<300	<500
园林绿化用泥质标准 B 级	<3 000	<1500	<200	<15	<75	<15	<1 000	<1 000

3. 城市污泥的微生物学特性

　　城市污泥中包含多种微生物群体，这些微生物群体在污泥的处理和实际利用中起到双重作用，既有有益的作用，也有不利的影响。污泥中的微生物可以分类为细菌、真菌、放线菌、原生动物、后生动物、寄生虫、病毒等。这些微生物中相当一部分可以导致人和动物的疾病，未经妥善处理的城市污泥施用到农田，部分致病微生物和病毒会在农作物中累积，或污染地表水和地下水。污泥处理的一个主要目的就是要去除其中的致病微生物。表 1-5 给出了土壤和植物中主要的致病微生物的存活时间。

表 1-5　致病微生物在环境中的存活时间

致病体	土壤中		植物体内	
	最大存活时间（最长）	最大存活时间（普通）	最大存活时间（最长）	最大存活时间（普通）
细菌	1 年	2 个月	6 个月	1 个月
病毒	1 年	3 个月	2 个月	1 个月
原生动物胞囊	10 天	2 天	5 天	2 天
寄生虫卵	7 年	2 年	5 个月	1 个月

1.1.3　城市污泥的潜在环境危害

城市污泥中含有重金属、病原菌和微量的有毒有害有机物（如 PAHs），若不经妥善处理就被弃置或简单填埋，会对生态环境和人类健康构成严重的潜在威胁。随意弃置的城市污泥经过雨水的侵蚀和渗漏作用，极易对地下水和土壤造成二次污染。因此，在日本、美国和西欧等一些经济发达国家，污水和污泥的处理，通常都被作为解决城市水污染问题同等重要又紧密关联的两个系统，污泥处理部分的投资比例占污水处理厂总投资的 50%～70%。

我国城市污水处理起步较晚，早期建设的污水处理厂，由于没有严格的污泥排放监管，普遍将污水和污泥处理单元独立开来，为了追求污水处理率，往往尽可能地简化，甚至忽略污泥处理处置单元。有的污水处理厂为了节省运行费用，将已建成的污泥处理设施长期闲置，甚至将未做任何处理的湿污泥随意外运、简单填埋或堆放，致使"污泥围城"现象在许多城市普遍存在，给当地生态环境带来了极不安全的隐患。截止到 2013 年，我国已建成并投入运营的污水处理厂已有 3 513 座，污水日处理能力已经达到 1.45×10^8 m^3。随着这些污水处理厂运行效率逐渐提高和新的污水处理厂相继建成，我国城市污泥产量在未来数年内，估计将达到 840 万 t 左右（干重），占我国总固体废弃物的比重超过 3%。由于我国城市污泥处理处置长期未受到足够重视，处理设施建设严重滞后，在各种污泥最终处置方法中，农用约占 44.8%，陆地填埋约占 31%，其他处置约占 10.5%，另有大约 13.7% 的城市污泥未经任何处理，就重新回到了自然界中。

城市污泥产生量的快速增加，有可能会带来新一轮的环境问题。如何安全处置和有效利用城市污泥已经成为我国亟待研究和解决的重大环境问题之一。

1989 年，美国环境保护局提出的生物固体农用处置规范中，曾特别提出需要监测的 25 种毒性有机物，并于 1993 年重新予以修订。有毒有机物主要是指在自然界中难以降解的各种有机氯农药或杀虫剂，如艾氏剂/狄氏剂（Aldrin/Diedrin）、苯并芘（Benzopyrene）、氯丹（Dimethyl nitrosamine）、七氯（Heptachlor）和六氯代苯（Hexachloro butaclience）、多氯联苯（Polycgloro biphenyls）等。此类优控污染物在某些污泥中含量相对较高，农用后可能会使作物中的含量比未施肥土壤的培养物高出 10 倍以上，因此有可能给生态环境和人类健康带来长期的危害。

污泥中含有比污水中数量高得多的病原微生物，主要有细菌类、病毒和寄生虫卵等。

常见的细菌有沙门氏菌、志贺氏菌、致病性大肠杆菌、埃希氏杆菌、耶尔森氏菌和梭状芽包杆菌等；常见的病毒有肝炎类病毒、脊髓灰质炎病毒、柯萨奇病毒、轮状病毒等；常见的寄生虫卵有蛔虫卵、绦虫卵等。因此，污泥必须经过有效处理处置后方可进行资源化利用。

致病微生物可以通过物理加热法（如高温）、化学法和生物法破坏。虽然热处理对寄生虫卵的去除效率相对较低，但足够长的加热时间仍可以将细菌、病毒、原生动物胞囊和寄生虫卵降低到可以检测的水平以下；使用消毒剂（如氯、臭氧和石灰等）化学处理方法同样可以减少细菌、病毒和带菌体的数量，例如高 pH 值可以完全破坏病毒和细菌菌体结构，但对寄生虫卵作用很小或几乎无作用，病毒对 γ 射线和高能电子束辐射处理的抗性最大。致病微生物的去除效果，可由微生物直接检测或监测无致病性的指示性生物来衡量。

此外，城市污泥中一般还含有较大量的重金属。当城市污水以生活污水为主时，重金属的含量一般较低；当城市污水中含有较多的工业污水时，重金属含量会有所提高，有些城市污水不能直接用于农业灌溉。

1.2 城市污泥处置与资源化利用技术

城市污泥的最终处置途径有：焚烧、填埋、投海、堆肥、土地利用和综合利用等。目前，污泥处置技术在我国所占的比例如下：土地填埋占 60%～65%，好氧发酵与农业利用占 10%～15%，焚烧占 2%～3%，污泥自然干化与综合利用占 4%～6%，污泥露天堆放后外运占 15%～20%。事实上，土地填埋、露天堆放和外运的污泥在我国绝大部分属于随意处置，真正实现安全处置的比例不超过 20%。

1.2.1 城市污泥填埋处置

根据美国土木工程学会的定义："垃圾卫生填埋是指一种不产生公害，或对公众健康及安全不产生危害的废弃物处置方法，是将废弃物局限在最小的区域内，每日废弃物倾倒处理完毕后加覆土壤。"

总体来讲，污泥填埋可分为单独填埋和混合填埋两种类型。单独填埋是指填埋过程中不添加任何改性剂而只填埋污泥的一种填埋过程；混合填埋是指城镇污水处理厂出厂污泥进入垃圾卫生填埋场后，与生活垃圾、泥土等物质一起进行卫生填埋的污泥处置过程。

污泥单独填埋的方式主要是沟填，要求填埋场地具有较厚的土层和较低的地下水位，以保证填埋开挖的深度，并同时保留有足够大的缓冲区。在沟填操作中，土壤只是用于覆盖，而不是用作污泥膨松剂。污泥通常是从车辆中直接倾倒在沟中，现场的设备主要用于沟的挖掘和覆盖，一般不用于拖、堆、分层、护堤或其他与污泥接触的操作。在进行沟填操作时，每天填入污泥后都要进行覆盖，以控制臭气，因此沟填比其他填埋方法更适宜填埋一些不稳定的或稳定性较差的污泥。单独填埋方式对污泥含水率无特别要求，挖掘出来的土壤也足够用作填埋覆盖土，因此沟填基本不需要外运土壤。污泥沟填的深度和长度取决于诸多因素，其中填埋深度要考虑的因素有地下水和基岩的深度、边坡稳定性和设备的限制。沟填的长度一般没有特别的限制，但不可避免地会受到场地边界的限制。一般来说，沟填宽度小于 3 m 即为窄沟填埋，填埋设备可在地面上操作；若宽度大于 3 m，则需在沟内铺设垫板以便机械设备进行填埋操作，这种填埋操作存在一定的安全隐患，且实施过程比较复杂。因此，污泥单独进行沟填时，比较切实可行的方式是窄沟填埋，适用于处置含水率不大于 85% 的污泥。

城市污水处理厂脱水污泥的含水率一般在 80% 左右，不能满足填埋作业的机械强度。为避免污泥的进入给填埋场的正常运行造成不良影响，消除安全隐患，必须采取必要的工程措施来降低污泥含水率。混合填埋的一种形式是通过在含水率为 80% 的污泥中添加不同的改性剂来提高机械强度，待混掺物达到相关规定标准后，再采用一定的施工方式进行填埋；另一种形式是将含水率为 80% 的污泥脱水干化至填埋强度后，与其他物质（一般是生活垃圾）按一定比例混合进行填埋。

国外对污泥填埋的泥质要求不尽相同。2006 年，欧盟开始实施了固体废弃物土地填埋法令，要求用于土地填埋的固体废弃物中有机物含量必须逐年递减，其中污水处理厂污泥也是该法令规定的固体废弃物种类之一。法国从 2002 年开始，要求可进行填埋的污泥含固率大于 30%；德国从 2000 年开始要求填埋污泥的有机物含量小于 5%，被填埋的污泥固体含量大于 35%。污泥和垃圾混合填埋时，要求十字板抗剪强度不小于 25 kPa，无侧限抗压强度不小于 50 kPa，而轴向变形最大为 20%。1993 年，荷兰的环境管理法案中规定了废物填埋的许可证制度，规定污泥必须经过稳定和脱水处理、含固率要求最低为 35%、剪切力（内聚力）大于 10 kPa 方可填埋。意大利要求污泥经脱水稳定后与城市生活垃圾共同填埋，美国要求混合填埋时必须通过过滤试验确定污泥不得含有游离水。

我国对污泥填埋处置政策方面的要求为：当污泥由于泥质不满足标准或缺乏可利用的土地而不能进行土地利用时，可考虑采用填埋、焚烧或建材利用等处置方式，即不具备土地利用和建筑材料综合利用条件的污泥，方可采用填埋处置。2008 年以前，我国关于污水污泥相关的标准仅有 3 项，即《农用污泥中污染物控制标准》（GB 4284—1984）、《城镇污水处理厂污染物排放标准》（GB 18918—2002）和《城市污水处理厂污水污泥排放标准》（CJ 3025—1993）。为规范污泥的管理和提高污泥的处置水平，2008 年起我国政府又相继出台了一系列污泥泥质的相关标准，主要包括《城镇污水处理厂污泥处置分类》（GB/T 23484—2009）、《城镇污水处理厂污泥处置混合填埋用泥质》（GB/T 23485—2009）、《城镇污水处理厂污泥处置园林绿化用泥质》（GB/T 23486—2009）、《城镇污水处理厂污泥泥质》（GB/T 24188—2009）、《城镇污水处理厂污泥处置土地改良用泥质》（GB/T 24600—2009）、《城镇污水处理厂污泥处置单独焚烧用泥质》（GB/T 24602—2009）、《城镇污水处理厂污泥处置制砖用泥质》（GB/T 25031—2010）等。在污泥填埋处置方面的《生活垃圾填埋场污染控制标准》（GB 16889—2008）中，要求生活污水处理厂污泥经处理后含水率小于 60%，即可进入生活垃圾填埋场进行填埋处置，并要求填埋场应有沼气利用系统和渗滤液处理系统。填埋场运营单位应按照国家相关标准和规范，定期对污泥泥质填埋场场地的水、气、土壤等本底值及作业影响进行监测。《城镇污水处理厂污泥处置混合填埋用泥质》（GB/T 23485—2009）还规定了污泥用于混合填埋时的要求，即污泥与生活垃圾的混合比例不高于 8%，污泥含水率不高于 60%，pH 值控制在 5～10 之间。除了国家颁布的一系列政策法规外，地方相关主管部门也逐步加强了对填埋场的监督和管理。

据调查，我国城市污泥的填埋处理费用平均约为 40 元/t。污泥中含有大量的病原菌和寄生虫（卵）、重金属、有机污染物等危害人类健康和影响生态环境安全的物质，因此很难将污泥直接进行利用，考虑到我国目前的经济实力，还不可能在污泥焚烧等高投入措施上投入大量资金，因此污泥填埋成为一种折中的选择。污泥填埋具有投资较小、处理能力强、见效快等优点，填埋后采取一定隔绝措施，可以有效地避免城市污泥给公众健康和环境安全造成影响，城市污泥的出路也得以解决，所以目前我国城市污泥的主要处置措施仍为污泥填埋。

生物固体卫生填埋法是一种自然生物处理法。它是在自然条件下，利用土壤微生物，将生物固体中的有机物质分解，使其体积减小而渐趋稳定的过程。生物固体经过基本处理运到垃圾卫生填埋场后，和城市垃圾及其他固体废弃物按卫生填埋要求和程序填埋起来，在填埋层内的生物化学变化过程大致分为 3 个阶段。

1. 好氧阶段

在填埋初期（填埋后数十日内）及在填埋场中有通风设施的，土壤微生物中的好氧微生物利用填埋层中的氧气，在适当的含水率情况下，将垃圾中的一部分有机物质分解成水、二氧化碳，同时形成新的细胞物质。在此过程中，也会产生氨化作用，使有机氮转变成氨氮。

2. 厌氧阶段

大多数填埋场以厌氧工艺为主。在缺氧或无氧条件下，土壤与垃圾中的厌氧微生物群落，主要有纤维素分解菌、蛋白质水解菌、脂肪分解菌、醋酸分解菌、产氢菌、产甲烷菌等相继起作用，将生物固体和有机垃圾先"液化"，使固体物质变成可溶性有机物，然后经过"酸性发酵"和"碱性发酵"两个阶段，把有机物质转变成甲烷、二氧化碳和水及部分细胞物质，含氮有机物中的氮也会有一部分转变成氨氮。

3. 填埋稳定阶段

对整个填埋场而言，垃圾中较易分解的有机物历时约 500 d 后多数能被分解而接近稳定状态。正常情况下，在最初的两年里产气量达到最大，之后逐渐降低，其持续产气期可达 10～20 年之久甚至更长。

随着污泥填埋的方式在全国实施，其缺点也渐渐显露出来。首先，污泥填埋需要占用大量的填埋场地，不仅造成了土地资源的浪费，而且污泥中含有的一些营养资源也不能得到有效利用。其次，污泥含水率较高，难以与其他垃圾混合，特别是雨季污泥更难以压实，因而对填埋场的正常运行造成较大影响，并且导致填埋场渗滤液和臭味等环境污染问题，容易对土壤、地下水和大气环境造成二次污染。

近年来，污泥的填埋处理量正逐渐地减少，许多国家可供填埋的场地也非常有限。在美国和欧洲一些发达国家，污泥填埋占污泥处置的比例迅速减少，同时通过立法规定填埋仅限于焚烧炉灰等有机物含量小于 5%的废弃物，湿污泥将不能直接进入填埋场地。目前我国一些大型填埋场地出于容积和运行安全等考虑，已经停止接纳城市污泥进场，大部分环境学者认为，土地利用是今后城市污泥的主要出路之一。

1.2.2　城市污泥焚烧处置

污泥焚烧是指对脱水或干燥后的污泥，依靠其自身的热值或辅助燃料，送入焚烧炉进行热处理的过程，这是由生物固体具有一定热值和可燃烧性决定的。

以焚烧为核心的处理方法是最彻底的污泥处理方法，这是因为焚烧法在污泥减量化、无害化等方面与其他方法相比具有突出的优点。城市污泥中含有大量的有机物，脱水以后适量掺入引燃剂和催化剂，一般可在 500～1 000℃ 高温条件下焚烧，污泥固形物在无氧或者低氧气氛中分解成气体、焦油以及残渣三部分。污泥焚烧的处理对象主要是脱水泥饼，脱水后的泥饼含水率仍较高，一般为 45%～86%，体积较大，可先将其进行干燥处理。干燥处理后，污泥含水率可降至 20%～40%，再经焚烧处理后，含水率可降至零，体积很小，便于运输与最终处置。污泥焚烧可以就地进行，不需要污泥运输，焚烧后的城市污泥体积得到了极大的减少，相对于其他污泥处置方法节约了大量的土地资源，而且焚烧后少量的泥灰可用于混凝土、砖瓦制品、路基路面等骨料和工程建设中的回填土，具有较明显的再利用优势。污泥焚烧的处置方法不仅解决了污泥的出路问题，也充分地利用了污泥中的能源，而且污泥不需要作消灭病原微生物处理。目前，发达国家逐渐转向采用焚烧的方法进行污泥无害化处理。

1959 年美国的 Noack、1960 年 Schlesinger 等在布蒂斯堡能源中心最新开始污泥焚烧的研究，其共同的特点是以回收能源为目的。含水率为 65%～85% 的脱水污泥，其固体热值较低，仅为 7 500～15 000 kJ/kg，焚烧过程中必须添加辅助燃料。1962 年，世界上第 1 台焚烧污泥的锅炉诞生于美国，由 Noack 和 Schlesinger 等人完成，至今仍在运行。该研究引起了发达国家的广泛关注，德国、日本、丹麦、瑞士、瑞典等国研究人员也先后进行了污泥焚烧系统的研究。从 20 世纪 90 年代起，污泥焚烧工艺逐渐成熟，发达国家开始把焚烧工艺作为处理城市污泥的主要方法之一。

德国有近 40 个污水处理厂采用污泥焚烧工艺，积累了多年的实际运行经验，其中 10 家混烧生活垃圾和城市污泥，20 多家焚烧城市污水污泥，9 家专门进行工业废水污泥的焚烧处理。2001 年，由 10 188 个城市和社区污水处理厂中排出的 243 万 t 干污泥中，大约 57.6% 的污泥得到了再利用。在德国，污泥焚烧炉首先始于多段竖炉，而后流化床炉逐渐取代了多段竖炉。目前流化床焚烧炉的市场占有率超过了 90%。丹麦每年约有 25% 的污泥在 32 座焚烧厂中进行处理；瑞士宣布从 2003 年 1 月 1 日起禁止污水处理厂的污泥用于农业，全部污泥都要进行焚烧处理，瑞士政府每年将耗资 5 800 万欧元用于污泥焚烧处理；焚烧法处理污泥在日本应用最广，早在 1984 年日本用焚烧法处理污泥的量就达到了 72%，1992 年，占城市污泥总量 75% 的污泥在 1 892 座焚烧炉中进行处理。目前，日本所有较大规模的污水处理厂均采用焚烧法处理污泥。

根据国际上污泥处置技术的发展趋势，结合中国对大规模、可持续、无二次污染处置污水污泥的要求，污泥焚烧处置无疑是一个有效的技术选择，其比例在可以预见的将来会有较大程度的提高。最近几年来，各地在污水污泥焚烧处置方面进行了有益的尝试。中国目前已建成了多座污泥焚烧处置工程，如上海市石洞口城市污水处理厂，在 2003 年采用低温干化（将污泥含水率由 70% 降至 10% 左右）和高温焚烧两套系统串联进行处理；2005

年，常州第一热电厂采用含水率80%的湿污泥直接加入循环流化床燃煤电厂锅炉进行焚烧处置。

污泥焚烧正日益受到重视，主要原因有：①焚烧可以使剩余污泥的体积最大限度地减少，它可以解决其他方法中污泥处置要占用大量空间的缺陷，这对于日益紧张的土地资源来说是非常重要的；②焚烧后剩余污泥中的水分和有机物含量都很低，只剩下很少量的无机物成为焚烧灰，因而最终需要处置的物质很少，焚烧灰还可制成建筑材料，是处理比较彻底而又能实现资源利用的一种污泥处置方式；③污泥焚烧处理反应速度快，不需要长期储存；④污泥焚烧可就地进行，不需要长距离运输；⑤可以回收能量用于发电和供热。

目前污泥焚烧处理方法有两种：污泥直接焚烧和污泥先干燥后焚烧。直接焚烧是利用污泥本身所含有的热值，将污泥经过脱水处理后添加少量的助燃剂送入焚烧炉进行燃烧。污泥直接焚烧通常是利用螺杆泵，将含水量为75%～85%污泥经输送管和污泥喷射头喷射至循环流化床中进行焚烧。由于原始污泥含水量较高、热值低，污泥直接焚烧时，必须增加辅助燃料（如煤、柴油等）的用量，运行成本相对较高。有研究表明，焚烧1 t机械脱水污泥，需要添加0.35 t烟煤。污泥中大量水分进入焚烧炉，易出现床温难以控制、过热器超温等现象，并且烟气量增加，加重了尾部受热面磨损。同时，由于烟气中含有较高的水分，烟气的酸露点高，为了防止尾部受热面低温腐蚀，势必要求提高排烟温度，从而造成焚烧炉排烟热损失增加。

污泥先干燥后焚烧的处理方法可以解决上述问题。污泥先干燥后焚烧就是将干燥后的污泥在焚烧炉内焚烧，焚烧产生的热量用于污泥干燥，干燥介质为有机热载体。在具有流化床垃圾焚烧炉的地方，可通过"干化+焚烧"的方式处理污水污泥。采用垃圾焚烧厂低压蒸汽，先将含水率为80%的湿污泥干化为含水率50%左右的干化污泥燃料，再送入垃圾焚烧炉，作为辅助燃料与垃圾一起进行焚烧发电。这种处置方案的优点是：污泥干化后作为原料，替代部分煤作为辅助燃料，降低垃圾发电成本。

此外，也可以将湿污泥直接加入燃煤循环流化床锅炉，通过直接焚烧的方式处理污水污泥。这种方法的优点是：无须新增污泥干化设备，系统简单，运行成本低。但是需要对锅炉进行局部改造，以降低湿污泥掺烧后对原有锅炉的影响。根据具体方案的不同，污泥处理投资成本一般在15万元/t湿污泥以下，运行成本在100～200元/t湿污泥。

污泥焚烧处理主要包括预处理、焚烧和后处理三个阶段。

污泥在焚烧前要进行必要的预处理，以使焚烧更有效地进行。预处理主要包括脱水、粉碎、预热等。污泥脱水可降低含水率，使污泥能够达到自燃；污泥粉碎可使其在炉内燃烧更加均匀，保障燃烧充分；污泥预热可进一步降低污泥含水率，进而降低污泥焚烧时所耗能源。预处理的核心和关键是降低污泥的含水率，即污泥的干化。

污泥焚烧是整个工艺的核心。污泥焚烧主要是在焚烧炉中进行的，目前绝大多数先进的污泥焚烧系统均采用循环流化床焚烧技术。流化床焚烧炉的构造简单，主体设备是一个圆形塔体，下部设有分配气体的分配板，塔内壁衬耐火材料，并装有一定量的耐热粒状载体。气体分配板有的由多孔板构成，有的平板上穿有一定形状和数量的专业泵嘴。气体从下部通入，并以一定速度通过分配板，使床内载体"沸腾"呈流化状态。废物从塔侧或塔顶加入，在流化床层内进行干燥、粉碎、汽化等过程后，迅速燃烧。燃烧气从塔顶排出，尾气中夹带的载体粒子和灰渣一般用除尘器捕集后，载体可返回流化床内。流化床焚烧炉有如下特点：①单位面积的处理能力强；②理想混合状态，细微颗粒可瞬间分散均匀；③流动载体蓄热，床内温度均匀；④流化床的结构简单，故障少，建造费用低；⑤空气过量系数可以较小；⑥燃料适应性广，燃烧效率较高；⑦易于实现对有害气体 SO_2、NO_x 和二噁英等的控制。

后处理主要是指对焚烧过程中产生的烟气和固体灰渣进行处理。目前，污泥焚烧的烟气处理系统，已从静电除尘器与干式洗涤相结合的处理方法，转变成为高性能静电除尘器与湿式洗涤设备和脱硝设备相组合的处理方法。少数新厂为去除二噁英、呋喃等有毒物质，还采用了袋滤式除尘设备与其他设备相组合的方式。目前，国际上除了采用袋滤式除尘器外，还通过改善焚烧炉的燃烧状态来解决这一问题，即保持高温和燃烧时间，使污泥得以完全燃烧。污泥焚烧后的固体灰渣可作为烧砖或水泥的原料，或采用土地填埋方法予以处置。

1.2.3　城市污泥堆肥利用

污泥堆肥是在微生物作用下，通过高温发酵使污泥中的有机物矿质化、腐殖化和无害化而变成腐熟肥料的过程。地球表面的土壤微生态过程类似于堆肥化过程，如地表残留的枯枝落叶、杂草、树皮和其他半固体有机物的分解过程。长期以来，这一过程在生态系统乃至生物圈的物质循环与能量流动中发挥了极为重要的作用。在微生物分解有机物的过程中，不但生成大量可被植物吸收利用的有效态氮、磷、钾化合物，而且又合成新的高分子有机物——腐殖质，它是构成土壤肥力的重要活性物质。污泥堆肥不但能消灭污泥中的病原微生物，还能降低重金属的生物有效性，使污泥中的有机物稳定化。因此，污泥堆肥是污泥资源化利用的一条有效途径。

堆肥化过程虽然是 20 世纪才发展起来的一门科学技术，但原始的堆肥方式很早就已经出现了。我国从古到今就有积肥制肥的传统，非常重视有机肥对土壤的培肥作用，如我国古籍《氾胜之书》《齐民要术》和《农书》等对积肥制肥均作过较为详细的阐述。只是到了 20 世纪 80 年代，由于化肥的大量使用，才使这一传统受到挑战。古老的农肥制取技术在我国农业从古代到现代的可持续发展中作出了重要贡献。现代的堆肥化技术是在原始的堆肥方式基础上发展起来的。1922 年，贝卡里采用密闭容器对有机物料进行厌氧发酵，再通入空气进行好氧发酵的方法在意大利取得专利，并在意大利和法国广泛使用。1925 年，印度人爱德华·霍华德将堆肥化技术推向系统化和工厂化，开发了用垃圾、人粪尿、污水污泥、树叶或秸秆等混合物料进行好氧发酵的班加罗法，将堆肥化技术向前推进了一大步。1931 年，荷兰 VAW 公司在搅拌方法方面对班加罗法进行改进，采用起重抓斗车翻堆方式，并于 1932 年建立了范·曼奈法工艺堆肥厂。几乎同时，德国的 Schweinfurt 和瑞士的 Biel 采用了固定床法工艺对磨碎物料进行堆肥。1933 年，在丹麦出现了丹诺堆肥装置，该装置实际上是一种卧式旋转圆筒生物反应器，已在西欧和日本得到广泛应用，目前世界上约有 150 家这样的堆肥工厂。20 世纪 40 年代，出现了机械化能力较强的发酵装置——多段立式搅拌发酵仓，通常称为 Earp-Thomas 法。该发酵仓自上而下多层设置，物料由上向下移动，使通气效果大有改进，发酵时间得以缩短。以后又相继出现 Frazcr Ewcson 法、Jersey

法、Naturizer 法、Riker 法、Varm 法等多种改进型发酵装置。将固定发酵槽和搅拌器结合起来，形成新的搅拌式固定床，是堆肥化工艺设备的又一重要进展，其代表工艺主要有Fairfield 法、Hardy 法、Snell 法、Metro-Wasfe 法和 Tollemache 法。

以上所述堆肥工艺在对各种固体废弃物，特别是城市生活垃圾和生物固体（污泥）处理方面发挥着重要作用。到 20 世纪 70—80 年代，由于城市生活垃圾中的成分日趋复杂，特别是无机成分的日益复杂化，限制了这些机械化程度高的堆肥工艺的推广与应用，垃圾处理曾一度被土地填埋和焚烧所替代。进入 20 世纪 80 年代后期，由于可供填埋的土地资源日益紧张，焚烧垃圾二次污染严重，因此用堆肥技术来处理各种有机废弃物又重新引起各国的关注与重视。目前，许多国家和地区已将污泥堆肥化处理作为污泥稳定化的主要方法。1954 年，日本建成了第一座污泥堆肥中心；美国在 20 世纪 80 年代开发的贝尔茨维尔好氧堆肥法把污泥堆肥的技术水平推上了一个新的台阶；韩国从 2003 年开始，禁止了污泥填埋和投海处理，并且从印度引进了一套蚯蚓堆肥技术，起到重要的示范作用。我国污泥堆肥化的研究起步稍晚，早期以研究为主，真正的工程应用较少。近些年，随着政府的扶持，污泥堆肥化的实际应用有了一定的发展，先后建成了一些机械化程度较高的堆肥厂，如采用 SACT 深槽式好氧堆肥技术的唐山市西郊污泥厂、采用 CET 条垛式好氧堆肥技术的北京市庞各庄污泥处理厂等。

污泥堆肥处理一般分为三个阶段：中温阶段、高温阶段和腐熟阶段。堆肥开始时，污泥处于好氧状态，当堆肥温度升至 45℃时，标志着中温阶段的结束；进入高温阶段后，污泥耗氧速率增加、温度升高、有机物降解加快并且会产生较浓的臭味；经过腐熟阶段后，温度和耗氧速率逐渐降低、孔隙率增大、腐殖质增多且较稳定，城市污泥发酵变成堆肥产品。污泥在堆肥的过程中，可生物降解的有机物在多种细菌、放线菌、真菌等微生物的共同作用下，转化为小分子有机化合物、对土壤有利的腐殖质等多种可被植物吸收利用的化学形态，再加上污泥中原本富含的氮、磷、钾等营养元素，使污泥堆肥可以用作良好的有机肥料。另外，由于有机物分解产生热量，使反应堆体温度上升至 60℃左右，可以杀灭多种病原菌、蛔虫卵、寄生虫、袍子等有害成分，降低污泥土地利用对动物、植物和人体健康的威胁，卫生学的风险也大大降低。在堆肥过程中，污泥中大多数的毒性有机物得到降解，重金属的形态也发生变化，成为稳定的残渣态而被进一步固化或钝化。而且，污泥经堆肥化处理后，物理性状发生改变，含水量降低，呈疏松、分散的细颗粒状，便于后续农林土地利用。

1.2.4 其他资源化利用技术

1. 土地利用

城市污泥的土地利用是最古老、最经济的处置方法。城市污泥中含有丰富的有机质和氮、磷、钾、微量元素等植物所需的营养成分，是肥田、改良土壤、园林绿化的良好材料。近年来，城市污泥的土地利用日益受到重视，欧共体成员国及美国城市污泥总产量的 40%施用于农田。可以接纳城市污泥的土地类型很多，如农田、林地、城市园林、废弃矿山和荒漠化土地等。土地利用就是将城市污泥直接施用于农田、林场和矿区等地的污泥处置方法，一直受到各国环境工作者的重视和研究。早在 20 世纪 60 年代，北京市高碑店污水处理厂排出的大多数污泥即被当地农民收走施用于农田。之后，随着污水处理厂和污泥产生量逐渐增多，城市污泥开始被用于城市绿化及林地改造，污泥土地利用越来越广泛，人们似乎找到了一种经济有效的污泥处置方法。直到天津纪庄子污水处理厂的污泥造成当地农田菜地的污染后，人们认识到城市污泥土地利用可能会造成土壤污染，特别是重金属污染，于是开始逐渐限制城市污泥的土地利用。

2. 污泥低温热处理

城市污泥的能源化利用，除了厌氧消化制取沼气或焚烧供热发电外，还可以通过低温热处理来制取燃料，即低温炼油技术。该技术是指在 400～500℃ 常压缺氧条件下，通过对干燥污泥进行热分馏和催化转变，使污泥中的脂类和蛋白质等转变成碳氢化合物的过程。

污泥炼油技术是一种发展中的污泥处理新技术，根据国外的经验，目前的投资成本与运行维护成本均比较高。在澳大利亚，投资成本为 1 000～2 000 澳元/t 污泥，运行与维护成本为 100～250 澳元/t 污泥。污泥炼油技术具有较好的环境效益和经济效益，主要表现在：

（1）能有效控制重金属排放。Bridle 等于 1990—1994 年、Wong 和 Ho 于 1999 年的研究结果都表明，在灰烬和炭中来自污泥的重金属被钝化。

（2）可回收易利用、易储藏的液体燃油，可提供 700 kW·h/t 的净能量。

（3）可破坏有机氯化物的生成，反应器中燃烧温度应维持尽可能的低（< 800℃），可减少蒸汽中金属的排放，气体净化工艺简单，成本廉价。

（4）占地面积小，运输材料负荷减少，运行成本较低。

我国学者何品晶等开展了污泥低温热解处理的小试研究，结果表明：污泥低温热解的适宜反应温度为 270℃，热解时间为 30 min；脱水泥饼含水率是低温热解能量平衡的主要影响因素，能量平衡转折点的含水率是 78%；污泥低温热解处理的总成本低于直接焚烧法。

3. 其他综合利用技术

1）污泥制砖

污泥制砖的方法主要有两种：一种是用干化污泥直接制砖；另一种是用污泥焚烧灰渣制砖。用干化污泥直接制砖时，应对污泥的成分进行调整，使其成分与制砖黏土的化学成分相当。当污泥与黏土按质量比 1∶10 配料时，污泥制砖可以达到普通红砖的强度。利用污泥焚烧灰渣制砖时，灰渣的化学成分与制砖黏土的化学成分比较接近，因此可通过两种途径实现烧结砖制造：一种为与黏土等掺和料混合烧砖；另一种途径为不加掺和剂单独烧砖。

2）污泥制轻质填充料

轻质填充料以污泥焚烧灰为主要原料，其制作工艺流程为：污泥焚烧灰先与水（质量分数为23%）和少量的酒精蒸馏残渣混合；然后，混合物在一个离心造粒机中造粒；混合颗粒粒径为 7～10 mm，在 270℃ 下干燥后，输送到流化床烧结窑进行烧结；在窑内干燥颗粒被迅速加热至 105℃，加热温度对填充料成品的质量有明显的影响；对加热后的颗粒进行空气冷却，即可形成表面为硬质膜覆盖，但内部为多孔体的成品。轻质填充料的主要用途：煤油储罐与建筑墙面间清洁层的填充物；土壤替代品；家庭养花的添加剂；隔热层材料；给水厂快速滤池中沥青填料的替代品；地面的透水性铺设物等。

3）污泥制生态水泥

有文献表明，利用污水处理厂污泥配料煅烧水泥熟料是近年来在国际上逐步得到肯定的一种城市污泥资源化、无害化利用的新方法。有学者认为，在水泥窑高温下，污泥中的有机物或者是无机物，都会被裂解煅烧为无害的化合物，避免了低温处理时产生有毒废气或废渣的可能性。也有研究认为，污泥中的杂质对水泥熟料煅烧过程有一定的促进作用。日本研究出利用城市垃圾焚烧物和城市污水处理产生的脱水污泥为原料制造水泥的技术。这种类型水泥的原材料中约 60% 为废料，水泥的烧成温度为 1 000～1 200℃，燃料耗用量和 CO_2 的排放量较低，有利于城市污泥的减量化、无害化和资源化，因此该水泥又被称为"生态水泥"。

4）污泥制生化纤维板

城市污泥中含有大量的有机成分，其中的粗蛋白（质量分数为 30%～40%）与球蛋白（酶）等属于球蛋白，能溶解于水及稀酸、稀碱、中性盐的水溶液。利用蛋白质的变性作用，在碱性条件下加热、干燥、加压后，会发生一系列物理、化学变化，能将活性污泥制成污泥树脂（蛋白胶），使纤维胶合起来，压制成板，使之与漂白、脱脂处理的废纤维压制成板材，即为污泥生化纤维板，其品质优于国家三级硬质纤维板的标准。

利用城市污泥制造生化纤维板，在技术上是可行的，为污泥处理与资源化提供了一条途径，但也存在不少问题：在制造加工过程中易产生臭味，需要有脱臭措施；板材成品也有一些气味；重金属污染有可能会长期存在。目前，利用城市污泥制造生化纤维板技术仍不成熟，对于该项技术的工艺条件、配料、成品强度及性能等均需作进一步的研究。

5）污泥制陶粒

污泥陶粒最早由 Nakouzis 等人提出，是以城市污泥为主要原料，掺加适量辅料后经成球、焙烧而成。城市污泥产量巨大，将其用于陶粒生产可取得巨大的经济效益和环境效益。城市污泥在砖窑中经过 1 050～1 100℃的高温处理，其低密度、热绝缘性能、抗高温性能以及抗压强度完全可与普通的轻质材料相媲美，甚至优于普通的轻质材料。

6）污泥制活性炭

污泥制活性炭，是 20 世纪 80 年代后期出现的一种新型污泥利用途径。剩余活性污泥中主要成分是有机物，60%～70% 是粗蛋白，25% 是碳水化合物，灰分仅占 5% 左右，因此添加一定的活化剂（如 $ZnCl_2$、KOH 等），在绝氧条件下可用于制取活性炭。由于受污泥含碳量限制，污泥制活性炭的性能（如表面积、微孔体积等）会低于传统的商业活性炭，但在处理含重金属废水时，污泥活性炭表现出了比商品活性炭更为优越的吸附性能。

参考文献

[1] 城镇污水处理厂污泥处置林地用泥质（CJ/T 362—2011）[S]. 北京：住房和城乡建设部，2011：2-5.
[2] 白莉萍，付亚萍. 城市污泥应用于陆地生态系统研究进展[J]. 生态学报，2009，29（1）：416-423.
[3] 曹秀芹，陈珺. 污水处理厂污泥处理存在问题分析[J]. 北京建筑工程学院学报，2002，18（1）：1-4.
[4] 岑超平，张德见，韩琪. 城市污水处理厂污泥处理处置的政策分析[J]. 生态环境，2005，14（5）：803-806.
[5] 陈桂梅，刘善江，田野，等. 污泥堆肥的应用研究进展[J]. 广州化工，2010，38（12）：15-17.
[6] 陈桂梅，刘善江，张定媛，等. 污泥堆肥的应用及其在农业中的发展趋势[J]. 中国农学通报，2010，

26（24）：301-306.

[7]　陈同斌，黄启飞，高定，等. 中国城市污泥的重金属含量及其变化趋势[J]. 环境科学学报，2003，23（5）：561-569.

[8]　程五良，方萍，陈玲，等. 城市污水处理厂污泥土地利用可利用性探讨[J]. 同济大学学报（自然科学版），2004，32（7）：939-942.

[9]　戴晓虎. 我国城镇污泥处理处置现状及思考[J]. 给水排水，2012（2）：3-7.

[10]　戈乃玢，马淑芳，秦怀英，等. 脱水污泥的组分和农用评价[J]. 农业环境保护，1995，14（5）：202-206.

[11]　谷晋川，蒋文举，雍毅. 城市污水处理厂污泥处理与资源化[M]. 北京：化学工业出版社，2008.

[12]　杭世珺，刘旭东，梁鹏. 污泥处理处置的认识误区与控制对策[J]. 中国给水排水，2004，20（12）：92-95.

[13]　郝晓地，张璐平，兰荔. 剩余污泥处理/处置方法的全球概览[J]. 中国给水排水，2007，23（20）：6-10.

[14]　何品晶，顾国维，李笃中，等. 城市污泥处理与利用[M]. 北京：科学出版社，2003.

[15]　侯晓峰，薛惠锋. 城市污水污泥处置利用及其影响因素分析[J]. 水土保持学报，2011，25（6）：227-230.

[16]　胡忻，陈茂林，吴云海，等. 城市污水处理厂污泥化学组分与重金属元素形态分布研究[J]. 农业环境科学学报，2005，24（2）：387-391.

[17]　花莉. 城市污泥堆肥资源化过程与污染物控制机理研究[D]. 杭州：浙江大学，2008.

[18]　姜城，杨金，陈振天，等. 污泥、污泥复合肥农业应用的初步研究[J]. 吉林农业大学学报，1996，18（2）：46-50.

[19]　康军，张增强. 污泥堆肥用于城市绿化的现状及前景[J]. 节能与环保，2009，（7）：33-34.

[20]　孔祥娟，何强，柴宏祥. 城镇污水处理厂污泥处理处置技术现状与发展[J]. 建设科技，2009，（19）：59-61.

[21]　李海波，李亚东，李克顺. 城市生活污泥在矿业废弃地复垦应用中的可行性分析[J]. 湖北大学学报：自然科学版，2005，27（2）：184-187.

[22]　李慧君，殷宪强，谷胜意，等. 污泥及污泥堆肥对改善土壤物理性质的探讨[J]. 陕西农业科学，2004，（1）：29-31.

[23]　李姝娟，李洪远. 国内外污泥堆肥化技术研究[J]. 再生资源与循环经济，2011，4（6）：42-44.

[24]　李艳霞，陈同斌，罗维，等. 中国城市污泥有机质及养分含量与土地利用[J]. 生态学报，2003，23（11）：2464-2474.

[25]　李有康，李欢，李忱忱. 污泥中腐植酸的含量及其特征分析[J]. 环境工程，2013，31（增刊）：22-24.

[26]　林兰稳，钟继洪，张国林，等. 广州市污水污泥堆肥在环境绿化中的应用[J]. 生态环境，2006，15（5）：84-88.

[27]　卢鹏，傅敏. 污泥堆肥的农用资源化研究进展[J]. 重庆工商大学学报（自然科学版），2009，26（2）：123-126.

[28]　罗景阳，冯雷雨，陈银广. 污泥中典型新兴有机污染物的污染现状及对污泥土地利用的影响[J]. 化工进展，2012，31（8）：1820-1827.

[29]　莫测辉，蔡全英. 城市污泥中有机污染物的研究进展[J]. 农业环境保护，2001，20（4）：273-276.

[30]　邱桃玉，蒋永衡，刘德江，等. 城市污泥农用多种效应及前景分析[J]. 新疆农业科学，2006，43（S1）：64-67.

[31] 谭国栋，李文忠，何春利. 北京市城市污水处理厂污泥处理处置技术研究探讨[J]. 南水北调与水利科技，2011，（2）：115-119.

[32] 谭国栋，李文忠，何春利. 北京市污水处理厂污泥处理处置技术研究探讨[J]. 环境科学与管理，2011，105（5）：1672-1683.

[33] 谭国栋. 城市污泥特性分析及其在生态修复中的应用研究[D]. 北京：北京林业大学，2011.

[34] 汪群慧. 固体废弃物处理与资源化[M]. 北京：化学工业出版社，2004.

[35] 王斌科，刘金泉，王俊安，等. 剩余污泥重金属污染现状及其治理技术[J]. 环境保护与循环经济，2013，33（1）：50-52.

[36] 王睿韬，汪澜，马忠诚. 市政污泥脱水技术进展[J]. 中国水泥，2012，（04）：57-61.

[37] 王贤圣，王林. 我国城镇污水处理厂污泥处理处置工作中存在的主要问题与对策初探[A]//中国环境科学学会. 2011中国环境科学学会学术年会论文集（第一卷）[C]. 中国环境科学学会，2011：5.

[38] 王雅婷. 城市污水处理厂污泥的处理处置与综合利用[J]. 环境科学与管理，2011，36（1）：94-98.

[39] 邢世友，袁浩然，鲁涛，等. 污泥处置过程中主要有机污染物生成及迁移转化规律[J]. 武汉大学学报：工学版，2012，45（6）：848-854.

[40] 薛澄泽. 污泥制作堆肥及复合肥料的研究[J]. 农业环境保护，1997，16（1）：11-15.

[41] 杨晓琴，王成端，杨居义. 污泥堆肥农用效应研究[J]. 江苏环境科技，2008，21（1）：34-36.

[42] 姚刚. 德国的污泥利用和处置.城市环境与城市生态[J]. 城市环境与城市生态，2000，13（1）：43-47.

[43] 姚天举，王素荣，祈峰. 堆肥在园林绿化中的应用研究[J].安徽农业科学，2007，35（25）：7889-7890.

[44] 殷宪强. 污泥堆肥施用对土壤与作物的影响研究[D]. 西安：西北农林科技大学，2004.

[45] 尹军，谭学军，张立国. 城市污水污泥的土地利用[J].吉林建筑工程学院学报，2003，20（1）：1-6.

[46] 尹军，谭学军. 污水污泥处理处置与资源化利用[M]. 北京：化学工业出版社，2005.

[47] 尹守东，王凤友，李玉文. 城市污泥堆肥林地应用研究进展[J]. 东北林业大学学报，2004，32（5）：58-60.

[48] 余忆玄，陈虹，王晓萌，等. 我国城市污泥中的有机污染物污染状况及其海洋倾倒处置研究[J]. 海洋环境科学，2013，32（5）：652-656.

[49] 占达东. 污泥资源化利用[M]. 青岛：中国海洋大学出版社，2009.

[50] 张清敏. 污泥有效利用研究进展[J]. 农业环境保护，2000，19（1）：58-61.

[51] 张韵，王洪臣，赵庆良，等. 污泥处理处置新技术研究与新趋势解读[J]. 水工业市场，2010（7）：6-7.

[52] 郑建敏. 城市污泥堆肥在园林植物中的应用[J]. 安徽农业科学，2004，32（2）：334.

[53] 周立祥，胡霭堂，戈乃玢，等. 城市污泥土地利用研究[J]. 生态学报，1999，19（2）：185-193.

[54] 朱凤香，王卫平，陈晓，等. 堆肥在环境修复与农业生产中应用的研究进展[J]. 浙江农业学报，2008，20（6）：491-495.

[55] 宗静婷，丁晓倩. 城市污水处理厂剩余污泥资源化途径探讨[J]. 生态经济（学术版），2011（7）：163-16.

[56] 邹绍文，张树清，王玉军，等. 中国城市污泥的性质和处置方式及土地利用前景[J]. 中国农学通报，2005，21（1）：198-201.

[57] Cheng H.，Xu W.，Liu J.，*et al.*. Application of composted sewage sludge（CSS）as a soil amendment for turfgrass growth[J]. Ecological Engineering，2007，29（1）：96-104.

[58] Cunningham S. D., Berti W. R., Huang J. W.. Phytoremediation of contaminated soils[J]. Trends in Biotechnology, 1995, 13 (9): 393-397.

[59] Dai JY, Xu MQ, Chen JP, et al.. PCDD/F, PAH and heavy metals in the sewage sludge from six wastewater treatment plants in Beijing, China[J]. Chemosphere, 2007, 66 (2): 353-361.

[60] Debosz K., Petersen S.O., Kure L.K., et al.. Evaluating effects of sewage sludge and household compost on soil physical, chemical and microbiological properties[J]. Applied Soil Ecology, 2002, 19(3): 237-248.

[61] Dietz AC, Schnoor JL. Advances in phytoremediation[J]. Environmental Health Perspectives, 2001, 109 (Suppl 1): 163.

[62] D'Orazio V, Ghanem A, Senesi N. Phytoremediation of Pyrene Contaminated Soils by Different Plant Species[J]. CLEAN–Soil, Air, Water, 2013, 41 (4): 377-382.

[63] Gao P. C., Tang X. B., Tong Y. N.. Application of sewage sludge compost on highway embankments[J]. Waste Management, 2008, 28 (9): 1630-1636.

[64] Gascó G., Lobo M. C.. Composition of a Spanish sewage sludge and effects on treated soil and olive trees[J]. Waste Management, 2007, 27 (1): 1494-1500.

[65] Harper E., Miller F. C., Macauley B. J.. Physical management and interpretation of an environmentally controlled composting ecosystem[J]. Australian Journal of Experimental Agriculture, 1992, 32 (5): 657-667.

[66] Hua L, Wu WX, Liu YX, et al.. Heavy metals and PAHs in sewage sludge from twelve wastewater treatment plants in Zhejiang Province[J]. Biomedical and Environmental Sciences, 2008b, 21(4): 345-352.

[67] José M. Fernández C. P., Diana Hernández, et al.. Carbon mineralization in an arid soil amended with thermally-dried and composted sewage sludges[J]. Geoderma, 2007, 137 (3-4): 497-503.

[68] La Marca M., Lucamante G., Pagliai M., et al.. Effects of sewage sludges and composts on soil porosity and aggregation[J]. Journal of Environmental Quality, 1981, 10 (4): 556-561.

[69] Lakhdar A., Iannelli M. A., Debez A., et al.. Effect of municipal solid waste compost and sewage sludge use on wheat (Triticum durum): growth, heavy metal accumulation, and antioxidant activity[J]. Journal of the Science of Food and Agriculture, 2010, 90 (6): 965-971.

[70] Lee E., Song U.. Environmental and economical assessment of sewage sludge compost application on soil and plants in a landfill[J]. Resources, Conservation and Recycling, 2010, 54 (12): 1109-1116.

[71] Marie L., Christine B., Nathalie K.. The use of compost in afforestation of Mediterranean areas: Effects on soil properties and young tree seedlings[J]. Science of the Total Environment, 2006, 369 (1-3): 220-230.

[72] Sayara T, Sarrà M, Sánchez A. Optimization and enhancement of soil bioremediation by composting using the experimental design technique[J]. Biodegradation, 2010, 21 (3): 345-356.

[73] Schnoor JL, Licht LA, McCutcheon SC, et al.. Phytoremediation of organic and nutrient contaminants[J]. Environmental Science & Technology, 1995, 29 (7): 318-323.

[74] Senesi N, Plaza C. Role of humification processes in recycling organic wastes of various nature and sources as soil amendments[J]. CLEAN–Soil, Air, Water, 2007, 35 (1): 26-41.

[75] Singh R. P., Agrawal M. Effects of sewage sludge amendment on heavy metal accumulation and consequent responses of Beta vulgaris plants[J]. Chemosphere, 2007, 67 (1): 2229-2240.

[76] Singh R. P., Agrawal M. Potential benefits and risks of land application of sewage sludge[J]. Waste Management, 2008, 28 (2): 347-358.

[77] Song U., Lee E. J. Environmental and economical assessment of sewage sludge compost application on soil and plants in a landfill[J]. Resources, Conservation and Recycling, 2010, 54 (12): 1109-1116.

[78] Soumaré M., Tack F. M. G., Verloo M. G. Characterisation of Malian and Belgian solid waste composts with respect to fertility and suitability for land application[J]. Waste Management, 2003, 23 (6): 517-522.

[79] Stanislaw D., Anna C.. Effect of solid-phase speciation on metal mobility and phytoavailability in sludge-amended soil.Water, Air, and Soil Pollution, 1990, 5 (1-2): 153-160.

[80] Tsuyoshi Imai Y. L., Masao Ukita. Applications of Composted Solid Wastes for Farmland Amendment and Nutrient Balance in Soils[J]. Environmental Bioengineering, 2010, 11: 123-163.

[81] Warman P. R., Termeer W. C. Evaluation of sewage sludge, septic waste and sludge compost applications to corn and forage: yields and N, P and K content of crops and soils[J]. Bioresource Technology, 2005, 96 (8): 955-961.

[82] Zbytniewski R., Buszewski B. Characterization of natural organic matter (NOM) derived from sewage sludge compost. Part 2: multivariate techniques in the study of compost maturation[J]. Bioresource Technology, 2005, 96 (4): 479-484.

[83] Casado-Vela J., Sellés S., Díaz-Crespo C., et al.. Effect of composted sewage sludge application to soil on sweet pepper crop (Capsicum annuum var. annuum) grown under two exploitation regimes[J]. Waste Management, 2007, 27 (11): 1509-1518.

[84] Casado-Vela J., Sellés S., Navarro J., et al.. Evaluation of composted sewage sludge as nutritional source for horticultural soils[J]. Waste Management, 2006, 26 (9): 946-952.

[85] Chaney R. L.. Plant uptake of inorganic waste constituents[A]//Parr J. Feds. Land Treatment of Hazardous wastes[C]. Noyes Data Corporation, Park Ridge, New Jersey, USA. 1983: 50-76.

第2章 城市污泥堆肥方式与堆肥产品性质

2.1 城市污泥堆肥方式

污泥堆肥是利用污泥中的微生物进行发酵的过程。在污泥中加入一定比例的膨松剂和调理剂（如秸秆、稻草、木屑或生活垃圾等），在潮湿环境下，利用微生物群落将多种有机物进行氧化分解并转化为稳定性较高的类腐殖质。污泥经堆肥处理后，植物养分形态更有利于植物吸收，还能消除臭味、杀死大部分病原菌和寄生虫（卵），达到无害化目的，且呈现疏松分散、细颗粒状，便于储藏、运输和使用。

早在几个世纪前，世界各地农村将落叶、杂草、海草和人畜粪尿等混合堆积在一起使其发酵并制取肥料，这就是原始的堆肥方式。1925年，英国人 A. Howmd 首先在印度提出印多尔法堆肥技术，但仅限于厌氧发酵，经改进成为多次翻堆的好氧发酵，后来发展为将固体废弃物与粪肥分层交替堆积法。此后，世界各国对有机固体废弃物的堆肥化技术进行了较系统的规模化研究，并取得了很大的进展。1933年，在丹麦出现丹诺堆肥法，运用卧式回转窑发酵仓进行好氧发酵，标志着连续性机械化堆肥工艺的开端。与此同时，在德国开发出了巴登堆肥法，其特点是先将垃圾中不易堆肥的无机物去除，然后再与污水处理厂的消化污泥一起露天堆置，发酵4~6个月。1940年，Thomas 堆肥法的问世促进了高速堆肥的迅速发展。至此，堆肥技术已经初步形成。

世界范围内污泥堆肥的发展趋势是：从厌氧堆肥发酵转向好氧堆肥发酵；从露天敞开式转向封闭式发酵；从半快速发酵转向快速发酵；从人工控制的机械化转向全自动化，最终彻底解决二次污染问题。目前，发达国家在污泥堆肥方面的技术已经成熟，具备了先进的堆肥工艺和设备，我国在污泥堆肥工艺上已经达到或接近国外先进水平，但在机械设备方面与国外还存在较大的差距，表现在设备的自动化程度低，生产效率低等方面。今后，我国污泥堆肥设备的研究重点将是如何改善机械性能，提高自动化程度和延长设备使用寿命等。

堆肥是个自然生物过程，工程应用中通常要进行人工控制，控制程度从简易的定期日常搅动到较严格的机械翻堆、臭气控制的反应器系统，其基本工艺流程如图2-1所示。

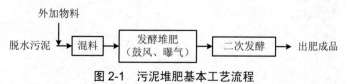

图2-1 污泥堆肥基本工艺流程

目前，堆肥工艺有多种分类方式。根据堆肥过程的机械化程度，可分为露天堆肥和快速堆肥两种；根据堆肥技术的复杂程度，可分为条垛式、强制通风静态垛式和反应器系统；根据微生物的生长环境，可分为好氧和厌氧两种。好氧堆肥是在通气条件下，通过好气性微生物活动，使有机物得到降解稳定的过程，此过程速度快，堆肥温度高（一般为 50～60℃，极限可达 80～90℃，故又称高温堆肥）。好氧堆肥法的微生物作用过程可以分为三个阶段：发热阶段、高温阶段（主发酵、一次发酵）、降温和腐熟保肥阶段（后发酵，二次发酵）。现代化好氧堆肥工艺可分为翻堆条垛式堆肥、通风静态垛堆肥、发酵槽（池）式堆肥和筒仓式堆肥等。

2.1.1　CET 条垛式好氧堆肥工艺

在条垛式好氧堆肥中，堆肥混合物形成平行布置的长条垛，具有梯形或三角形断面。物料由机械进行定期搅动，以使物料充分接触空气、释放水分和疏松物料。空气管路布置于底部的空气渠内，以保护其免受翻堆机械的破坏，空气由下至上穿过肥堆，或由底部的空气渠排出（图 2-2）。条垛式好氧堆肥可在室外露天操作，也可在室内进行。与其他堆肥技术相比，条垛式好氧堆肥占地面积较大，而且堆与堆之间以及堆体两端要预留翻堆机械的操作空间。

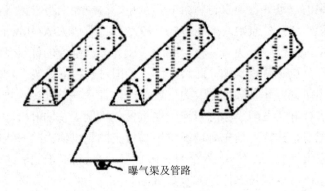

曝气渠及管路

图 2-2　条垛式好氧堆肥示意

污泥无害化农用技术简称 CET 技术。CET 技术是基于日本污泥堆肥技术和德国污泥颗粒化技术而进行国产化研发的，北京大兴庞各庄污泥消纳厂的露天堆肥场主流生产工艺采用的就是 CET 条垛式好氧堆肥工艺，其基本过程如图 2-3 所示。该厂建设用地面积 140 000 m²，每年处理污泥量约 10 万 t，可生产 5 万 t 有机肥料。污泥露天条垛式好氧发酵场地的总面积为 38 000 m²。为解决自然气候影响问题，2006 年该堆肥场进行了扩建，建设了面积为 13 000 m² 的封闭式发酵车间（图 2-4）。该厂所生产的污泥堆肥产品基本去除了对人体有害的病原体，符合国家农肥的卫生检疫标准，污泥含水率由 80% 降到 30%，且发酵后的有机质含量为不低于 30%。

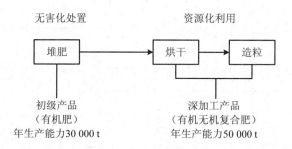

图 2-3　北京大兴庞各庄污泥消纳厂的 CET 技术工艺流程

图 2-4　北京大兴庞各庄污泥消纳厂发酵堆肥车间

2.1.2　SACT 污泥好氧堆肥工艺

　　污泥快速好氧堆肥工艺（Sludge Aerobic Composting Technology，SACT）是依据成熟的高温好氧发酵原理，通过控制适合的外界条件，使微生物分解污泥中的有机物并释放出能量，从而达到杀灭有害细菌和病毒的目的，最终产物中的有效成分含量和微生物指标均满足农用标准，可实现污泥的减量化、无害化和资源化。SACT 工艺基于卧式敞口发酵槽理论，通过构筑物形式、机械翻堆设备、自动进出仓系统等方面的改进，形成了完整的自动化堆肥系统理论。SACT 工艺根据预处理形式的差异分为 A、B、C 三个系列，在构筑物形式、设备形式、充氧模式、控制手段等方面进行了积极创新，工艺流程见图 2-5。

　　SACT-A 系统的预处理采用晾晒，适用于北方干旱地区且项目用地较为宽裕的工程；SACT-B 系统的预处理采用外加干物料与脱水污泥进行机械混合，适用于附近有干物料来源的工程，但须保证全年干物料的供应；SACT-C 系统的预处理采用预干化设备，适用于占地面积有限且无法提供干物料来源的工程，运行费用相对较高，但仍远远低于污泥焚烧的费用。

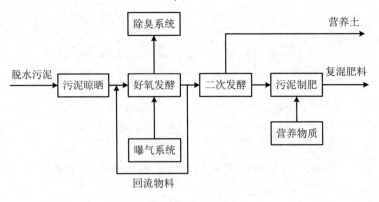

SACT-A 系统工艺流程

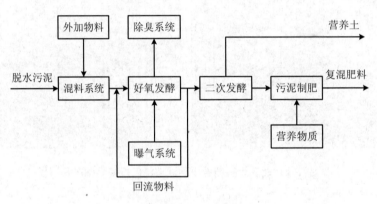

SACT-B 系统工艺流程

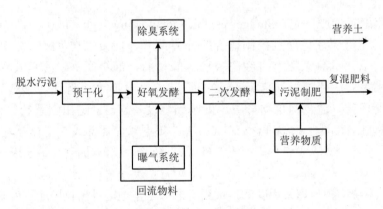

SACT-C 系统工艺流程

图 2-5　SACT 发酵系统工艺流程

　　SACT 工艺很好地解决了制约污泥堆肥技术工业化应用的主要"瓶颈"问题，包括占地面积、臭气外排造成的二次污染和操作员工职业健康安全等，具有以下特点：

　　（1）系统不受自然气候影响，可全天候高效运转；

　　（2）仓式模块化系统容积率高，维护方便，便于远期扩建；

（3）发酵过程精确控制，最大限度地提高效率，节省运行成本；

（4）发酵过程可无人控制，提高管理效率，杜绝事故发生；

（5）完善的全封闭结构和除臭系统设计，消除了二次污染隐患。

唐山西郊污水处理厂污泥高温好氧发酵项目是中国最早采用 SACT 技术的工程项目，一期工程于 1996 年投入使用，日处理脱水污泥约 10 t，年产颗粒复混肥 3 000 t。二期工程日处理脱水污泥 40 t，年产颗粒复混肥 10 000 t，该工程首次将污泥高温好氧发酵、制肥、物料自动化输送以及除臭四大系统有机组合，工艺流程如图 2-6 所示。该污泥资源化项目采用 SACT-C 预干化污泥好氧发酵工艺，好氧发酵阶段采用独立卧式发酵槽，发酵槽底部布设曝气管路，并采用链条式翻堆机定期翻堆，通过鼓风机向物料堆内充氧，采用自动布料机进料（图 2-7），制成颗粒复混肥（图 2-8）。好氧发酵车间配套建设了生物除臭系统，采用传统生物滤池工艺，气体排放符合国家相关标准要求。

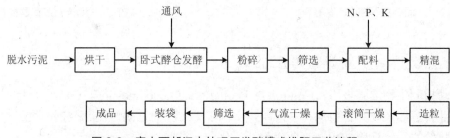

图 2-6　唐山西郊污水处理厂发酵槽式堆肥工艺流程

图 2-7　螺旋布料机

图 2-8　颗粒污泥

沈阳西部污水处理厂污泥处置工程设计日处理城市污泥 120 t，2010 年建成运行。该项目采用隧道式发酵仓（图 2-9）和 F5.110 智能滚筒翻抛机（图 2-10）的 SACT-B 污泥堆肥系统，使操作员工与污泥彻底隔离，污泥自动进仓和出仓。进料污泥含水率约 80%，添加 5% 的秸秆或锯末，发酵 14 d，出料腐熟堆肥含水率为 35%，符合《城镇污水处理厂污泥处置农用泥质标准》（CJ/T 309—2009）。相对于传统堆肥技术，该堆肥方法可节省占地面积 50% 以上，减少除臭投资和运营费用 60% 以上。

图 2-9　隧道式发酵仓　　　　　　　　图 2-10　F5.110 型智能滚筒翻抛机

2.1.3　自动控制生物好氧堆肥工艺

自动控制生物堆肥技术（Control Technology for Biocomposting，CTB）是指利用多种堆肥专业传感器及计算机自动检测系统，实现堆肥过程的自动监测、控制、故障检测和诊断，使传统的经验堆肥技术向工业化和智能化方向发展。

秦皇岛市绿港污泥处理厂好氧堆肥工程采用 CTB 工艺，设计日处理城市污泥 200 t，于 2009 年 5 月开始运行。该工程采用前期静态曝气发酵、后期动态匀翻的处理工艺，配有温度—氧气—臭气在线监测耦合与智能化控制系统，可实现生物发酵全过程的智能控制，工艺流程如图 2-11 所示。混匀的物料进入发酵仓，向堆体中插入温度探头和氧气探头，主发酵过程根据温度探头、氧气探头监测的数据由 Compsoft V3.0 软件控制，通过鼓风机向堆体供氧，进行匀翻后熟稳定化，发酵结束后对物料进行筛分（图 2-12）。通过好氧发酵过程中的通风策略优化，达到快速生物干化的目的，同时在源头控制臭气的产生，后期采用生物滤池除臭，使除臭成本降低 80%，臭气能够达标排放。

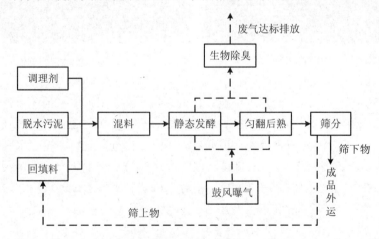

图 2-11　绿港污泥处理 CTB 工艺流程

图 2-12　绿港污泥处理厂发酵车间

　　长春市污水处理厂污泥堆肥处置工程也采用 CTB 工艺，设计日处理城市污泥 400 t，于 2010 年投产运行。发酵过程由 Compsoft V3.0 升级版软件包进行温度—氧气实时在线监测，并根据堆体温度、氧气含量及耗氧速率等参数的智能控制，使堆体温度和氧气含量处于最佳状态，促进高温微生物快速生长繁殖，有效防止堆体内恶臭气体的产生。发酵产物符合《城镇污水处理厂污泥处置农用泥质标准》（CJ/T 309—2009），可用于园林绿化、土壤改良等。

　　上海松江污水处理厂污泥好氧发酵工程采用北京中科博联环境工程有限公司研发的 CTB 智能控制污泥好氧发酵工艺，设计日处理污泥规模为 120 t（污泥含水率为 80%），该工艺为静态垛强制通风，发酵后期采用翻抛机对物料进行匀翻，确保均匀发酵，发酵成品作为绿化介质土（图 2-13）。

图 2-13　上海松江污泥处理厂臭气监测装置和混料系统

2.1.4　太阳能好氧堆肥技术

　　太阳能好氧堆肥工艺是对传统堆肥工艺的改进与发展，是将堆肥物料堆放在棚顶透明的温室内，堆体可以直接吸收一部分太阳能。在晴朗的白天，室内的空气温度明显高于室外空气温度，有利于新进入发酵仓物料的升温和维持堆体较高的发酵温度，促进有机物的降解，缩短堆肥时间。同时，室内空气具有一定的保温作用，避免了日出、日落对堆体所处环境温度造成较大波动，影响物料发酵。可见，该工艺最大的特点是直接提高了堆肥的温度，而温度是公认的影响堆肥效果的一个重要的环境变量，因为不仅微生物的新陈代谢高度依赖温度，微生物的种群动态也显著地受温度影响。

深圳市粪便无害化处理厂采用了太阳能好氧堆肥工艺，采用跨式翻堆机对物料进行搅拌，使物料温度、湿度均匀并与空气充分接触，加速堆肥物分解，防止臭气产生（图 2-14）。物料的停留时间为 10 d，每天早上翻倒发酵物料一次，有时也需根据物料实际性状不同而改变翻倒次数。该厂采用抽风排气方式更换室内空气，达到供氧和除湿的目的，进入堆体的空气流过整个堆体的外表面，避免了用管道强制通风造成的堆体局部物料过于干化的问题。

图 2-14　太阳能污泥好氧堆肥处理设备

2.1.5　污泥厌氧堆肥

厌氧堆肥是厌氧微生物在无氧状态下通过对有机固体物质进行液化、酸性发酵（产乙酸）、碱性发酵（产甲烷）3 个阶段后，使有机物质稳定化的过程。

液化阶段起作用的微生物包括纤维素分解菌、脂肪分解菌、蛋白质水解菌。在这些微生物的作用下，不溶性有机物可转变成可溶性大分子物质，根据电子计量生化反应式可知，液化反应的微生物都需要消耗一定的 NH_4^+ 和碱度，当电子供体是含氮有机物时，还需要消耗一定的 H^+，且含氮有机物中的氮素会以 NH_4^+ 的形式释放出来（氨化作用）。

酸性发酵阶段主要是以上阶段产生的可溶性物质作电子供体，在乙酸分解菌和产氢细菌的作用下产生乙酸或氢气的过程。根据产乙酸和产氢气的电子计量生化反应式可知，酸性发酵阶段也需要消耗一定的 NH_4^+ 和碱度。

碱性发酵阶段是产甲烷菌以氢气或乙酸、甲醇等为电子供体进行的厌氧发酵过程，根据不同底物的电子计量生化反应式可知，当以氢气和甲醇作为电子供体时，也需要消耗一定的 NH_4^+ 和碱度，而以乙酸为电子供体时，将会产生一定的碱度。另外，由于多个反应中都有 CO_2 生成，因此污泥在厌氧堆肥过程中除了产生一定量的甲烷外，还产生大量的

CO_2 气体。含氮有机物的厌氧反应过程属于氨化反应，因此会有一定量的氨气释放出来。

污泥的厌氧堆肥过程，虽然能够降解与稳定有机固体废物，但需通过更复杂的生物化学反应。该过程堆肥速度较慢，堆肥时间是好氧堆肥法的 3～4 倍，甚至更长。因此，目前世界范围内在污泥堆肥化领域，更加关注于好氧堆肥工艺，而厌氧堆肥的研究和应用也相对较少。

2.2 城市污泥堆肥产品性质分析

2.2.1 营养成分分析

1. 城市污泥中营养成分分析

污泥中含有丰富的氮、磷、钾及有机质，经过妥善处理后回用于贫瘠土壤，可以改善土壤结构，供给植物生长所需的养分。表 2-1 中给出了 2007—2012 年北京城区 7 座主要污水处理厂（包括高碑店污水处理厂、清河污水处理厂、酒仙桥污水处理厂、北小河污水处理厂、方庄污水处理厂、小红门污水处理厂、吴家村污水处理厂）剩余污泥中养分含量情况。

表 2-1 北京城区 7 座污水处理厂污泥中养分质量分数平均值（干基）　　单位：g/kg

年度	总养分	有机质
2007	81.96	600.20
2008	68.10	627.90
2009	74.96	647.01
2010	59.31	602.05
2011	65.43	613.70
2012	70.20	638.40
平均值	69.99	621.54
农用标准	≥30	≥200
园林绿化标准	≥30	≥250
土地改良标准	≥10	≥100

注：总养分=N+P_2O_5+K_2O。

从表 2-1 可看出，2007—2012 年北京中心城区污水处理厂剩余污泥中含有较为丰富的养分和有机质，均符合我国的农用标准、园林绿化标准和土地改良标准。2007—2012 年，污泥中总养分与有机质含量相对稳定，变化不明显。

2. 污泥堆肥中营养成分分析

取北京大兴区庞各庄污泥堆肥厂的堆肥产品，进行检测分析，得到污泥中各养分含量如表 2-2 和表 2-3 所示。

表 2-2　北京大兴区庞各庄污泥堆肥厂堆肥产品养分检测结果

项目	总养分/（g/kg）	有机质/（g/kg）	pH
堆肥产品	90.9	403.4	7.6
农用标准	≥30	≥200	5.5～9.0
园林标准	≥30	≥250	5.5～7.8
土地改良	≥10	≥100	6.5～10

表 2-3　北京大兴区庞各庄污泥堆肥各项指标检测结果（干基）

序号	检测项目	单位	检测值	有机肥标准
1	全氮（N）	%	3.67	—
2	全磷（P_2O_5）	%	11.96	—
3	全钾（K_2O）	%	1.26	—
4	总养分	%	16.90	≥4.0
5	有机质	%	33.70	≥30
6	含水率	%	32.84	≤20
7	pH 值	—	7.70	5.5～8.0

由表 2-2 和表 2-3 可见，污泥堆肥产品中的各营养指标均符合我国的农用标准、园林绿化标准、土地改良标准和有机肥标准（除含水率略高外）。

2.2.2　重金属含量分析

1. 城市污泥中的重金属含量分析

污泥中重金属的含量较高，这一直是限制污泥土地利用的主要原因。堆肥化可以在一定程度上固化和钝化重金属，降低其迁移能力，为污泥的土地利用提供了更大的可能。

污泥中的重金属主要包括 Zn、Cu、Pb、Cr、Hg、Cd、Ni、As 等。其中 Zn 主要来源于镀锌供水管道；Cu、Cr、Cd、Ni 主要来源于一些工业企业；Pb 主要来源于燃煤和汽车尾气排放物；As 和 Hg 则来源于一些特殊行业，如医院、科研机构等。由于污水水质、处理工艺和地域差异等因素的影响，我国污泥中的重金属质量分数差异较大，表 2-4 列出了 2003 年和 2008 年我国部分城市污水处理厂剩余污泥中重金属质量分数的统计数据。

表 2-4　我国部分城市污水处理厂污泥中重金属质量分数

重金属	含量范围/（mg/kg）		平均值/（mg/kg）	
	2003 年	2008 年	2003 年	2008 年
Zn	16.8～7 384.0	13.8～9 138.0	1 450.0	1 270.4
Cu	28.4～3 068.0	28.8～4 532.0	486.0	532.9
Cr	0.4～728.0	2.6～1 067.0	185.0	222.0
Pb	0.6～669.0	5.2～740.0	131.0	115.0
Ni	10.4～374.0	1.6～569.0	77.5	79.1
As	0.3～47.0	0.4～71.0	16.1	16.9
Cd	0.05～16.8	0.3～51.0	3.0	7.18
Hg	0～9.3	0.1～24.0	2.8	3.8

由表 2-4 可以看出，城市污泥中 Zn 的含量最大，其次是 Cu 和 Cr，Cd 和 Hg 的含量相对较少。从时间变化趋势来看，除 Zn 和 Pb 外，其余重金属含量均有随时间上升的趋势，其中 As 和 Ni 的含量增加不大。镀锌管道和含铅汽油的禁止使用是 Zn 和 Pb 含量减少的主要原因，而 Cd、Cu、Cr、Hg 等重金属含量的增加，可能是由于我国某些特种行业，如电子工业的快速发展有关。

污泥中的重金属进入水体和土壤后，能被蔬菜、粮食作物吸收，并能够沿食物链富集，最终危害人类健康。例如 Pb 对儿童智力发育的影响，Cd 和 Hg 对肝脏、肾脏等器官的不可逆损害等。因此，对重金属的控制是污泥处理过程的重要内容。2011 年，北京城市污泥中 6 种重金属的含量与世界 3 个发达国家（英国、美国、瑞典）城市污泥中的检测结果对比如表 2-5 所示。

表 2-5　北京与发达国家城市污泥中重金属质量分数的对比　　　　　单位：mg/kg

重金属	Zn	Cu	Ni	Cd	Pb	Cr
英国	2 847	1 121	201	107	900	887
美国	2 200	700	52	12	480	380
瑞典	1 570	560	51	6.7	180	86
北京	837	174	17	1.3	25	38

可以看出，北京城市污泥中 6 种重金属的含量均明显低于美国、英国和瑞典等发达国家城市污泥中重金属的含量。也就是说，发达国家所强调的城市污泥土地利用过程中的重金属风险在北京地区要相对低得多。

2. 堆肥化对污泥中重金属的影响

污泥中重金属性质相对稳定，不易去除。通过堆肥过程，既可能由于水分、CO_2 和其他可挥发性物质的挥发损失，使重金属在堆肥中有一定的浓缩，增加其含量或浓度；或是因为其他调理剂和稳定剂（如稻草、石灰等）的加入而降低了重金属的含量。冯春等研究了高温好氧静态强制通风堆肥工艺对污泥中重金属含量的影响，发现堆肥后，污泥中的 Zn、Cu、Pb 和 As 的含量都略有增加。而梁丽等将污泥与稻草、木屑、石灰等进行混合堆肥，不同配比下 Zn、Cu、Pb、Cr 和 Cd 的含量都有所降低。可见，污泥堆肥化后重金属含量取决于堆肥工艺、掺杂原料等条件，尚没有确定的结论。

堆肥化过程能够改变重金属的存在形态，在一定程度上钝化污泥中的重金属，使其更稳定和不易迁移，减少污泥堆肥应用时被植物吸收的可能性。重金属的形态不同，其迁移性能也就不同，对人体的危害程度也有很大差异。由于很难直接测定样品中不同形态重金属的含量，通常采用顺序提取方法来进行测定。

Tessier 等采用 5 步连续浸提法，将土壤中重金属的存在形态分为可交换态、碳酸盐结合态、铁锰氧化物结合态、有机结合态和残渣态。可交换态是指被土壤胶体表面非专性吸附且能被中性盐取代的，同时也是易被植物根部吸收的部分；碳酸盐结合态是石灰性土壤中比较重要的一种形态，普遍使用醋酸钠—醋酸缓冲溶液作为提取剂；铁锰氧化物结合态是指被土壤中氧化态铁锰或黏粒矿物的专性交换位置所吸附的部分，不能用中性盐溶液交换，只能被亲和力相似或更强的金属离子置换，一般用草酸—草酸盐或盐酸羟胺作提取剂；有机结合态是指重金属通过化学键形式与土壤有机质结合，也属于专性吸附，选用的提取剂主要有次氯酸钠、过氧化氢、焦磷酸钠等；而残渣态是指结合在土壤硅铝酸盐矿物晶格中的金属离子，在正常情况下难以释放且不易被植物吸收，一般用 HNO_3-$HClO_4$-HF 分解。由于各种试剂的溶解能力不尽相同，即使同一种形态，其提取量也只对特定的提取剂有意义。根据这些特点，通常可交换态、碳酸盐结合态和铁锰氧化物结合态统称生物有效态。

大量研究表明，通过堆肥化处理，可以明显降低重金属的生物有效性。有研究显示：污泥经过 160 d 堆肥处理，水溶性的 Zn 和 Pb 含量从堆肥前的 5.8%和 3.2%分别降低到了1.3%和 0.2%以下。杨玉荣等利用 DTPA 浸提法测定堆肥前后污泥中植物有效性重金属的含量，发现 6 种堆肥配比条件下 Cu、Zn、Pb、Cd、Ni 的植物有效性含量均较堆肥前有所降低。Monika 等用 BCR 顺序提取法测定堆肥过程中 Cr 和 Ni 的生物有效性，发现两种重金属的可交换态含量有所降低，而非可交换态含量明显升高。刘强等发现，堆肥后污泥中Zn 的有效态含量只占 Zn 总量的 16.8%，而 Cu 有 99%都是以非交换态的形式存在。

在堆肥过程中，经常加入一些钝化剂，更好地固定污泥中的重金属。常用的钝化剂有石灰、粉煤灰、磷矿粉、草炭、沸石等。加入石灰、粉煤灰可以增大堆肥的 pH 值，降低金属离子的溶解度，增强金属有机络合物的稳定性；加入的磷矿粉可以和重金属离子形成难以被作物吸收利用的磷酸盐沉淀；草炭是一种典型的腐殖质，重金属可以与有机质形成不溶性有机络合物而难以被作物吸收利用；而较强的吸附特性是沸石钝化重金属的主要原因。李春萍等在污泥中添加不同比例的石灰，发现 Pb 的残渣态含量基本不变，但有机结合态含量有所增加，Cd、Zn、Cu 的铁锰氧化态、有机结合态和残渣态的含量都有所增加。姚岚等在污泥堆肥过程中添加 10%的粉煤灰，可以使 Zn 和 Cu 的有效态含量分别减少26.51%和 4.01%。姜华等通过检测水田芥的发芽率，证明向污泥堆肥中添加磷矿粉和草炭等添加剂可以降低污泥堆肥对植物的毒性。Zorpas 等在堆肥过程中添加天然沸石，考察了重金属不同形态在不同堆肥时期的含量，结果表明 Cu、Pb、Ni、Zn 和 Cr 的残渣态含量在堆肥 150 d 后都有所增加。

表 2-6 给出了北京庞各庄污泥堆肥处理厂污泥堆肥产品中重金属含量情况。可以看出，污泥堆肥产品中重金属的含量大多数都达到了有机肥料标准，只有 Hg 含量略高，但是其含量达到了土地利用的 B 级标准。据文献报道，城市污泥堆肥中重金属的主要存在形态是残渣态，吸附在土壤胶体上，重金属的毒性和危害均大大降低，残渣态的重金属向土壤深层迁移和随地表水径流流失的风险较小。

表 2-6　北京庞各庄污泥堆肥中重金属质量分数　　　　　　　单位：mg/kg

重金属	Cu	Zn	Pb	Cr	Ni	As	Hg	Cd
污泥堆肥	102.1	744.1	27.4	66.9	18.1	9.6	9.9	1.3
有机肥料标准	—	—	<300	<300	—	<30	<5	—

污泥经过堆肥化处理后，虽然钝化了其中的大部分重金属，但是在实际土地利用过程中，受到土壤性质、植被类型、灌溉条件等因素的影响，堆肥中的重金属形态还会发生进

一步的转变。因此，在施用污泥堆肥时，应根据实际情况选择用法与用量。

3. 污泥堆肥中重金属含量控制

在我国有机肥料相关标准中，提出了对 As、Hg、Pb、Cd、Cr 五种重金属的安全限量。有机肥料农业部行业标准 NY525—2002 规定，有机肥料中的重金属含量应符合城镇垃圾农用控制标准（GB 8172）的要求；国家标准《有机—无机复混肥料》（GB 18877—2002）中对部分重金属进行了限量；正在修订的商品有机肥料农业部行业标准（征求意见稿）规定了商品有机肥料中重金属的限量指标，见表 2-7。

表 2-7　我国有机肥料重金属质量分数限量（干物质）标准　　　　　单位：mg/kg

肥料类型	As	Hg	Pb	Cd	Cr
有机肥料	30	5	100	3	300
有机—无机复混肥料	50	5	150	10	500
有机肥料（拟修订）	15	2	50	3	150

亚洲一些国家或地区根据堆肥的不同用途，重金属限量标准也有差异。一般用于粮食作物的堆肥比用于观赏植物的堆肥重金属限量低，有机耕种、普通农业用途、非农业用途的堆肥成品重金属限量水平依次升高，如中国香港有机资源中心 2005 年制定的堆肥质量标准（适用于作有机肥料及土壤改良剂的堆肥）、中国台湾的肥料种类品目及规格、日本的肥料取缔法对污泥肥料中重金属浓度的限值亦进行了规定，见表 2-8～表 2-10。

表 2-8　中国香港堆肥重金属质量分数限量（干物质）标准　　　　　单位：mg/kg

堆肥用途	As	Hg	Pb	Cd	Cr	Cu	Ni	Se	Zn
有机耕种	10	1	100	1	100	300	50	1.5	600
普通农业用途	13	1	150	3	210	700	62	2	1 300
非农业用途	41	17	300	39	1 200	1 500	420	36	2 800

表 2-9　中国台湾堆肥重金属质量分数限量（干物质）标准　　　　　单位：mg/kg

堆肥类型	As	Hg	Pb	Cd	Cr	Cu	Ni	Zn
禽畜粪堆肥	25	1	150	2	150	100	25	500
一般堆肥	25	1	150	2	150	100	25	250
杂堆肥	25	1	150	2	150	100	25	250
城市堆肥	10	0.15	100	5	50	300	50	1000
蚯蚓堆肥	10	0.15	100	5	50	—	50	

表 2-10　日本污泥肥料重金属质量分数限量（干物质）标准　　　　　单位：mg/kg

重金属	As	Hg	Pb	Cd	Cr	Ni
上限值	50	2	100	5	500	300

　　欧美各国对污泥堆肥中重金属的限量均有各自的标准，在重金属的种类和允许限值上存在较大的差别。如表 2-11 引述的 ORBIT Association 与欧洲堆肥网络 ECN 在 2008 年报告中列举的欧洲国家法定堆肥重金属含量限量；表 2-12 概括了加拿大魁北克标准局（BNQ）、加拿大环境部长委员会（CCEM）与加拿大农业及食品部（AAFC）标准。在重金属含量的标准上，美国与欧洲明显不同，USEPA503 对重金属的标准是简单的固体废弃物标准，用于任何其他堆肥可能模糊不清，而且不能阐明有关质量方面的问题。

表 2-11　欧洲国家法定堆肥重金属限量（干物质）　　　　　　单位：mg/kg

国家	Cd	总Cr	Cr^6+	Cu	Hg	Ni	Pb	Zn	As	备注
奥地利	0.7	70	—	70	0.4	25	45	200	—	A+类堆肥
	1	70	—	150	0.7	60	120	500	—	A类堆肥
	3	250	—	500	3	100	200	1 800	—	B类堆肥
比利时	1.5	70	—	90	1	20	120	300	—	—
捷克	2	100	—	100	1	50	100	300	10	农用堆肥
	2	100	—	170	1	65	200	500	10	园林绿化一类堆肥
	3	250	—	400	1.5	100	300	1 200	20	园林绿化二类堆肥
	4	300	—	500	2	120	400	1 500	30	园林绿化三类堆肥
德国	1	70	—	70	0.7	35	100	300	—	I 类
	1.5	100	—	100	1	50	150	400	—	II 类
丹麦	0.8	—	—	1 000	0.8	30	120	4 000	25	
爱沙尼亚	—	1 000	—	1 000	16	300	750	2 500		
西班牙	0.7	70	0	70	0.4	25	45	200	—	A类肥料
	2	250	0	300	1.5	90	150	500	—	B类肥料
	3	300	0	400	2.5	100	200	1 000	—	C类肥料
芬兰	1.5	300	—	600	1	100	150	1 500	25	
法国	3	20	—	300	2	60	180	600		
匈牙利	2	100	—	100	1	50	100	—	10	此外还有 Co: 50; Se: 50
希腊	10	510	10	500	5	200	500	2 000	15	
意大利	1.5	—	0.5	230	1.5	100	140	500		
卢森堡	1.5	100	—	100	1	50	150	400		
立陶宛	1.5	140	—	75	1	50	140	300		
拉脱维亚	3	—	—	600	2	100	150	1 500	50	
荷兰	1	50	—	60	0.3	20	100	200	15	纯净堆肥
	0.7	50	—	25	0.2	10	65	75	5	非纯净堆肥
波兰	3	100	—	400	2	30	100	1 500	—	有机肥料
英国	1.5	100	—	200	1	50	200	400	—	堆肥质量的最低要求
欧盟	1	100	—	100	1	50	100	300	10	如含有工业废弃物,还应限量（Mo: 2; Se: 1.5; F: 200）

表 2-12　加拿大堆肥重金属质量分数限量（干物质）标准　　　　单位：mg/kg

类别	As	Hg	Pb	Cd	Cr	Cu	Ni	Se	Mo	Co
BNQ（AA，A 类）CCME（A 类）	13	0.8	150	3	210	100	62	2	5	34
BNQ\CCME（B 类）AAFC（B 类）	75	5	500	20	1060	757	180	14	20	150

2.2.3　多环芳烃含量分析

在城市污泥及其堆肥产品中，人们关注较多的有毒有机物是多环芳烃（PAHs）。PAHs 是由含有 2 个或 2 个以上苯环的有机物以不同方式聚合而成的一组化合物，其中许多化合物具有致癌性。城市污泥中常检测到的 PAHs 主要有萘、苊、二氢苊、芴、菲、蒽、荧蒽、芘、苯并[a]蒽、䓛、苯并[b]荧蒽、苯并[k]荧蒽、苯并[a]芘、茚并（1,2,3-c,d）芘、二苯并[a,h]蒽和苯并[g,h,i]芘等，通常以 2～4 个苯环的化合物为主，而 5～6 个苯环的化合物含量相对较低。国外城市污泥中 PAHs 的总量一般在 1～10 mg/kg 之间，有些高达几十甚至上百毫克每千克。在我国，大陆城市污泥中 PAHs 总量多数大于 100 mg/kg，香港城市污泥中的 PAHs 总量在 10 mg/kg 左右。

在城市污泥堆肥过程中，PAHs 是一类相对较易被微生物降解的有机污染物。蔡全英的研究结果表明，西安某污水处理厂剩余污泥堆肥前 PAHs 质量分数为 2.27 mg/kg，堆肥后降为 0.60 mg/kg，PAH 的降解率达到 73%。Ronald 等在反应器中将污泥与受杂酚油污染的土壤混合（3∶7，V/V），通过搅拌、曝气和温控等措施进行了为期 12 周的试验，PAHs 的平均降解率达到了 93.4%±3.2%，其中 2 环和 3 环的 PAHs 降解率为 97.4%，4～6 环 PAHs 的降解率为 90.0%。PAHs 的生物降解是由一个苯环发生二羟基化和开环开始，进一步降解为丙酮酸和 CO_2，然后第二个环以同样方式分解。影响城市污泥堆肥过程中有机污染物降解的因素包括：有机物的性质、微生物的类型和数量、污泥的性质和环境因素（如温度、湿度、pH 值、通气性以及 C/N 比等）。

冯丽娟等对北京市庞各庄污泥原料和污泥堆肥产品中 16 种 PAHs 的本底浓度进行了检测，结果见表 2-13。

表 2-13　PAHs 在城市污泥与堆肥产品中的本底值　　　　单位：μg/kg

	NAP	ANY	ANA	FLU	PHE	ANT	FLT	PYR
城市污泥	355.7	90.3	119.5	210.6	644.5	337.6	893.0	137.0
污泥堆肥	47.7	11.0	32.1	121.2	325.9	81.0	150.1	49.8
	BaA	CHR	BbF	BkF	BaP	IPY	DBA	BPE
城市污泥	248.3	450.2	323.7	176.3	231.9	115.8	265.2	94.8
污泥堆肥	185.5	212.2	68.5	49.4	102.2	109.1	74.1	153.6
标准 [a]	—	—	—	—	<3 000	—	—	—

注：a《城镇污水处理厂污泥处置　林用泥质标准》（CJ/T 362—2011）。

由表 2-13 可以看出，城市污泥和污泥堆肥本底中的 16 种 PAHs 含量差别较大，城市污泥中各 PAHs 的含量均明显高于污泥堆肥产品，说明在污泥堆肥过程中会去除相当一部分 PAHs。同时也注意到，在城市污泥和堆肥产品中不同种类的 PAHs 含量差异也较大，城市污泥本底中质量分数最高的 PAHs 为 FLT，达到了 893.0 μg/kg；污泥堆肥本底中含量最高的 PAHs 为 PHE，质量分数为 325.9 μg/kg。具有严重致癌性质的 BaP（苯并芘）在城市污泥和堆肥产品中的含量均低于《城镇污水处理厂污泥处置 林用泥质标准》（CJ/T 362—2011）中的要求。

将 16 种 PAHs 按照低分子量（2～3 环）和高分子量（4～6 环）的两类进行数据整理，结果如表 2-14 所示。

表 2-14　城市污泥与堆肥产品中不同类型 PAHs 的本底值　　　　　　单位：μg/kg

	2～3 环 PAHs	4～6 环 PAHs	16 种 PAHs 总量
城市污泥	1 758.1	2 936.1	4 694.2
污泥堆肥	619.0	1 154.4	1 773.4
标准 [a]	—	—	<6 000

注：a《城镇污水处理厂污泥处置 林用泥质标准》（CJ/T 362—2011）。

由表 2-14 可以看出，城市污泥和堆肥产品中 2～3 环 PAHs 的总量均低于 4～6 环 PAHs 的总量。但无论是城市污泥，还是堆肥产品中 16 种 PAHs 的总量均低于《城镇污水处理厂污泥处置 林用泥质标准》（CJ/T 362—2011）中的限值，符合施用标准。

2.2.4　微生物指标分析

城市污泥及其堆肥产品中含有较多的微生物，也不可避免地会含有一些病原微生物，当将其进行土地利用时有可能对生态环境产生风险。孙玉焕等研究施用污泥土壤中粪大肠菌群的动态变化时发现，污泥中的粪大肠菌群在施入土壤后，其数量是随着培养时间的延长而逐渐降低的，在施肥 56 d 后，粪大肠菌群的数量接近对照处理开始培养时的数量，而且发现粪大肠菌群与土著微生物对营养基质的竞争是导致粪大肠菌群数量在土壤中降低的主要原因。骆永明等在对长江三角洲地区的城市污泥进行卫生学风险研究时发现，污泥中粪大肠菌群的最大可能数（MPN）范围是 $0～3.4×10^6$（MPN/g 干物质），平均为 $3.8×10^5$（MPN/g 干物质），检出率达到了 89.6%；污泥在风干过程中，粪大肠菌群数量和污泥含水率都随着风干时间的延长而逐渐降低。

施用城市污泥或污泥堆肥产品不仅能提高土壤中可供微生物利用的养分含量，还能增加土壤中的微生物数量。同时，施用污泥堆肥还能改良土壤的理化性质，为微生物提供有利的生长环境，积极的微生物活动反过来又能促进土壤肥力的进一步提高，二者相辅相成。有研究表明，植物根际土壤中的细菌、真菌、放线菌等微生物的数量随着施用污泥堆肥的浓度增大而显著地增加。邱桃玉等研究了长期连续施用城市污泥土壤中细菌和放线菌的数量，发现在相同施用量的条件下，城市污泥处理的土壤中细菌和放线菌总量是畜粪处理土壤的 4～7 倍。由于放线菌对病原微生物有一定的抑制作用，因此施用污泥堆肥也能抑制土壤病原菌的传播。袁耀武等关于土壤中不同微生物类群的研究表明，植物的生长与土壤微生物关系密切，土壤微生物能够将植物根系周围的有机物转化为植物可以吸收的无机物，还可以产生生长激素和抗生素来抑制病原微生物的生长，进一步促进作物生长。可见，病原菌并不是污泥堆肥在应用过程中的主要威胁，但定期地监测还是必要的。

施用污泥堆肥可以改变土壤中微生物的群落结构，对土壤微生物群落结构的多样性、稳定性造成一定的影响。罗明等研究发现，施用污泥堆肥对地膜棉田土壤微生物有较大影响，可以增加微生物的总数，硝化菌等微生物所占比例上升，反硝化细菌的数量减少。目前，我国开展有关施肥土壤微生物多样性的研究工作还不多，采用分子生物学方法研究施用城市污泥堆肥对土壤微生物群落结构的影响方面的报道也较少。

对北京庞各庄污泥堆肥产品中卫生学指标检测发现，蛔虫卵死亡率为 100%，即将污泥堆肥产品施用于土壤不会产生蛔虫污染问题，细菌总数和粪大肠菌群含量测定结果如表 2-15 所示。

表 2-15　北京庞各庄污泥堆肥厂城市污泥与堆肥产品中卫生学指标检测结果

	粪大肠菌群值	细菌总数/（个/g）
城市污泥	0.001 9	$6.63×10^7$
污泥堆肥	0.067	$3.99×10^7$
标准 [a]	>0.01	—
标准 [b]	>0.01	—

注：a《城镇污水处理厂污泥处置　林用泥质标准》（CJ/T 362—2011）。
b《园林绿化泥质标准》（GB/T 23486—2009）。

由表 2-15 可以看出，污泥堆肥产品中粪大肠菌群值符合《城镇污水处理厂污泥处置　林用泥质标准》（CJ/T 362—2011）和《园林绿化泥质标准》（GB/T 23486—2009），但城市污泥中的粪大肠菌群含量则不能满足上述两个标准。城市污泥中细菌总数要高于污泥堆肥产品，但二者均在同一数量级。同时注意到，在以上两项标准中，均并未对细菌总数做出相关规定。

2.3　城市污泥堆肥与其他有机肥的比较

据资料显示，目前世界上干污泥产生量已达 1 亿 t/a，我国干污泥产生量约为 350 万 t/a。大量的污泥任意排放和堆放不仅会对环境造成二次污染，还使得污泥中多种营养物质得不到有效利用，造成资源浪费。

在农业生产方面，由于长期追求作物的高产，施用了大量化肥，忽视了有机肥料的使用，造成土壤板结、土壤 pH 值与肥力下降、农产品品质降低等问题。例如，新疆哈密瓜生产过程中由于施用了大量化肥，造成哈密瓜颜色变淡、甜味降低、香味减少。因此，以城市污泥为原料制成的污泥有机肥存在巨大的市场应用潜力。

污泥经堆肥处理后能将污泥中难降解的有机物分解，杀灭污泥中的致病菌，提高污泥农用的效果和安全性。陈同斌等通过盆栽和大田试验，初步探讨了污泥复合肥种植小麦的肥效及其对小麦重金属吸收的影响。试验结果表明，污泥复合肥对小麦的增产效果和土壤的培肥效果明显优于化肥，等同于市售复合肥；它能促进植株生长发育，提高小麦产量，对土壤速效养分的积累有明显的促进作用。张学洪用污泥复合肥进行水稻田间试验也表明，水稻增产 18%～19%，肥效略优于市售复合肥。薛澄泽等将污泥复合肥施用于高速公路绿化带，结果表明，污泥复合肥具有明显的生土改良和供给养分的作用，且肥效持久、后效显著。

目前，北京市有机肥生产企业 34 家（表 2-16），设计生产能力 31 万 t/a，实际生产能力 21 万 t/a。产品类型以有机肥料为主，其中有 5 家企业生产生物有机肥，有 3 家企业生产有机—无机复混肥料。有资料显示，北京市有机肥年需用量为 220 万 t，可见污泥有机肥具有巨大的潜在市场。

表 2-16 北京市有机肥生产企业统计　　　　　　　　　　　　单位：t/a

序号	企业名称	设计生产能力	实际生产能力
1	北京凯茵有机肥生产有限责任公司	5 000	3 000
2	北京金龙源科技有限公司	20 000	15 000
3	北京市鑫兴瀚尧农林生物技术有限责任公司	15 000	12 000
4	北京谷润科农科技有限公司	5 000	3 000
5	北京丰泰民安	10 000	8 000
6	北京农科生物有机肥厂	3 000	2 000
7	北京羌郎肥业科技有限公司	20 000	15 000
8	北京雷力农用化学有限公司	3 000	1 500
9	北京美施美生物科技有限公司	10 000	8 000
10	北京一特有机肥厂	40 000	25 000
11	北京青圃园有机农业科技发展有限公司	5 000	2 000
12	北京施达丰有机复合肥厂	5 000	3 000
13	北京永丰泰生物科技有限公司	10 000	8 000
14	北京洪梁有机肥厂	3 000	2 000
15	北京启新伟业生物制品技术开发有限公司	10 000	2 000
16	北京鸿信达生物有机菌肥有限公司	8 000	2 000
17	北京京宣复肥厂	3 000	1 000
18	北京三浦百草绿色植物制剂有限公司	3 000	1 000
19	北京中研美华生化研究所	6 000	5 000
20	北京精耕天下科技发展有限公司	15 000	10 000
21	北京北郎中	3 000	2 000
22	北京九龙沟有机肥料厂	3 000	2 000
23	北京大环顺鑫肥料厂	15 000	1 0000
24	北京北方鸿海实业有限公司	10 000	8 000
25	北京联创长青肥料科技有限公司	10 000	8 000
26	北京北方爱尔科技有限公司	5 000	3 000
27	北京金土地复合肥厂	8 000	6 000
28	北京世纪阿姆斯	20 000	5 000
29	北京双龙阿姆斯	2 000	10 000
30	北京京圃园肥业有限公司	5 000	3 000
31	北京长城高效有机肥料有限公司	20 000	18 000
32	北京杭鸿运生物技术有限公司	3 000	2 000
33	北京六合新星生物技术有限公司	3 000	2 000
34	北京沃土天地生物科技有限公司	3 000	3 000
合计		310 000	210 000

参考文献

[1] 蔡全英, 莫测辉, 吴启堂, 等. 城市污泥堆肥处理过程中有机污染物的变化[J]. 农业环境保护, 2001, 20（3）: 186-189.

[2] 曾跃春, 李秋玲, 高彦征, 等. 丛枝菌根作用下土壤中多环芳烃的残留及形态研究[J]. 土壤, 2010, 42（1）: 106-110.

[3] 陈俊, 陈同斌, 高定. CTB 自动控制污泥好氧发酵工艺工程实践[J]. 中国给水排水, 2010, 26（9）: 138-140.

[4] 陈俊, 高定, 周海宾, 等. CTB 智能控制好氧发酵工艺在松江污泥处理厂的应用[A]//全国排水委员会 2012 年年会论文集[C]. 2012.

[5] 陈勇, 张从. 降解菌对堆肥中多环芳烃降解作用的初步研究[J]. 农业环境保护, 2000, 19（1）: 53-55.

[6] 崔学慧, 李炳华, 陈鸿汉. 太湖平原城近郊区浅层地下水中多环芳烃污染特征及污染源分析[J]. 环境科学, 2008, 29（7）: 1806-1810.

[7] 邓小红, 任海芳. PCR 技术详解及分析[J]. 重庆工商大学学报（自然科学版）, 2007, 24（1）: 33-37.

[8] 丁文川, 李宏, 郝以琼, 等. 污泥好氧堆肥主要微生物类群及其生态规律[J]. 重庆大学学报（自然科学版）, 2002, 25（6）: 113-116.

[9] 董芬, 李晓亮, 林爱军, 等. 添加剂对堆肥降解多环芳烃的影响[J]. 环境工程学报, 2013, 7（5）: 1951-1957.

[10] 杜伟, 马达, 陈俊, 等. CTB 智能控制污泥好氧发酵工艺工程实践——基于秦皇岛绿港污泥处理厂运行的经验[A]//上海（第二届）水业热点论坛论文集[C]. 2010.

[11] 冯磊, 李润东, 李延吉. 源分类家庭有机垃圾及其堆肥产品中的 PAHs[J]. 环境科学, 2008, 29（3）: 844-848.

[12] 傅以钢, 王峰, 何培松, 等. DGGE 污泥堆肥工艺微生物种群结构分析[J]. 中国环境科学, 2005, （S1）: 98-101.

[13] 高定, 陈同斌, 郑国砥, 等. 城市污泥自动控制生物堆肥处理与资源化成套技术[A]//2008 年全国污水处理节能减排新技术新工艺新设施高级研讨会论文集[C]. 2008.

[14] 高定, 杨宏志, 陈俊, 等. CTB 工艺在长春市污泥处置工程中的应用[J]. 中国给水排水, 2012, 28（19）: 97-102.

[15] 康军, 张增强, 贾程, 等. 污泥好氧堆肥过程中有机质含量的变化[J]. 西北农林科技大学学报（自然科学版）, 2009, 37（6）: 118-124.

[16] 李有康, 李欢, 李忱忱. 污泥中腐殖酸的含量及其特征分析[J]. 环境工程, 2013, 31（增刊）: 22-24.

[17] 廖利, 宇鹏, 王松林, 等. 太阳能好氧堆肥能量平衡计算分析[J]. 华中科技大学学报: 城市科学版, 2005, 22（4）: 4-7.

[18] 莫测辉, 蔡全英, 吴启堂, 等. 我国一些城市污泥中多环芳烃（PAHs）的研究[J]. 环境科学学报, 2001b, 21（5）: 613-618.

[19] 莫测辉, 蔡全英. 城市污泥中有机污染物的研究进展[J]. 农业环境保护, 2001, 20（4）: 273-276.

[20] 谭国栋. 城市污泥特性分析及其在生态修复中的应用研究[D]. 北京: 北京林业大学, 2011.

[21] 王涛, 田德. SACT 工艺用于唐山西郊污水处理二厂污泥堆肥工程[J]. 中国给水排水, 2009, 25 (14):
32-35.

[22] 王涛. SACT 污泥全机械化堆肥工艺与自动控制系统[J]. 中国环保产业, 2010 (2): 32-34.

[23] 王英. 新型农村生活垃圾耦合太阳能好氧堆肥处理技术研究[D]. 长春: 吉林大学, 2011.

[24] 张雪英, 周立祥, 崔春红, 等. 江苏省城市污泥中多环芳烃的含量及其主要影响因素分析[J]. 环境
科学, 2008a, 29 (8): 2271-2276.

[25] 赵明, 蔡葵, 赵征宇, 等. 不同有机肥料中氮素的矿化特性研究[J]. 农业环境科学学报, 2007, 26
(S1): 146-149.

[26] 周海宾, 高定, 陈俊, 等. 上海松江污泥智能好氧发酵处理工程的工艺调试[J]. 中国给水排水, 2013,
29 (16): 98-100.

[27] GB/T 24188—2009. 城镇污水处理厂污泥泥质[S]. 北京: 中国标准出版社, 2009: 1.

[28] Amir S, Hafidi M, Merlina G, et al.. Fate of polycyclic aromatic hydrocarbons during composting of
lagooning sewage sludge[J]. Chemosphere, 2005, 58 (4): 449-458.

[29] Amir S., Hafidi M., Merlina G., et al.. Sequential extraction of heavy metals during composting of sewage
sludge[J]. Chemosphere, 2005, 59 (6): 801-810.

[30] Aprill W, Sims RC. Evaluation of the use of prairie grasses for stimulating polycyclic aromatic
hydrocarbon treatment in soil[J]. Chemosphere, 1990, 20 (1): 253-265.

[31] Arabinda K. Das, Ruma Chakraborty, M. Luisa Cervera, et al.. Metal speciation in solid
matrices[J].Talanta, 1995, 42 (8): 1007-1030.

[32] Baran S, Oleszczuk P. The Concentration of Polycyclic Aromatic Hydrocarbons in Sewage Sludge in Relation to
the Amount and Origin of Purified Sewage[J]. Polish Journal of Environmental Studies, 2003, 12 (5).

[33] Bindesbol, A. M, Mark. B. Impacts of heavy metals, polyaromatic hydrocarbons, and pesticides on freeze
tolerance of earthworm Dendrobaena octaedra[J]. Environment Toxicology Chemistry, 2009, 28 (11):
2341-2347.

[34] Cai QY, Mo CH, Wu QT, et al.. Polycyclic aromatic hydrocarbons and phthalic acid esters in the
soil–radish (Raphanus sativus) system with sewage sludge and compost application[J]. Bioresource
Technology, 2008, 99 (6): 1830-1836.

[35] Chiou CT, McGroddy SE, Kile DE. Partition characteristics of polycyclic aromatic hydrocarbons on soils
and sediments[J]. Environmental Science & Technology, 1998, 32 (2): 264-269.

[36] USEPA. Provisional Guidance for Quantitative Risk Assessment of Polycyclic Aromatic Hydrocarbons[J].
Development, 1993.

[37] Ju JH, Lee IS, Sim WJ, et al.. Analysis and evaluation of ehlorinated persistent organic compounds and
PAHs in sludge in Korea[J]. Chemosphere, 2009, 74 (3): 441-447.

[38] Khadhar S, Higashi T, Hamdi H, et al.. Distribution of 16 EPA-priority polycyclic aromatic hydrocarbons
(PAHs) in sludges collected from nine Tunisian wastewater treatment plants[J]. Journal of Hazardous
materials, 2010, 183 (1): 98-102.

[39] Khan S, Wang N, Reid BJ, et al.. Reduced bioaccumulation of PAHs by Lactuca satuva L. grown in
contaminated soil amended with sewage sludge and sewage sludge derived biochar[J]. Environmental

Pollution，2013，175：64-68.

[40] Krishnamurti GSR，Huang PM，Vanrees K C J，*et al.*. Speciation of Particulate-Bound Cadmium of Soils and Its Bioavailability[J]. Analyst，1995，120（3）：659-665.

[41] Lazzari L，Spemi L，Bertin P，*et al.*. Correlation between inorganic（heavy metals） and organic PCBs and PAHs micropollutant concenteation during sewage sludge composting process[J].Chemosphere，2000，41：427-435.

[42] Leita L.，Nobili M.D.. Water-soluble fractions of heavy metals during composting of municipal solid waste[J]. Journal of Environment Quality，1991，20（1）：73-78.

[43] Lichtfouse E，Sappin-Didier V，Denaix L，*et al.*. A 25-year record of polycyclic aromatic hydrocarbons in soils amended with sewage sludges[J]. Environmental Chemistry Letters，2005，3（3）：140-144.

[44] Lima JA，Nahas E，Gomes AC. Microbial populations and activities in sewage sludge and phosphate fertilizer-amended soil[J]. Applied soil ecology，1996，4（1）：75-82.

[45] Stevens JL，Northcott GL，Stern GA，*et al.*. PAHs，PCBs，PCNs，organochlorine pesticides，synthetic musks，and polychlorinated n-alkanes in UK sewage sludge：survey results and implications[J]. Environmental Science & Technology，2003，37（3）：462-467.

[46] Zhang Y，Zhu YG，Houot S，*et al.*. Remediation of polycyclic aromatic hydrocarbon（PAH）contaminated soil through composting with fresh organic wastes[J]. Environmental Science and Pollution Research，2011，18（9）：1574-1584.

[47] Zhao Ming，Cai Kui，Zhao Zhengyu. Different organic fertilizer nitrogen mineralization characteristics [J]. Journal of Agro-Environment Science，2007，26（Suppl）：146-149.

第3章 城市污泥及其堆肥产品林地利用研究概述

3.1 城市污泥及其堆肥产品土地利用研究概述

城市污泥富含有机质、氮、磷、钾等矿质营养元素，其肥效介于化肥与普通农家肥之间，且来源广泛产量丰足，具有巨大的潜在利用价值。然而由于城市污泥中含有大量病原菌、寄生虫卵、重金属、PAHs等有害物质，使得污泥土地的利用严重受阻。经过堆肥化处理的污泥质地疏松，容重减小，能够改善土壤的物理性质，提高土壤保水能力及土壤团粒结构稳定性，能够杀灭污泥中的病原微生物，降低重金属的生物有效性，使污泥中的有机物稳定化，从而降低了污泥土地利用的风险，提高了污泥及其堆肥产品的土地利用性。

城市污泥及其堆肥产品的土地利用包括：将污泥用于农田、林地、园林绿地、垦荒地、尾矿堆、采石场、露天矿坑等受损严重土地、高速公路绿化带和高尔夫球场、恢复植被等方面。其中城市绿化及废弃地利用所需污泥量较小，并不能解决大量剩余污泥的处置问题，农田及林地利用所需污泥量较大，是具有广阔应用前景的污泥土地利用方式。

自20世纪70年代起，国外就开展了污泥土地利用方面的研究。目前，污泥土地利用已经成为发达国家一条重要的污泥处置途径。美国污水处理厂每年产生约560万t干污泥，其中大约60%进行农业利用；英国每年产生的150万t污泥中，60%进行土地利用；法国年产污泥140万～150万t，60%进行土地利用；日本年产污泥量223万t，其中有35万t进行农田利用；在欧洲各国，52%的污泥进行土地利用。而在大多数发展中国家，传统的污泥填埋处置方式正在日益减少，污泥堆肥产品的土地利用成为未来的主要发展方向。

污泥土地利用的负面效应主要表现在重金属、病原体、难降解有机物污染及盐分、氮、磷营养物对环境介质的二次污染影响方面。目前，对污泥中重金属的污染研究较多，主要集中在污泥农用后土壤耕作层重金属的变化、作物各部位富集量、存在形态及其影响因素等。陈同斌等研究表明，近几十年来，我国城市污泥中重金属含量呈下降趋势，主要原因是近年来各城市先后采用更严格的工业污水排放标准和更有效的污水处理技术。Jones 总结了污泥中病原体的种类和数量，并指出常见的具有潜在危害的病原体主要是沙门细菌、蛔虫、绦虫卵和肠道病毒。目前，国外已经开展了城市污泥施用后养分迁移的长期定位观测研究，而我国在城市污泥土地利用潜在的风险评价方面仍缺乏长期的定位试验研究。

3.2　城市污泥及其堆肥产品农业利用研究概述

城市污泥含有大量植物生长所需的营养成分和微量元素，肥效高于一般农家肥，可作为有机肥在农田施用。有研究表明，在番茄、大白菜、辣椒、小青菜、花椰菜、包菜、玉米、水稻田中施用污泥，可显著提高蔬菜和农作物产量，并有利于后茬作物的稳健生长。南京农业大学周立祥等通过培养试验、盆栽试验和田间试验系统地研究了污泥的组分特征、性质及其在农地和城市园林绿化地利用后对作物或绿化灌木、土壤肥力及环境的影响，结果表明，污泥富含有机质和氮、磷等矿质养分，养分当季有效性介于化肥与普通农家肥之间。

虽然城市污泥及其堆肥产品含有丰富的有机质和氮、磷等营养元素，但其养分含量毕竟远远低于化肥，且钾的含量相对较低，养分不平衡。因此，通常将污泥在堆肥化的基础上与化肥或者其他固体废弃物按一定比例混合制成有机—无机复混肥或有机肥。有机—无机复混肥除含有氮、磷、钾三种重要的营养元素外，还含钙、镁、硼、硫、锌等元素和有机质，不但可使供肥过程稳定、协调，取得较好的肥效，而且可不断培肥地力。

有研究表明，对甘蔗施用复合肥，对其生长有明显的促进作用，在相同施肥量条件下，肥效明显优于无机复合肥和单质氮、磷、钾混合肥，而成本又略低于无机复合肥。有机—无机复合肥还具有肥效长、可改善土壤结构等特点。有田间试验表明，在水稻田施用有机—无机复合肥，可增产 18%～19%，肥效略优于市售的复合肥。对施用有机—无机复合肥的稻谷进行测试表明，稻谷中重金属含量与施用其他肥料的稻谷无明显差别。城市污泥堆肥制成的有机—无机复混肥既解决了污泥堆肥产品养分含量低问题，又能实现土地增肥的长效作用，符合农业的可持续发展战略。污泥和其他固体废弃物按一定配比进行堆肥，可以弥补各自存在的营养缺陷，提高其土地利用水平，是应用于农业的主要发展趋势。

城市污泥及其堆肥产品应用于农田方面，国内外已有较多的研究，施用适量的污泥堆肥能够促进粮食作物产量，不仅对当季作物有增产作用，还具有显著的后效。姜成等研究发现，城市污泥复混肥能够促进玉米籽粒增产，且与对照有明显差异。尹军等对小麦分别施以城市污泥复混肥和化肥，发现前者促进小麦增产效果显著。丁文等施用污泥有机肥的大田试验表明，在常规施肥的基础上增施污泥有机肥可显著提高水稻产量、糙米营养品质。王连敏等发现适量施用城市污泥，水稻返青加快、分蘖增多，体内叶绿素含量增高。戈乃纷等的研究也表明，施用城市污泥后的第二季小麦增产 28.9%～30.8%，后效极为显著，说明城市污泥复混肥中的养分具有良好的增产效果。林代炎等研究发现，污泥作为肥料能提高水稻、大豆对氮、磷、钾的吸收量，有明显的增产效果。林春野等研究发现，施用城市污泥堆肥还可增加粮食作物的蛋白质含量。

污泥堆肥不仅在粮食作物上得到广泛应用，近年来，有关蔬菜方面的应用研究也逐渐增多。金燕等研究表明，施用城市污泥复合肥对生菜、菜花和莴笋有明显的增产作用，其增产效果相当于或略高于等养分的化肥和等氮量的市售复合肥，比对照增产 19.8%～30.6%。廖宗文等研究表明，施用城市污泥的生菜增产达 61%，而且菜茎比对照短，叶片数增多。但也有研究表明，只有通过增加污泥堆肥施用量或者配合施用化肥，才能获得较高的产量，在施化肥的基础上，施用污泥有机肥可显著提高蔬菜的产量、等级和品质。谭国栋研究发现，污泥堆肥对菠菜的生长有明显的促进作用，其效果随生污泥和堆肥的施加量不同而有所差别；蔬菜可食部分中 Cu、Zn 和 Cr 的含量都有明显增加，但都在国家食品卫生标准范围内；污泥堆肥的施用对菠菜种植土壤养分和重金属影响显著，部分比对照增加几倍以上，对地下水中重金属的含量没有明显影响。

污泥堆肥在农田上的利用应当注意合理施用，严格控制施用量。即便是符合污染物控制标准的污泥，在农田中的长期施用也会造成土壤中重金属的积累，进而对农作物及周围水体产生严重的污染。有农田试验研究表明，污泥施用对重金属富集、农作物生长及农作物产量有一定影响，重金属（如 Cu、Zn）在 0～20 cm 土壤中的富集与污泥中原有的重金属浓度密切相关。Londra 等在肥沃和贫瘠的土壤中分别施用不同比例的有机肥（含 62%污泥堆肥）进行试验，证明在施用率允许范围内（< 300 m³/hm²），该有机肥可以改善土壤的物理性质，且在肥沃土壤中的施用效果优于贫瘠土壤。蔡全英等采用盆栽试验方法，探讨了不同性质土壤和不同施肥量对通菜和萝卜生长和产量的影响，结果表明，污泥施用量过高（达干土重 4%，质量分数）时，会抑制萝卜幼苗的生长，且随污泥施用量的增加，萝卜地上部分和地下部分的产量呈降低的趋势。付华等将城市污泥施用于人工种植的新疆大叶苜蓿草地，结果表明，当污泥施用量过大（> 2 kg/m²）时，苜蓿的地上和地下部分产量均高于对照，但较高的污泥施用量会使土壤中含有较高的盐分和重金属。

污泥经堆肥化处理后，虽然解决了其易腐烂发臭、含水量高、含有病原菌和寄生虫等有害特性，但其应用还存在诸如重金属在土壤中积累等问题。虽然污泥好氧发酵过程对重金属有一定的生物钝化作用，但仍含有大量生物有效态的重金属，长期施用必将造成土壤重金属累积。李国学通过研究在温室中施用污泥堆肥对土壤和青菜中重金属的积累状况的影响，发现随着污泥堆肥施用量的增加，土壤和青菜中重金属积累量也呈积累趋势，污泥堆肥添加量过大时可导致青菜地上部分重金属含量超过国家标准。因此，污泥堆肥处理的技术、用量、工艺等方面还有待进一步研究。

重金属含量过高的污泥堆肥应禁止在农田尤其是蔬菜地使用，以防止重金属通过食物链进入人体，这类污泥应选择用于林地和园林绿化。为减少重金属可能带来的危害，可加入适合药剂来调整堆肥污泥，降低重金属迁移性及生物有效性。为了防止重金属在土壤中积累，应避免连续大量使用重金属含量高的污泥堆肥，同时还要严格执行农用污泥堆肥中重金属含量限制标准。

3.3　城市污泥及其堆肥产品林地利用研究概述

3.3.1　城市污泥及其堆肥产品林地利用的优势

林地土壤具有较高的渗透率，可有效减少径流和雨水冲刷引起的污泥流失。城市污泥及其堆肥产品对林地的施用具有很多优势：①可提高林地土壤肥力，如土壤有机质和有效养分，促进土壤微生物的活动，从而改善土壤结构，促进土壤团粒形成；②林地土壤含有较多的有机物，可以固定污泥堆肥中的重金属；③污泥堆肥能有效地促进树木的生长发育，如增加株高和地径，从而缩短木材的生长周期，增加木材产量，特别是在一些多孔性的、贫瘠的、生产能力低的土壤上效果更加明显；④同时，污泥堆肥对林中的灌木和草本层植被也有促进和改善作用。

污泥堆肥不仅可施用于成片树林，也可用于苗圃树木栽种。为避免施用污泥后可能对地下水产生的污染，可采用少量、多次投加污泥堆肥的策略。林地面积一般较大，相对环境容量也较大，可接纳相对较多的城市污泥。因此，城市污泥及污泥堆肥产品在林地的应用为污泥处置找到了一条较为理想的出路。

相对于污泥堆肥农用而言，将污泥堆肥用于林地、城市园林绿地可以避开食物链，一般不会影响人体健康，并且能够减少污泥的运输费用，同时还能够利用园林植物对某些重金属的高富集特性，实现土壤重金属污染的绿色修复。从安全角度上看，污泥堆肥用于园林比农用具有更广阔的应用前景。

污泥堆肥用于林地与园林绿地应该注意两个方面的问题：一是污泥堆肥中仍然含有大量生物有效态的重金属，长期施用将造成土壤重金属累积，虽然避开了食物链，但可能对水体造成污染，需要进行长期监测；二是污泥堆肥过量使用，其中的氮、磷等营养元素会在灌溉水和雨水的冲刷作用下，通过渗透和地表径流等方式进入地下水或地表水，造成水体污染。

3.3.2 城市污泥及其堆肥产品林地利用的现状

20 世纪 60 年代初，在美国将污泥用于林地已非常普遍，而且取得令人满意的效果。他们直接将污泥施用于森林，随着污泥施用量的增加，所有树木的直径和高度都随之提高。但我国由于存在运输困难等问题，将城市污泥直接用于林地的研究还比较欠缺。

在林地施用城市污泥堆肥后，土壤的肥力、水稳定性、团聚体、孔隙度、持水量等均随着污泥施用量的增加而增大。污泥堆肥对云杉和松树生长都有显著的促进作用，能够加速树木的生长和发育，增加树高和地径。有研究显示，在松树、橡树和黄杨树等林地上，每公顷施用 4～6 t 污泥堆肥，与施用化肥相比，树高增加 46%～489%，直径增加 50%～453%，生物量增加 42%～661%。新西兰林地施用污泥试验表明，施用污泥后森林地表枯枝落叶中氮的积累量增加，土壤中可利用性氮含量有较大的提高。Lee Awc 和 Dichens D E 等在火炬松林地开展了施用污泥试验研究，发现污泥对木材机械质量没有影响。Labrecque M 等将污泥施用于柳树这类快速生长树种林地进行试验，试验污泥分为干污泥和湿污泥两种，有效氮施用量分别为 0 kg/hm^2、40 kg/hm^2、80 kg/hm^2、120 kg/hm^2、160 kg/hm^2、200 kg/hm^2，结果表明，总生物量增长与污泥施用量呈显著相关性，植物吸收 Cd 和 Zn 比 Ni、Hg 和 Pb 要强，证明柳树林地可以作为污水污泥的过滤器。在污泥堆肥使用过程中，林地地下水中硝态氮的含量超过地下水质标准，但通过多次、少量施用的方式可以得到解决。

我国在城市污泥林地应用方面已开展了一些研究。广州市园林研究所把污泥与木屑混合堆肥，作为育苗和花卉基质，效果不亚于用泥炭土开发的花卉基质。李艳霞在林木容器育苗基质中添加 1/2～2/3 的城市污泥堆肥，结果显示，国槐和刺槐的株高、地径分别增加 34.1%～51.3%和 8.3%～20.8%，叶片的叶绿素含量提高 9.9%～26.7%，同时绿色期延长。

张天红等研究发现，施用污泥 1 年后，泡桐和小油松的树高和地径比对照增长了 9.2%～41.2% 和 5.6%～20.8%，并且试验树木的生长效应均随污泥的施用量增加而相应增加。王新等研究表明，污泥堆肥（有机质含量为 44.39%）施于榆树后，较对照树高增加 11%～25%，地径增加 19%～50%。张增强等对白蜡和国槐所作的研究表明，当污泥堆肥施用量在 3～9 kg/m² 时，白蜡树的高度、地茎增加量和当年生枝条长度，国槐的高度增加量、地茎及根茎比均比对照处理增加较为明显。

上海市园林科学研究所采用田间试验方法开展了污泥堆肥对伞房决明、木槿等 12 种常见花灌木生长的影响研究。研究发现，施用污泥堆肥后，与同时正常生长的同类植物相比，供试花灌木在叶子颜色、花色、植物生长速度方面都无明显异常，并且株高和冠幅的生长随着污泥堆肥的施用而增加，说明污泥堆肥能显著地增加植株的生物量，适量的污泥施用能够明显促进各灌木的生长。另外，污泥堆肥的施用量对花灌木的生长有着不同程度的促进作用，当污泥施加量为 5.0% 时，与对照相比，植株的株高和冠幅都达到极显著水平。在道路两侧护坡土壤中添加污泥堆肥，护坡内绿化植被长势、发芽速度、覆盖率及成坪状况、生物量、抗旱状况、抗高温状况、抗寒状况以及越冬和越夏能力等均比不施用污泥堆肥有所提高。

3.3.3　城市污泥林地利用的相关标准

1.《城镇污水处理厂污泥处置　林地用泥质》（CJ/T 362—2011）标准

《城镇污水处理厂污泥处置　林地用泥质》（CJ/T 362—2011）标准对可施用于林地的城市污泥提出了理化性质、养分含量等方面的明确要求，并对污泥中相关污染物的浓度限值做出了规定，对于污泥的处置及污泥在林业方面的应用具有指导意义。表 3-1～表 3-4 列出了《城镇污水处理厂污泥处置　林地用泥质》（CJ/T 362—2011）标准中对主要指标的要求限值。

表 3-1　理化指标及限值

序号	控制项目	限值
1	pH 值	5.5～8.5
2	含水率/%	≤60
3	粒径/mm	≤10
4	杂物/%	≤5

注：杂物包括金属、玻璃、陶瓷、塑料、橡胶、瓦片等。

表 3-2　养分指标及限值

序号	控制项目	限值
1	有机质/（g/kg 干污泥）	≥180
2	氮磷钾养分（N+P+K）/（g/kg 干污泥）	≥25

表 3-3　卫生学指标及限值

序号	控制项目	限值
1	蛔虫卵死亡率/%	≥95
2	粪大肠菌群值	≥0.01

表 3-4　污染物指标及限值

序号	控制项目	限值
1	总镉（mg/kg 干污泥）	<20
2	总汞（mg/kg 干污泥）	<15
3	总铅（mg/kg 干污泥）	<1 000
4	总铬（mg/kg 干污泥）	<1 000
5	总砷（mg/kg 干污泥）	<75
6	总镍（mg/kg 干污泥）	<200
7	总锌（mg/kg 干污泥）	<3 000
8	总铜（mg/kg 干污泥）	<1 500

2.《城镇污水处理厂污泥处置　园林绿化用泥质》（GB/T 23486—2009）标准

《城镇污水处理厂污泥处置　园林绿化用泥质》（GB/T 23486—2009）标准通过对污泥外观、嗅觉、稳定化、理化性质、养分含量等方面提出明确的要求，并对污泥中相关生物学指标和污染物指标的浓度限值进行严格的规定，对可用于城镇绿地系统和郊区林地的建造和养护的城市污泥提出了全方位的质量标尺，使该标准在污泥处置及园林绿化应用指导方面具有实际的意义。园林绿化用泥质要求外观比较疏松，无明显臭味。表 3-5～表 3-8 为《城镇污水处理厂污泥处置　园林绿化用泥质》（GB/T 23486—2009）标准中对部分指标的限值要求。

表 3-5　理化指标及限值

序号	其他理化指标	限值	
		酸性土壤（pH<6.5）	中性和碱性土壤（pH≥6.5）
1	pH 值	6.5～8.5	5.5～7.8
2	含水率/%	<40	

表 3-6　养分指标及限值

序号	养分指标	限值
1	总养分[总氮（以 N 计）+总磷（以 P_2O_2 计）+总钾（以 K_2O 计）]/%	≥3
2	有机物含量/%	≥25

污泥园林绿化利用与人群接触场合时，其生物学指标及限值应满足表 3-7 的要求。同时，不得检测出传染性病原菌。

表 3-7　生物学指标及限值

序号	生物学指标	限值
1	粪大肠菌群值	>0.01
2	蠕虫卵死亡率/%	>95

表 3-8　污染物指标及限值

序号	污染物指标	限值	
		酸性土壤（pH<6.5）	中性和碱性土壤（pH≥6.5）
1	总镉/（mg/kg 干污泥）	<5	<20
2	总汞/（mg/kg 干污泥）	<5	<15
3	总铅/（mg/kg 干污泥）	≤300	<1 000
4	总铬/（mg/kg 干污泥）	<600	<1 000
5	总砷/（mg/kg 干污泥）	<75	<75
6	总镍/（mg/kg 干污泥）	<100	<200
7	总锌/（mg/kg 干污泥）	<2 000	<4 000
8	总铜/（mg/kg 干污泥）	<800	<1 500
9	硼/（mg/kg 干污泥）	<150	<150
10	矿物油/（mg/kg 干污泥）	<3 000	<3 000
11	苯并[a]芘/（mg/kg 干污泥）	<3	<3
12	可吸附有机卤化物 AOX（以 Cl 计）/（mg/kg 干污泥）	<500	<500

参考文献

[1]　CJ/T 362—2011. 城镇污水处理厂污泥处置　林地用泥质[S]. 北京：住房和城乡建设部，2011：2-5.

[2]　GB/T 23486—2009. 城镇污水处理厂污泥处置 园林绿化用泥质[S]. 北京：中国标准出版社，2009：2-3.

[3]　岑超平，张德见，韩琪. 城市污水处理厂污泥处理处置的政策分析[J]. 生态环境，2005，14（5）：803-806.

[4]　程五良，方萍，陈玲，等. 城市污水处理厂污泥土地利用可利用性探讨[J]. 同济大学学报（自然科学版），2004，32（7）：939-942.

[5]　戴晓虎. 我国城镇污泥处理处置现状及思考[J]. 中国给水排水，2012（2）：3-7.

[6]　丁克强，骆永明，刘世亮，等. 利用改进的生物反应器研究不同通气条件下土壤中菲的降解[J]. 土壤学报，2004，41（2）：245-251.

[7]　杭世珺，刘旭东，梁鹏. 污泥处理处置的认识误区与控制对策[J]. 中国给水排水，2004，20（12）：92-95.

[8]　郝晓地，张璐平，兰荔. 剩余污泥处理/处置方法的全球概览[J]. 中国给水排水，2007，23（20）：6-10

[9]　何品晶，顾国维，李笃中，等. 城市污泥处理与利用[M]. 北京：科学出版社，2003.

[10]　侯晓峰，薛惠锋. 城市污水污泥处置利用及其影响因素分析[J]. 水土保持学报，2011，25（6）：227-230.

[11] 孔祥娟，何强，柴宏祥. 城镇污水处理厂污泥处理处置技术现状与发展[J]. 建设科技，2009（19）：59-61.

[12] 李艳霞，陈同斌，罗维，等. 中国城市污泥有机质及养分含量与土地利用[J]. 生态学报，2003，23（11）：2464-2474.

[13] 李宇庆，黄游，董建威，污泥土地利用生态风险评价初探[J]. 中国环保产业，2006（9）：29-31.

[14] 刘旭. 乌梁素海底泥农田利用可行性分析及其环境风险评价[D]. 呼和浩特：内蒙古农业大学，2013：92-98.

[15] 罗景阳，冯雷雨，陈银广. 污泥中典型新兴有机污染物的污染现状及对污泥土地利用的影响[J]. 化工进展，2012，31（8）：1820-1827.

[16] 马利民，陈玲，吕彦，等. 污泥土地利用对土壤中重金属形态的影响[J]. 生态环境，2004，13（2）：151-153.

[17] 孙颖，桂长华. 污泥堆肥化对重金属生物可利用性的影响[J]. 重庆建筑大学学报，2007，29（3）：110-114.

[18] 台培东 郭书海，区自清，等. 酿造污泥的农业利用对地下水的影响[J]. 城市环境与城市生态，1999，12（4）：36-39.

[19] 谭国栋，李文忠，何春利. 北京市城市污水处理厂污泥处理处置技术研究探讨[J]. 南水北调与水利科技，2011，（2）：115-119.

[20] 谭国栋，李文忠，何春利. 北京市污水处理厂污泥处理处置技术研究探讨[J]. 环境科学与管理. 2011，105（5）：1672-1683.

[21] 王硕，鲍建国，刘成林. 城市污泥特性研究与园林绿化利用前景分析[J]. 环境科学与技术，2010，33（6）：238-241.

[22] 王贤圣，王林. 我国城镇污水处理厂污泥处理处置工作中存在的主要问题与对策初探[A]//中国环境科学学会. 2011 中国环境科学学会学术年会论文集（第一卷）[C]. 中国环境科学学会，2011：5.

[23] 王新，周启星，陈涛，等. 污泥土地利用对草坪草及土壤的影响[J]. 环境科学，2003，24（2）：50-53.

[24] 王新，周启星. 污泥堆肥土地利用对树木生长和土壤环境的影响[J]. 农业环境科学学报，2005，24（1）：174-177.

[25] 王雅婷. 城市污水处理厂污泥的处理处置与综合利用[J]. 环境科学与管理，2011，36（1）：94-98.

[26] 邢世友，袁浩然，鲁涛，等. 污泥处置过程中主要有机污染物生成及迁移转化规律[J]. 武汉大学学报：工学版，2012，45（6）：848-854.

[27] 姚刚. 德国的污泥利用和处置. 城市环境与城市生态[J]. 城市环境与城市生态，2000，13（1）：43-47.

[28] 尹军，谭学军，张立国. 城市污水污泥的土地利用［J］. 吉林建筑工程学院学报，2003，20（1）：1-6.

[29] 尹军，谭学军. 污水污泥处理处置与资源化利用[M]. 北京：化学工业出版社，2005.

[30] 余杰，陈同斌，高定，等. 中国城市污泥土地利用关注的典型有机污染物[J]. 生态学杂志，2011，30（10）：2365-2369.

[31] 余忆玄，陈虹，王晓萌，等. 我国城市污泥中的有机污染物污染状况及其海洋倾倒处置研究[J]. 海洋环境科学，2013，32（5）：652-656.

[32] 占达东. 污泥资源化利用[M]. 青岛：中国海洋大学出版社，2009.

[33] 张清敏. 污泥有效利用研究进展[J]. 农业环境保护，2000，19（1）：58-61.

[34] 张韵，王洪臣，赵庆良，等. 污泥处理处置新技术研究与新趋势解读[J]. 水工业市场，2010（7）：6-7.

[35] 周立祥，胡霭堂，戈乃玢. 城市生活污泥农田利用对土壤肥力性状的影响[J]. 土壤通报，1994，25（3）：126-129.

[36] 周立祥，胡霭堂，戈乃玢，等. 城市污泥土地利用研究[J]. 生态学报，1999，19（2）：185-193.

[37] 邹绍文，张树清，王玉军，等. 中国城市污泥的性质和处置方式及土地利用前景[J]. 中国农学通报，2005，21（1）：198-201.

[38] Albiach R., Canet R., Pomares F., et al.. Organic matter components and aggregate stability after the application of different amendments to a horticultural soil[J]. Bioresource Technology，2001，76（1）：125-129.

[39] Baker A. J. M., McGrath S. P., Sidoli C. M. D., et al.. The possibility of in situ heavy metal decontamination of polluted soils using crops of metal-accumulating plants[J]. Resources，Conservation and Recycling，1994，11（1-4）：41-49.

[40] Borken W, Muhs A, Beese. Application of compost in spruce forest：effects on soil respiration，basal respiration and microbial biomass[J]. Forest Ecology and Management，2002，15（9）：49-58.

[41] Casado-Vela J., Sellés S., Díaz-Crespo C., et al.. Effect of composted sewage sludge application to soil on sweet pepper crop（Capsicum annuum var. annuum） grown under two exploitation regimes[J]. Waste Management，2007，27（11）：1509-1518.

[42] Casado-Vela J., Sellés S., Navarro J., et al.. Evaluation of composted sewage sludge as nutritional source for horticultural soils[J]. Waste Management，2006，26（9）：946-952.

[43] Chen YC，Banks MK，Schwab AP. Pyrene degradation in the rhizosphere of tall fescue（Festuca arundinacea）and switchgrass（Panicum virgatum L.）[J]. Environmental Science & Technology，2003，37（24）：5778-5782.

[44] Cheng H., Xu W., Liu J., et al.. Application of composted sewage sludge（CSS）as a soil amendment for turfgrass growth[J]. Ecological Engineering，2007，29（1）：96-104.

[45] Claassens S，Van Rensburg L，Riedel KJ，et al.. Evaluation of the efficiency of various commercial products for the bioremediation of hydrocarbon contaminated soil[J]. Environmentalist，2006，26（1）：51-62.

[46] Cogger C. G., Sullivan D. M., Bary A. I., et al.. Matching plant-available nitrogen from biosolids with dryland wheat needs[J]. Journal of Production Agriculture，1998，11（1）：41-47.

[47] Correa R. S., White R. E., Weatherley A. J. Risk of nitrate leaching from two soils amended with biosolids[J]. Water Resources，2006，33（4）：453-462.

[48] Debosz K., Petersen S.O., Kure L.K., et al.. Evaluating effects of sewage sludge and household compost on soil physical，chemical and microbiological properties[J]. Applied Soil Ecology，2002，19（3）：237-248

[49] Dietz AC，Schnoor JL. Advances in phytoremediation[J]. Environmental Health Perspectives，2001，109（Suppl 1）：163.

[50] D'Orazio V，Ghanem A，Senesi N. Phytoremediation of Pyrene Contaminated Soils by Different Plant Species[J]. CLEAN–Soil，Air，Water，2013，41（4）：377-382.

[51] Eckert D.，Sims J. T. Recommended soil pH and lime requirement tests[J]. Analysis，2006，27（1）：16-21.

第4章 城市污泥堆肥林地利用污染物迁移转化规律

4.1 城市污泥堆肥林地利用环境生态风险监测体系构建

4.1.1 环境生态风险监测指标筛选

1. 监测指标筛选原则

监测指标的筛选应考虑以下原则：

（1）针对不同环境介质的特性、污染物迁移转化特性以及污染物对该环境介质可能产生的影响，选取适宜该介质的监测指标进行污泥堆肥林地利用环境生态风险评价。

（2）针对环境本底及污泥堆肥中污染物浓度及两者间差异，优先选取本底浓度高、污泥堆肥中浓度高，或者本底与污泥堆肥中浓度差异大的污染因子作为污泥堆肥林地利用环境生态风险的监测指标。

（3）根据国内外相关标准和规范，优先选取易在环境介质中积累，不易降解和去除，影响范围广，毒性较强的污染因子作为污泥堆肥林地利用环境生态风险的监测指标。

2. 监测指标的筛选确定

通过对相关文献、标准、规范的归类和总结，筛选出以营养盐、重金属、有机污染物和病原微生物为代表的四类主要污染物。结合污染物各自的理化特性及其在环境介质中的暴露水平，筛选出下列 35 个环境生态风险监测指标，如表 4-1 所示。

表 4-1 污泥堆肥林业应用环境生态风险监测指标

污染物类型	监测介质	监测指标
营养盐 (8个)	土壤	总氮、铵态氮、硝态氮、总磷、有效磷、有机质、pH、电导率
	水体	总氮、铵态氮、硝态氮、总磷、pH
重金属 (8个)	土壤	铅、镉、铬、铜、锌、镍、汞、砷
	水体	
	植物	
有毒有机物 (16个)	土壤	萘、苊、二氢苊、芴、菲、蒽、荧蒽、芘、苯并[a]蒽、䓛、苯并[b]荧蒽、苯并[k]荧蒽、苯并[a]芘、茚并[1,2,3-c,d]芘、二苯并[a,h]蒽、苯并[g,h,i]苝
	水体	
	植物	
病原微生物 (3个)	土壤	细菌总数、粪大肠菌群、蛔虫卵死亡率
	水体	

4.1.2　环境生态风险监测的采样方法

采样的基本目的是从环境介质中取得有代表性的样品。通过对样品的检测，得到在允许误差内的数据，从而求得被检样品中所测污染物的浓度值。

1. 监测采样的基本原则

1）优先监测原则

有重点、有针对性地对部分污染物进行监测。筛选危害性大、环境出现频率高的污染物作为监测和控制对象。在采样监测中经过优先监测的污染物称优先污染物，通常是指难以降解、在环境中有一定残留水平、出现频率高、具有生物积累性、毒害较大的化学物质。

2）可靠性原则

对监测过程要进行全面的质量控制，保证数据的可靠性。采样方面，应确保监测采样的代表性和完整性，分析检测方面，应保证检测结果的可比性、精密性和准确性。在有监测基础硬件保障的前提下，由专业环境监测技术人员监督和指导，在科学、合理、可行的条件下进行监测、采样、检测，以得到能反映实际情况的正确结果。

3）实用性原则

采样要从采样误差和采样费用两方面考虑。首先要满足采样误差的要求，采样误差不能以样品的检测来补偿，当样品不能很好地代表总体时，以样品的检测数据来估计总体时就会导致错误的结论。有时采样费用较高，这样在设计采样方案时就要适当地兼顾采样误差和费用。另外，对于样品的检测应根据实验室具体条件以及检测人员的操作技术，尽量采用成熟、稳定、易实现的方法进行检测，从而保证检测结果的可靠性。

2. 土壤样品采样方法的确定

1）布点原则与方法

（1）布点原则　一般应根据土壤类型、地形坡度，以及施肥情况，分别选择典型地块，以减少土壤差异，提高样品的代表性。

土壤样品的采集应按照一定的采集路线和"随机、等量、均匀"的原则进行。"随机"即每个采样点都是任意决定的，使采样单元内的所有点都有同等机会被采到。"等量"是要求每个采样点采取土样的深度要一致，采样量要一致；根据采样点地形条件的不同，可采集深度为 0～20 cm 的土壤或 0～40 cm 的土壤，每个采样点上、下层土壤采集也要"等量"，取样断面应垂直于水平面。"均匀"是指把一个单元内各点所采的土样均匀混合构成一个混合样品，以提高样品的代表性。一个混合土样以取 1.0 kg 左右为宜，如果数量太多，可用四分法将多余的土壤弃去。

布点形式以"S"形较好。"S"形布点采样能够较好地克服各种因素所造成的误差，目前被广泛采用。根据采样单元的面积大小，可以在"S"形布点上均匀选用 15～20 个采样点，要避免在堆过肥料的地点、施肥沟等特殊地形部位采样。只有在地块面积小、地形平坦、施肥比较均匀的情况下，才采用对角线或棋盘式采样。一般可根据采样区域大小和土壤肥力差异情况，采集 5～20 个点。

（2）布点方法：

a. 区域土壤背景点布设　区域土壤背景点是指在调查区域内或附近，未进行施肥处理前，选取的能够代表调查区域土壤类型及特点的土壤采样点。

采用随机布点的方法，根据调查区域的范围布设背景点采样个数。

b. 施肥后土壤监测点的布设　布点方法的确定分为以下几种情况：若样方内采用条状沟施的施肥方式，则在沟内、沟外随机布点采样；若样方内对单株植物采用环状沟施的施肥方式，则以植株为中心进行放射状布点采样；若样方内采用均匀撒施的施肥方式，则在整个施肥区域进行随机布点采样。

施肥对照点的布设需考虑以下因素：选取的对照点即为未受施肥影响的土壤采样点；若场地设有单独的未施肥样方，则可在样方内随机布设对照点；若场地没有设置单独的未施肥样方，则应在施肥处理区域的附近选择土壤类型相同、植被构成相近的区域，随机布设采样点。

（3）布点数量　根据调查目的、调查精度、调查区域整体环境状况等因素确定土壤监测的布点数量。对于背景点，每种土壤类型不少于 3 个点；对于施肥林地，随着区域面积的增加，采样点数量相应增加，且每个监测单元最少设置 3 个点。

2）土壤样品采集方法

（1）采样准备：

a. 采样物资准备，包括采样工具、器材、文具及安全防护用品等。

表 4-2　土壤采样物资

类别	物资明细
工具类	铁铲、土铲、土钻、土刀、木片及竹片等
器材类	罗盘、高度计、卷尺、标尺、容重圈、铝盒、样品袋、标本盒、照相机、胶卷以及其他特殊仪器和化学试剂
文具类	样品标签、记录表格、文具夹、铅笔等小型用品
安全防护用品	工作服、雨衣、防滑登山鞋、安全帽、常用药品等
运输工具	越野车、样品箱、保温设备等

b. 组织准备，组织具有一定野外调查经验、熟悉土壤采样技术规程、工作负责的专业人员组成采样组。采样前组织学习有关业务技术工作方案。

c. 技术准备，包括样点位置图；样点分布一览表，内容包括编号、位置、土壤类型等；各种图件：交通图、地质图、土壤图、大比例的地形图（标有居民点、村庄等标记）；采样记录表，土壤标签等。

d. 采样地块确定，主要采用现场踏勘、野外定点的方式。其中有以下几方面需要注意：样点位置图上确定的样点受现场情况干扰时，要作适当的修正；采样点应距离铁路或主要公路 300 m 以上；不能在住宅、路旁、沟渠、粪堆、废物堆及坟堆附近设采样点；不能在坡地、洼地等具有从属景观特征地方设采样点；采样点应设在土壤自然状态良好，地面平坦，各种因素都相对稳定并具有代表性的地块；采样点一经选定，应做标记，并建立样点档案供长期监测用。

（2）样品采集　在选定的采样点上，先用铲子清除土壤表面的枯落物，然后用土钻进行土壤样品的采集，采样深度根据不同的监测目的确定，一般不少于 30 cm。完成采集后，将土钻垂直提出，用木刀按照不同深度分层切割，并分装编号。

（3）采样量　由于监测指标较多，部分监测指标测定需要较多的土壤样品，根据各监测指标测定方法中对土壤的用量粗略估计，并考虑到土壤研磨等前处理过程中的损耗，因此确定土壤样品采集总量一般不少于 1.0 kg。对于土样量较少的采样点，可多次采集进行混合。对于多余的土样，采用四分法弃去。

（4）采样频率　根据工作需要确定，一般可按月份或季节划分。

3）土壤样品制备及保存

（1）制样工作场地　应设风干室、磨样室。房间向阳（严防阳光直射土样），通风、整洁、无扬尘、无易挥发化学物质。

（2）制样工具与容器：

a. 晾干用白色搪瓷盘及木盘；

b. 磨样用玛瑙研磨机、玛瑙研钵、白色瓷研钵、木滚、木棒、木槌、有机玻璃棒、有机玻璃板、硬质木板、无色聚乙烯薄膜等；

c. 过筛用尼龙筛，规格为 20～100 目；

d. 分装用具塞磨口玻璃瓶、具塞无色聚乙烯塑料瓶，无色聚乙烯塑料袋或特制牛皮纸袋，规格视量而定。

（3）制样程序：

a. 湿样晾干。在晾干室将湿样放置晾样盘，摊成 2 cm 厚的薄层，并间断地压碎、翻拌、拣出碎石、沙砾及植物残体等杂质。

b. 样品粗磨。在磨样室将风干样倒在有机玻璃板上，用槌、滚、棒再次压碎，拣出杂质并用四分法分取压碎样，全部过 20 目尼龙筛。过筛后的样品全部置于无色聚乙烯薄膜上，充分混合直至均匀。经粗磨后的样品用四分法分成两份，一份存放，另一份作样品的细磨用。

c. 样品细磨。用于细磨的样品用四分法进行第二次缩分，分成两份，一份留作备用，一份研磨至全部过 60 目或 100 目尼龙筛，具体情况视所分析项目而定。

d. 样品分装。经研磨混匀后的样品，分装于样品袋或样品瓶。填写土壤标签一式两份，瓶内或袋内放 1 份，外贴 1 份。

（4）样品保存：

a. 风干土样按不同编号、不同粒径分类存放于样品库，保存半年至 1 年。或分析任务全部结束，检查无误后，如无须保留可弃去。

b. 新鲜土样用于挥发性、半挥发有机污染物或可萃取有机物分析，新鲜土样选用玻璃瓶置于冰箱，小于 4℃，保存半个月。

c. 土壤样品库经常保持干燥、通风，无阳光直射、无污染；要定期检查样品，防止霉变、鼠害及土壤标签脱落等。

3. 植物样品采样方法的确定

1）植株样品选择原则

植株样品必须有充分的代表性，通常也像采集土样一样按照一定路线多点采集，组成平均样品。组成每一平均样品的样株数目视植株种类、种植密度、株型大小、株龄或生育期以及要求的准确度而定。从试验区选择样株，要注意群体密度、植株长相、植株长势、生育期的一致，过大或过小，遭受病虫害或机械损伤以及由于边际效应长势过强的植株都不应采用。

2）植物样品采集方法

植株选定后还要决定取样的部位和组织器官，重要的原则是所选部位的组织器官要具有最大的指示意义。

森林植物各器官营养元素含量的差异，不仅在不同的生长时期差异较大，而且在一日之内也有变化。另外在植株的各部位、新叶和老叶间营养元素的差异也较明显。因此，在采样时应根据分析的目的和要求，充分考虑上述各因素的影响。

如果是要分析森林植物较稳定的灰分元素含量，森林植物样品的采集时间应在森林植物生长停止前（落叶树可以在叶子转黄前约一个月采集；针叶树可在早秋起直到冬天这一阶段中采集），因为在这一段时间内，森林植物的灰分元素含量水平相对稳定。森林植物样品的采样部位应在树冠中上部向阳面，采集的对象是当年生的叶子。如果是为了诊断的目的而采集的森林植物样品，应该是选用森林植物群体中的优势木，因为这些树木在该立地条件上具有最大的代表性及最大的经济价值。

（1）采样准备：

a. 采样物资准备，包括采样工具、器材、文具及安全防护用品等。

表 4-3　植物采样物资

类别	物资明细
工具类	采集镐（采集杖）、剪枝剪（树枝剪、花枝剪）、铁铲、土铲、枝剪、萱草纸、绳子、温度计、pH 试纸、标本记录吊牌、塑料袋、标签纸等
器材类	罗盘、高度计、卷尺、标尺、样品袋、标本夹、GPS 仪、辐射枪、照相机、胶卷以及其他特殊仪器
文具类	样品标签、记录本、笔、记录表格、文具夹、铅笔等小型用品
安全防护用品	工作服、手套、帽子、雨衣、防滑登山鞋、安全帽、常用药品等
运输工具	越野车、样品箱、保温设备等

b. 组织准备，组织具有一定野外调查经验、熟悉采样技术规程、工作负责的专业人员组成采样组。采样前组织学习有关业务技术工作方案。

c. 技术准备，包括样点位置图；样点分布一览表，内容包括编号、位置等；各种图件：交通图、地质图、土壤图、大比例的地形图（标有居民点、村庄等标记）；采样记录表，标签等。

d. 采样地块确定，主要采用现场踏勘、野外定点的方式。其中有以下几方面需要注意：样点位置图上确定的样点受现场情况干扰时，要作适当的修正；采样点应距离铁路或主要公路 300 m 以上；不能在住宅、路旁、沟渠、粪堆、废物堆及坟堆附近设采样点；不能在坡地、洼地等具有从属景观特征地方设采样点；采样点应设在土壤自然状态良好，地面平坦，各种因素都相对稳定并具有代表性的地块；采样点一经选定，应做标记，并建立样点档案供长期监测用。

（2）样品采集　采集样品时，需要采集典型的、完整的、具有代表性的植物。一般采集 3 份，应用统一的采集编号。挂上号牌，号数与采集记录表上要一致。

在割下植物前，先用数码摄像机（或数码相机）对它拍照，以记下它在自然状态下的样子及其自然生活环境。在相应植物吊牌上记录好其在相机中的图片序号。采集矮小的草本植物，要连根掘出，按需要分为地上和地下部分，分别保存或合并为整体保存。采集高大的乔木，可使用高枝剪剪断木本或有刺及纤维较发达植物的枝茎，按需要分为枝和叶分别保存或合并为整体保存。采集灌木可用采集镐或采集杖挖掘植物深根、块茎、球茎、根状茎等地下部分，并用手剪采集植物枝叶，按需要进行分装保存。

（3）采样量　根据不同的监测目的确定采样量，可按监测指标的数量决定样品采集量，一般在 0.2～1.0 kg。对于样品量较少的采样点，可多次采集进行混合。

（4）采样频率　采样频率根据工作需要确定，一般可按季节或植物生长期划分。

3）植物样品的制备与保存

森林植物样品采集后必须及时进行制备，放置时间过长营养元素将会发生变化。新鲜植物样品采集后，刷去灰尘，然后将样品及时进行杀青处理，即把样品放入 80～90℃的鼓风烘箱中烘 15～30 min，然后将样品取出摊开风干。或将样品装入布袋中在 65℃的鼓风烘箱中烘干处理 12～24 h，使其快速干燥。加速干燥可以避免发霉，并能减少植株体内酶的催化作用造成有机质的严重损失。不论用什么方法进行干燥处理，都应防止烟雾和灰尘污染。经过以上处理后，再将烘干的植物样品在植物粉碎机中进行磨碎处理。全部样品必须一起粉碎，然后通过 2 mm 孔径筛子，用分样器或四分法取得适量的分析样品。若进行植物常量元素的分析，粉碎机中可能污染的常量元素通常可忽略不计。若进行植物微量元素的分析，最好将烘干样品放在塑料袋中揉碎，然后用手磨的瓷研钵研磨，必要时要用玛瑙研钵进行研磨。并避免使用铜筛子，可用尼龙网筛，这样就可不致引起显著的污染。

（1）制样工作场地　应设风干室、磨样室。房间向阳（严防阳光直射样品），通风、整洁、无扬尘、无易挥发化学物质。

（2）制样工具与容器：

a. 晾干用白色搪瓷盘及木盘；

b. 磨样用玛瑙研磨机、玛瑙研钵、白色瓷研钵、木滚、木棒、木槌、有机玻璃棒、有机玻璃板、硬质木板、无色聚乙烯薄膜等；

c. 过筛用尼龙筛，规格为 20～60 目；

d. 分装用具塞磨口玻璃瓶、具塞无色聚乙烯塑料瓶，无色聚乙烯塑料袋或特制牛皮纸袋，规格视量而定。

（3）制样程序：

a. 样品干燥。在晾干室将湿样摊成薄层放置晾样盘，或经干燥箱烘干。

b. 样品粗磨。在磨样室将干样倒在有机玻璃板上，用剪刀剪碎，全部过 20 目尼龙筛。过筛后的样品全部置于无色聚乙烯薄膜上，充分混合直至均匀。经粗磨后的样品用四分法分成两份，一份存放，另一份作样品的细磨用。

c. 样品细磨。用于细磨的样品用四分法进行第二次缩分，分成两份，一份留作备用，另一份研磨至全部过 60 目或 100 目尼龙筛，具体情况视所分析项目而定。

d. 样品分装。经研磨混匀后的样品，分装于样品袋或样品瓶。填写样品标签一式两份，瓶内或袋内放 1 份，外贴 1 份。

（4）样品保存：

a. 干燥植物样品按不同编号、不同植被种类分类存放于样品库，保存半年至 1 年。分析任务全部结束，检查无误后，如无须保留可弃去。

b. 新鲜样品用于挥发性、半挥发有机污染物或细胞酶分析，新鲜样品选用玻璃瓶置于冰箱，小于 4℃，保存半个月。

c. 样品库经常保持干燥、通风，无阳光直射、无污染；要定期检查样品，防止霉变、鼠害及标签脱落等。

4．地表水与地下水采样方法的确定

1）水样采集方法

（1）地表水水样的收集：

a. 监测前准备。根据监测林地的地形以及林地所在区域的水文、气象等条件，设置不同类型的地表水体收集槽或收集管，如在坡地的下游或平地的四周。

b. 地表水的收集。降雨发生后，应及时将收集槽中的径流水样转移至玻璃容器中，并记录径流量及降雨量等相关数据。

另外，应该在降雨的过程中收集雨水，作为参考。

（2）地下水水样的采集　设立地下水监测站，以水泵抽取地下水进行监测，一般每月监测一次。

2）水样的运输与保存

（1）水样的运输　所采集的各种水样从采集地点到实验室之间有一定距离，运送样品的这段时间里，水质可能会发生物理、化学和生物等各种变化，为使这些变化降低到最小限度，需要采取必要的保护性措施（如添加保护性试剂或制冷剂等），并尽可能缩短运输时间。同时，注意以下几点：

a. 盛水容器应当妥善包装，以免它们的外部受到污染，特别是水样瓶颈部和瓶塞在运送过程中不应破损或丢失。

b. 为避免样品容器在运输过程中因震动碰撞而破损，最好将样品瓶装箱并采用泡沫塑料减震或避免发生碰撞。

c. 需要冷藏的样品必须达到冷藏的要求。水样存放点要尽量远离热源，不要放在可能导致水温升高的地方（如汽车发动机旁），避免阳光直射。冬季采集的水样可能结冰，如果盛水器用的是玻璃瓶，则应采取保温措施以免破裂。

d. 根据所检测的项目要求，水样要在保存时间内送到检测室，并同时考虑检测准备工作所需要的时间。

（2）水样的保存　常用的水样保存措施包括：

a. 选择合适的保存容器。

b. 冷藏。水样冷藏时的温度应低于采样时水样的温度，水样采集后立即放在冰箱或冰水浴中（一般为 2~5℃），置于暗处保存。冷藏并不适用长期保存。

c. 加入保存药剂。在水样中加入合适的保存试剂能够抑制微生物活动、减缓氧化还原反应发生，加入的方法可以是在采样后立即加入，也可以在水样分样时根据需要分瓶、分别加入。水样的不同监测项目所使用的保存药剂不同，保存药剂主要有生物抑制剂、pH值调节剂、氧化或还原剂等类型。

4.1.3　环境生态风险各监测指标分析方法

由于各种污染监测指标的分析检测方法较多，不同环境介质中各污染因子的检测方法也存在一定差异，因此样品检测可选择符合实际实验条件的分析方法。

1. 有机质、氮、磷等污染物分析方法

1）样品制备与保存

（1）土壤样品　将土壤样品完全混合后，自然风干，然后用二分法取得适量土壤分别过20目和100目筛，作为备用。

（2）水样　采集水样后需置于低温保存并尽快处理，具体预处理方法根据测定指标不同而定。

2）土壤样品营养盐指标分析测试方法

土壤样品中各营养盐指标的分析方法总结见表4-4。

表4-4　土壤样品中营养盐分析方法

序号	检测项目	检测方法	参考资料
1	pH 值	玻璃电极法	LY/T 1239—1999；NY 525—2002；CJ/T 221—2005；《全国土壤污染状况调查样品分析测试技术规定》（2006）；EPA Method 9045
2	电导率	电导法	LY/T 1251—1999 EPA Method 9080 EPA Method 9081
3	有机质	重铬酸钾氧化法 重量法	《土壤农业化学常规分析方法》（1983）《全国土壤污染状况调查样品分析测试技术规定》（2006）；NY 525—2002；CJ/T 221—2005
4	总氮	半微量凯式法；硫酸—过氧化氢消煮、蒸馏滴定法；碱性过硫酸钾消解紫外分光光度法	《土壤农业化学常规分析方法》（1983）NY 525—2002；CJ/T 221—2005
5	铵态氮	蒸馏法	《土壤农业化学常规分析方法》（1983）
6	硝态氮	浸提—紫外分光光度法	《土壤农业化学常规分析方法》（1983）
7	总磷	硫酸和过氧化氢消煮、钒钼黄比色；氢氧化钠熔融钼锑抗比色分光光度法	《土壤农业化学常规分析方法》（1983）NY 525—2002；CJ/T 221—2005
8	有效磷	碳酸氢钠浸提—钼锑抗比色法	《土壤农业化学常规分析方法》（1983）
9	有机磷	浸提—钼锑抗比色法	《土壤农业化学常规分析方法》（1983）

序号	检测项目	检测方法	参考资料
10	活性有机磷	碳酸氢钠浸提—钼锑抗比色法	化学连续提取法
11	中等活性有机磷	盐酸浸提—钼锑抗比色法	化学连续提取法
12	中等稳定有机磷	氢氧化钠浸提—硫酸酸化—钼锑抗比色法	化学连续提取法
13	高稳定有机磷	高温灼烧—盐酸浸提—钼锑抗比色法	化学连续提取法
14	无机磷	浸提—钼锑抗比色法	《土壤农业化学常规分析方法》（1983）
15	交换态磷（Ex-P）	氯化铵提取—钼锑抗比色法	化学连续提取法
16	铝磷（Al-P）	氟化铵提取—钼锑抗比色法	化学连续提取法
17	铁磷（Fe-P）	氢氧化钠—草酸钠提取—钼锑抗比色法	化学连续提取法
18	闭蓄态磷（Oc-P）	柠檬酸钠—过硫酸钠—氢氧化钠提取—钼锑抗比色法	化学连续提取法
19	钙磷（Ca-P）	硫酸提取—钼锑抗比色法	化学连续提取法

3）水样中营养盐指标分析测试方法

水样中各营养盐指标的分析方法总结见表 4-5。

表 4-5　水样中营养盐分析方法

序号	检测项目	检测方法	参考资料
1	总氮	碱性过硫酸钾消解紫外分光光度法；气相分子吸收光谱法	《水和废水监测分析方法》（第四版）GB/T 11894—1989
2	铵态氮	纳氏试剂比色法；水杨酸—次氯酸盐光度法；滴定法；气相分子吸收光谱法	《水和废水监测分析方法》（第四版）GB/T 7479—1987 GB/T 7481—1987
3	硝态氮	酚二磺酸分光光度法；紫外分光光度法；离子色谱；离子选择电极流动注射法；气相分子吸收光谱法	《水和废水监测分析方法》（第四版）GB/T 7480—1987 HJ/T 84—2001
4	总磷	过硫酸钾消煮—比色法；钼酸铵分光光度法；钼锑抗分光光度法；孔雀绿—磷钼杂多酸分光光度法；离子色谱	《水和废水监测分析方法》（第四版）GB/T 11893—1989
5	pH	玻璃电极法 便携式 pH 计法	《水和废水监测分析方法》（第四版）GB/T 6920—1986

2. 重金属分析方法的确定

1）样品制备与保存

土壤样品经风干后研磨过 0.15 mm 筛，常温储存。水样过 0.45 μm 滤膜 4℃储存。植物样品 60℃烘干、粉碎后常温储存。

2）样品中重金属元素的预处理方法

土壤与植物等固体样品根据其污染物浓度大小，称取一定质量的样品进行重金属元素的提取。水样、土壤及植物样品中重金属的预处理方法见表4-6。

表4-6 重金属提取方法

序号	检测项目	样品性质	预处理方法	参考资料
1	铜、锌、铅、铬、镍、砷、镉、汞	水样	酸消解 微波辅助消解	EPA Method 3005A EPA Method 3010A EPA Method 3015A EPA Method 3020A
2	铜、锌、铅、铬、镍、砷、镉、汞	土壤及植物样品	常压酸消解 微波高压消解	EPA Method 3050B EPA Method 3051A CJ/T 221—2005
3	铅、锌、铜、汞	可交换态	氯化镁提取—微波萃取	Tessier 系列提取法
		碳酸盐结合态	醋酸钠—醋酸提取—微波萃取	Tessier 系列提取法
		铁—锰氧化物结合态	盐酸羟胺，醋酸提取—微波萃取	Tessier 系列提取法
		有机质结合态	硝酸，过氧化氢提取—微波萃取 过氧化氢提取—微波萃取 醋酸铵，硝酸提取—微波萃取	Tessier 系列提取法
		残渣态	王水提取—微波萃取	Tessier 系列提取法

3）样品中重金属元素的分析测试方法

样品中各种重金属指标的分析方法总结见表4-7。

表4-7 重金属分析方法

序号	检测项目	样品性质	检测方法	参考资料
1	铜	水样	2,9-二甲基-1,10-菲萝啉分光光度法 二乙基二硫代氨基甲酸钠分光光度法 火焰原子吸收分光光度法（螯合萃取法） APDC-MIBK 萃取火焰原子吸收法 在线富集流动注射火焰原子吸收法 石墨炉原子吸收法 阳极溶出伏安法 示波极谱法 ICP-AES 法	GB/T 7473—1987 GB/T 7474—1987 GB/T 7475—1987 《水和废水监测分析方法》（第四版） EPA Method 7000B EPA Method 7010
		土壤及植物样品	火焰原子吸收分光光度法 电感耦合等离子体发射光谱法 电感耦合等离子体质谱法	GB/T 17138—1997 《底质调查方法》 CJ/T 221—2005 EPA Method 6010C EPA Method 6020A EPA Method 7000B

序号	检测项目	样品性质	检测方法	参考资料
2	锌	水样	双硫腙分光光度法 火焰原子吸收分光光度法 在线富集流动注射火焰原子吸收法 阳极溶出伏安法 示波极谱法 ICP-AES 法	GB/T 7475—1987 《水和废水监测分析方法》 （第四版） EPA Method 7000B
		土壤及植物样品	火焰原子吸收分光光度法 电感耦合等离子体发射光谱法 电感耦合等离子体质谱法	GB/T 17138—1997 《底质调查方法》 CJ/T 221—2005 EPA Method 6010C EPA Method 6020A EPA Method 7000B
3	铅	水样	原子吸收分光光度法（螯合萃取法） 双硫腙分光光度法 火焰原子吸收分光光度法 APDC-MIBK 萃取火焰原子吸收法 在线富集流动注射火焰原子吸收法 石墨炉原子吸收法 阳极溶出伏安法 示波极谱法 ICP-AES 法	GB/T 7475—1987 《水和废水监测分析方法》 （第四版） EPA Method 7000B EPA Method 7010
		土壤及植物样品	石墨炉原子吸收分光光度法 KI-MIBK 萃取火焰原子吸收分光光度法 电感耦合等离子体发射光谱法 电感耦合等离子体质谱法 原子荧光法	GB/T 17141—1997 GB/T 17140—1997 《底质调查方法》 CJ/T 221—2005 EPA Method 6010C EPA Method 6020A EPA Method 7010
4	铬	水样	二苯碳酰二肼分光光度法 火焰原子吸收法 ICP-AES 法 硫酸亚铁铵滴定法	GB/T 7467—1987 《水和废水监测分析方法》 （第四版） EPA Method 7000B EPA Method 7199
		土壤及植物样品	二苯碳酰二肼分光光度法 火焰原子吸收分光光度法 电感耦合等离子体发射光谱法 电感耦合等离子体质谱法 共沉淀法 比色法 螯合法 微脉冲极谱法	GB/T 7467—1987 HJ/T 491—2009 《底质调查方法》 CJ/T 221—2005 EPA Method 6010C EPA Method 6020A EPA Method 7000B EPA Method 7195 EPA Method 7196A EPA Method 7197 EPA Method 7198

序号	检测项目	样品性质	检测方法	参考资料
5	镍	水样	火焰原子吸收分光光度法 丁二酮肟光度法 示波极谱法 ICP-AES 法	GB/T 11912 《水和废水监测分析方法》 （第四版） EPA Method 7000B
		土壤及植物样品	火焰原子吸收分光光度法 电感耦合等离子体发射光谱法 电感耦合等离子体质谱法	GB/T 17139—1997 《底质调查方法》 CJ/T 221—2005 EPA Method 6010C EPA Method 6020A EPA Method 7000B
6	砷	水样	新银盐分光光度法 二乙氨基二硫代甲酸银分光光度法 氢化物发生原子吸收法 ICP-AES 法 冷原子荧光法	GB/T 7485—1987 《水和废水监测分析方法》 （第四版） EPA Method 7061A
		土壤及植物样品	硼氢化钾—硝酸银分光光度法 二乙基二硫代氨基甲酸银分光光度法 电感耦合等离子体质谱法 原子荧光光谱法 阳极溶出伏安法	GB/T 17135—1997 GB/T 17134—1997 《底质调查方法》 CJ/T 221—2005 EPA Method 6020A EPA Method 7062 EPA Method 7063
7	镉	水样	火焰原子吸收分光光度法（螯合萃取法） APDC-MIBK 萃取火焰原子吸收法 在线富集流动注射火焰原子吸收法 石墨炉原子吸收法 阳极溶出伏安法 示波极谱法 ICP-AES 法 原子荧光光谱法	GB/T 7475—1987 《水和废水监测分析方法》 （第四版） EPA Method 7000B EPA Method 7010
		土壤及植物样品	石墨炉原子吸收分光光度法 KI-MIBK 萃取火焰原子吸收分光光度法 电感耦合等离子体发射光谱法 电感耦合等离子体质谱法 原子荧光光谱法	GB/T 17141—1997 GB/T 17140—1997 《底质调查方法》 CJ/T 221—2005 EPA Method 6010C EPA Method 6020A EPA Method 7010
8	汞	水样	冷原子吸收分光光度法 冷原子荧光法 高锰酸钾—过硫酸钾消解法双硫腙分光光度法 原子荧光法 阳极溶出伏安法	GB/T 7468—1987 《水和废水监测分析方法》 （第四版） GB/T 7469—1987 EPA Method 7470A EPA Method 7472
		土壤及植物样品	冷原子吸收分光光度法 原子荧光光谱法 热分解熔融原子吸收法	GB/T 17136—1997 CJ/T 221—2005 EPA Method 7471B EPA Method 7473 EPA Method 7474

3．多环芳烃分析方法

1）样品制备

土壤样品采集后除去杂质，阴凉干燥处自然风干或经冷冻干燥后，研磨过 1 mm 筛于 −20℃保存待测；植物样品采集后，经水洗、105℃杀青、60℃恒重、研磨粉碎、过 1 mm 筛后室温保存待测；水样采集后过滤 4℃储存，24 h 内进行萃取处理。

2）提取方法

土壤和植物等固体样品根据其多环芳烃浓度大小，称取一定质量的样品进行多环芳烃的提取。根据已有实验条件，采用不同的萃取剂和比例对多环芳烃进行提取。

3）净化方法

根据样品性质及干扰物含量情况，选择不同材质和不同质量的净化材料，采取适宜的活化及净化溶剂和步骤进行样品净化。

4）检测方法

根据现有实验仪器设备及条件，可选用液相色谱仪、气相色谱仪、气相色谱—质谱连用仪等仪器进行样品测定。分析方法总结见表4-8。

表 4-8　多环芳烃检测方法

序号	项目	样品性质	处理及检测方法	参考资料
1	制样方法	水样	过滤 抽滤 离心	《水和废水监测分析方法》（第四版） EPA Method 3500C
		土壤和植物样品	干燥 冷冻干燥 研磨	EPA Method 3500C EN ISO 16720—2007
2	提取方法	水样	乙酰化滤纸层析 液—液萃取 连续液—液萃取 固相萃取（SPE）	《水和废水监测分析方法》（第四版） EPA Method 3510C EPA Method 3520C EPA Method 3535A
		土壤和植物样品	索氏提取 自动索氏提取 加压流萃取（PFE） 微波提取 超声提取 超临界流萃取	EPA Method 3540C EPA Method 3541 EPA Method 3542 EPA Method 3545A EPA Method 3546 EPA Method 3550C EPA Method 3561
3	净化方法	水样、土壤和植物样品	氧化铝净化 弗洛里硅土净化 硅酸镁载体净化 硅胶柱净化	EPA Method 3600C EPA Method 3610B EPA Method 3620C EPA Method 3630C

序号	项目	样品性质	处理及检测方法	参考资料
4	检测方法	水样、土壤和植物样品	气相色谱法 气相色谱—质谱法 热脱附气相色谱—质谱法 高效液相色谱法 荧光分光光度法	EPA Method 8000B EPA Method 8100 EPA Method 8270D EPA Method 8275A EPA Method 8310 GB/T 5 009.27—2003 CJ/T 147—2001 EN ISO 18287—2006 EN ISO 13877—1998 GB/T 11895—1989 GB/T 13198—1991 HJ/T 478—2009 ZEK 01.2—08

4．病原微生物分析方法

1）细菌总数分析方法

取 10 g 土壤样品稀释振荡制成混悬液，以三个稀释度进行接种，采用倒皿法将稀释液接种于营养琼脂培养皿内，置于 37℃培养 24 h±2 h。将培养好的培养皿在菌落计数器上计数，计算出细菌总数。水样的检测可直接稀释成不同倍数的稀释液进行接种培养计数。

2）蛔虫卵死亡率分析方法

以碱溶液处理样品，分离蛔虫卵，分离后通过漂浮或沉淀等方法制备含卵混悬液，抽滤后马上镜检，根据蛔虫卵发育过程中所出现的各种形态判断其死活，计数，然后计算蛔虫卵死亡率。

3）粪大肠菌群分析方法

取 10 g 土壤样品稀释振荡，使附在有机物及杂质上的细菌充分分离，将制成的混悬液以四个稀释度接种于单料乳糖胆盐发酵管，置于 44.5℃培养 24 h±2 h。将产酸产气或只产酸的发酵管接种于碱性品红亚硫酸钠琼脂培养基上，置于 37℃恒温培养箱内培养 24 h，挑选典型菌落（带金属光泽菌落）进行革兰氏染色，如为革兰氏阴性无芽孢杆菌则将其接种于乳糖发酵管，44.5℃培养 24 h，如产酸产气，即证实有粪大肠菌群存在。根据发酵管的阳性管数查 MPN 表，即为粪大肠菌群值。水样可直接稀释成不同倍数的稀释液进行多管发酵法检测。

微生物的检测方法总结见表 4-9。

表 4-9　微生物检测方法

序号	检测项目	分析方法	参考资料
1	细菌总数	平板培养法	GB/T 5750—1985 《水和废水监测分析方法》（第四版）
2	蛔虫卵死亡率	显微镜法	GB/T 7959—1987
3	粪大肠菌群	多管发酵法 滤膜法 延迟培养法	GB/T 7959—1987 GB/T 5750—1985 HJ/T 347—2007 《水和废水监测分析方法》（第四版） EPA Method 9131 EPA Method 9132

4.2　试验场地建设与研究方案

4.2.1　试验场地选取原则

城市污泥堆肥林地利用的场地选取不仅要充分考虑试验场地的土壤类型、地形条件、植被覆盖、气象因素等野外实验场地的相关资料，而且要尽量减少人类的干扰，尽量避免选在饮用水水源地。针对不同的试验目的，选取的试验场地也要有代表性。为了减少运输成本，还要综合考虑运输的路况。

4.2.2　试验场地确定

根据试验场地选取的原则和现场勘察结果，本研究最终确定了在北京鹫峰国家森林公园内的混交林、梅花林、银杏林三片样地及一片人工草坪空地作为现场试验场地，确定了以防护林、风景林、用材林和园林绿地四种典型林业应用类型为研究对象，在不同林地、不同植被类型、不同污泥堆肥施用浓度等条件下，开展城市污泥堆肥产品林地利用环境生态风险监测与评价研究工作。其中，混交林场地以栓皮栎、油松和侧柏为主，作为防护林和用材林的代表；银杏林场地和梅花林场地作为用材林和风景林的代表；人工草坪以高羊茅、白三叶和黑麦草为主，作为园林绿地的代表。

4.2.3　梅花林试验场地建设与研究方案

1. 梅花林试验场地建设

在鹫峰国家森林公园内选取一块梅花林场地，宽 20 m，坡降方向长 30 m，坡度约 3%，样地内种植有树龄均一的梅花树，是一片人工梅花景观林，样地内共有梅花树 10 行，沿坡降方向每行 20 棵梅花树（见图 4-1）。

图 4-1　梅花林场地建设情况

　　为了收集沿地面坡度迁移的地表径流，需将梅花林按坡降方向用隔板隔离，分割成五块 4 m×20 m 的条形样方，并在坡底设置截流槽收集地表径流。样方划分隔断时，首先用尼龙绳沿坡降方向拉出每个样方的分割线，找到样方分割线的起点和终点，然后将起止点及尼龙绳对应的地面投影进行标示，再将每个样方标示出的两条边界线挖出宽约 10 cm、深 20 cm 左右的沟渠，之后将长 3 m、宽 30 cm、厚 1 cm 的 PVC 塑料板插入沟中，地下与地上部分均为 15 cm，两侧覆土压实后使隔板立于地面。完成隔板设立后，于隔板终点处设置径流收集管。垂直于坡降方向挖出深 20 cm、宽 40 cm 的沟壑，将五块样方末端连接，之后将长 3 m、直径 30 cm 的半剖形 PVC 塑料管放入沟中，面向样方内的管口与地面平齐，便于雨水径流流入，最后用土将管外壁填满，固定整个管件。样方用 PVC 板分隔后，进行径流试验时，每个施用不同浓度堆肥的样方在产生径流后，只能沿坡降方向汇入本样方末端的径流收集管中，不同样方之间不会相互影响，确保径流试验结果的可靠性。

2．梅花林试验场地研究方案

梅花林场地作为风景林应用类型代表。主要考察施用不同浓度污泥堆肥后，坡地土壤中污染物浓度随时间的变化规律，同时研究污染物由地表向地下迁移、由施肥点向非施肥点扩散，以及模拟地表径流产生时，污染物随地表径流沿坡降方向迁移的情况。另外选择一年中典型的四个季节对场地内的植物进行收集取样，考察施用污泥堆肥后，污染物在植物体内富集累积的情况。

梅花林场地采用环状沟施肥的方式（图 4-2），对每行梅花树进行不同浓度梯度的施肥处理，将污泥堆肥施于每棵梅花树树根周围并覆土，施肥面积约 1 m²，施肥量为 0 kg/m²、1.5 kg/m²、3 kg/m²、4.5 kg/m²、6 kg/m² 五个浓度梯度。土壤样品收集采用以施肥点为中心辐射式布点采样的方式，采样点设置在沿坡降方向的每两棵相邻的梅花树之间。采样时由表层至深层分层采集，每层土样深度为 10 cm，每个采样点分别采集 0～10 cm、10～20 cm、20～30 cm、30～40 cm 共四层土壤样品，以此监测不同施肥方式下污染物在土壤中的迁移速率。梅花林分别于 2011 年 4 月 28 日、6 月 8 日、7 月 11 日、9 月 1 日、10 月 18 日、12 月 21 日，2012 年 2 月 27 日、4 月 9 日、6 月 7 日采样九次，共采集土壤样品 665 个，植物样品 20 个。

图 4-2　梅花林场地施肥、径流及采样情况

4.2.4　银杏林试验场地建设与研究方案

1. 银杏林试验场地建设

在鹫峰国家森林公园普照院附近选取一块银杏林场地，样地内为长势均匀的银杏林，树龄 10～20 年，在林内划分了 5 个 10 m×10 m 的样方，林内总计有银杏树 300 余棵（图 4-3）。

图 4-3　银杏林场地情况

为了将整片样地划分为不同的样方，并减少每个样方之间的相互影响，整个银杏样地用塑料 PVC 管分隔为五个 10 m×10 m 的样方，以便于后续试验的开展。样方划分隔断时，首先需要用尼龙绳拉出每个样方的范围，找到每个样方的四个拐点；其次将拐点及尼龙绳对应的地面投影进行标示；再次将每个样方标示出的四条线挖成宽约 40 cm、深 20 cm 左右的沟壑，之后将长 4 m、直径 30 cm 的半剖形 PVC 塑料管放入沟中，面向样方内的管口与地面平齐，便于雨水径流流入；最后用土将管外壁填满，固定整个管件。样方用 PVC 管分割后，进行径流试验时，每个施用不同浓度堆肥的样方在产生径流后，样方内的地表径流能汇入样方四周的径流收集管中，便于地表径流的收集（图 4-4）。

图 4-4　银杏林场地建设情况

2．银杏林试验场地研究方案

银杏林场地作为风景林应用类型代表。考察施用不同浓度污泥堆肥后，平地土壤中污染物浓度随时间的变化，以及模拟地表径流产生时，污染物随地表径流迁移的情况。另外选择一年中典型的四个季节对场地内的植物进行收集采样，考察施用污泥堆肥后，污染物在植物体内富集累积的情况。

以不同浓度梯度施肥于银杏林场地的五个样方内，采用条状施肥的方式，施肥于两行树中间，施肥量为 0 kg/m²、1.5 kg/m²、3 kg/m²、4.5 kg/m²、6 kg/m² 五个浓度梯度。施肥后定期地对样地内的土壤和植物进行采样分析，土壤采样间隔为一个月，植物采样间隔为三个月。采集土壤样品时，根据施肥的位置分别在直接施肥处和非直接施肥处随机布点，每个样方分别布设采样点 6 个，另外在样方周围随机布设 3 个空白采样点，采集不同深度的土壤样品。土壤样品采用由表层至深层分层采样，每层土样深度为 10 cm，每个采样点分别采集 0～10 cm、10～20 cm、20～30 cm、30～40 cm 共四层土壤样品，以此监测不同施肥方式下污染物在土壤中的迁移转化情况。银杏林分别于 2011 年 4 月 28 日、6 月 1 日、7 月 8 日、8 月 30 日、10 月 18 日、12 月 21 日，2012 年 2 月 27 日、4 月 9 日、6 月 7 日采样 9 次，共采集土壤样品 681 个，植物样品 20 个（图 4-5）。

图 4-5　银杏林场地施肥、径流及采样情况

4.2.5　混交林试验场地建设与研究方案

1. 混交林试验场地建设

在鹫峰国家森林公园内选择一片面积约为 100 亩的天然混交林作为防护林和用材林的代表进行研究，地形见图 4-6。林中优势乔木为栓皮栎，同时有部分油松和侧柏，优势灌木为荆条（图 4-7）。

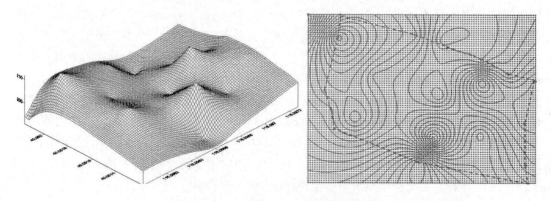

图 4-6　混交林地形三维模拟图及等高线图

图 4-7 混交林场地情况

2. 混交林试验场地研究方案

混交林场地作为用材林和防护林应用类型代表。考察施用污泥堆肥后，复杂林地土壤中污染物浓度随时间的变化，同时对比在施肥和不施肥情况下，污染物随地表径流沿坡降方向迁移的情况。另外，选择一年中典型的四个季节对场地内的植物进行收集采样，考察施用污泥堆肥后，污染物在植物体内富集累积情况。

由于混交林场地面积大，因此采用均匀撒肥的方式进行施肥，施肥量控制在 1.5～3.0 kg/m²。另选取一块相似林地不作施用处理，设为空白对照。采用撒施方式的样地，采用均匀布点的采样方式。施肥后定期地对样地中的土壤进行采样分析。在样地内通过手持GPS 定位均匀布设采样点，每次采样在施肥样地内随机布设 9 个采样点，空白样地内布设3 个采样点。土壤样品采用由表层至深层分层采样，每层土样深度为 10 cm，每个采样点分别采集 0～10 cm、10～20 cm、20～30 cm 共 3 层土样，测定采集土样中污染物的含量。课题执行过程中，分别于 2011 年 4 月 30 日、6 月 16 日、7 月 19 日、9 月 1 日、10 月 19日、12 月 22 日，2012 年 2 月 28 日、4 月 9 日、6 月 7 日采样 9 次，共采集土壤样品 309个，植物样品 16 个（图 4-8）。

在混交林场地还考察了城市污泥堆肥中污染物随降雨径流流失情况，径流试验设置两个径流槽，一个按照 3 kg/m² 的量进行施肥，另一个不施肥作为对照，收集径流水样进行测定，分析施用城市污泥堆肥后不同污染物的流失情况。

图 4-8 混交林场地施肥、径流及采样情况

4.2.6 人工草坪试验场地建设与研究方案

1. 人工草坪试验场地建设

在鹫峰国家森林公园内选取了一块约 5 亩的平整裸地建设人工草坪，场地长 50 m，宽 60 m，先后经过场地平整、挖沟、设置挡板等步骤将场地分割成带状样地，将样地内的土进行翻耕整理出一定的坡度，各条带按不同浓度梯度施用污泥堆肥后，将土与污泥堆肥混匀重新翻耕，撒上不同的草种，待草坪草长成后进行采样和试验。草坪场地情况见图 4-9。

图 4-9 人工草坪场地情况

人工草坪草地具体的建设过程如图 4-10 所示。首先利用推土机等机械手段将场地沿宽边方向人为修整出约 1%的坡度,然后将长边 21 等分,为了防止污泥堆肥不同施用量条带的相互影响,在各条带之间埋设 30 cm 高隔板,其中埋入地下 15 cm,地面以上 15 cm。在坡脚处挖深 20 cm,宽 40 cm 左右的集水槽,埋设半剖形 PVC 集水管,靠近样地的一侧与样地平齐,以利于地表径流汇入。之后对整个样地进行翻耕,剔除可能阻碍水流的较大石块。按设计浓度施肥后,再次翻土,使污泥堆肥与土壤均匀混合。以清水浸泡草种,促其萌发,为防止草种被风吹走,以等比例沙土混合,之后均匀撒种于各条带。播种后前三天每日以喷淋的方式浇水至田间持水量,待种子全部萌发后,延长浇水间隔,进行日常养护。

| 原貌 | 平整 | 挖沟 | 立板 |
| 翻地 | 施肥 | 撒种 | 完成 |

图 4-10　人工草坪场地建设过程

2. 人工草坪试验场地研究方案

人工草坪作为园林绿地应用类型代表。考察以施底肥方式施用不同浓度污泥堆肥后,不同草本植物的生长情况及其对污染物的富集积累情况。同时研究人工降雨时,土壤中的污染物随地表径流由坡上向坡下的迁移规律。

人工草坪中种植三种草坪草,分别是高羊茅、黑麦草、白三叶。样地沿坡降方向长 20 m,宽 60 m,按照条宽 2.8 m 的规格将试验场地分隔成 21 个条带。以相同的播种密度在每块条状样地中种植三种草坪草,每种草 7 个条带。采用施用底肥的方式,施肥量为 0 kg/m², 1.5 kg/m²、3 kg/m²、4.5 kg/m²、6 kg/m² 五个浓度梯度。结束一个周期的种植之后,采用均匀布点采样的方式,在每个条带的上(18 m)、中(10 m)、下(2 m)三处各取面积为 1 m² 的植物以及对应面积中 0~20 cm 层的土壤样品。测量各条带内不同位置的植物鲜重,对比不同坡度和不同施肥量下植物生长及吸收污染物的差异,确定对各污染物富集能力最强的植物类型。同时,分析不同施肥量土壤持留污染物的总量变化。在课题执行过程中,园林绿地试验场地共采集土壤样品 63 个、植物样品 63 个(图 4-11)。

图 4-11　人工草坪场地施肥、径流及采样情况

4.2.7　地下水监测站建设与研究方案

1. 地下水监测站建设

地下水监测井为原有水井，位于人工草坪场地附近，银杏林场地坡下，井内设有抽水设备，该地下水监测井深度约为 30 m（图 4-12）。

图 4-12　地下水监测泵房外貌

2. 地下水监测站研究方案

为了研究林地施用城市污泥堆肥后污染物经渗流进入深层土壤引起地下水污染的潜

在风险，需定期对施用污泥堆肥后场地附近的地下水进行连续监测。在课题研究过程中，于 2011 年 4 月、9 月、11 月采集地下水样三次，后因冬季气温较低，水泵无法工作而暂停水样采集，次年 5 月恢复连续监测，分别在 2012 年 5 月、6 月、7 月、8 月、9 月、10月、11 月采集地下水样共 10 次进行监测，考察城市污泥堆肥施用于林地后给浅层地下水带来的潜在风险（图 4-13）。

图 4-13　地下水监测取样情况

4.2.8　温室盆栽试验装置与研究方案

1. 温室盆栽试验装置

温室盆栽试验在国家花卉工程技术研究中心北京林业大学科技股份有限公司温室内进行，温室内人工控制温度为 25℃，相对湿度 70%。温室内配备有多个可移动金属苗床，所有花盆在苗床上随机放置，温室内通风良好，环境适宜，设备齐全（图 4-14）。

图 4-14　盆栽试验现场照片

2. 温室盆栽试验研究方案

温室栽培试验共进行三批，第一批从 2010 年 4 月 1 日—10 月 2 日，共持续 185 d，第二批试验从 2011 年 4 月 12 日—12 月 2 日，共持续了 235 d，第三批试验从 2012 年 3 月 6

日—7 月 10 日,共持续了 125 d。

第一批盆栽试验设置了两组对照试验。第一组不栽培植物,通过混培土壤中营养盐的浓度变化考察污泥堆肥施用后对土壤理化性质的影响,具体操作如下:将风干后的土壤和污泥堆肥分别过 2 mm 筛,按照污泥堆肥和土壤质量比为 0%、5%、10%、15% 和 20% 的梯度将污泥堆肥和土壤混合,每个梯度设置五个平行;试验中采用直径 14 cm、高 12 cm 的塑料花盆,每盆盛放 0.7 kg 污泥堆肥混合土壤,定期浇水维护;在第 0 d、60 d、100 d、135 d 和 185 d 时采集土样。第二组种植草本植物,考察污泥堆肥是否适合作为园林绿化肥料,施肥梯度与第一组试验相同。所种植的 3 种草本植物分别为高羊茅、白三叶和黑麦草,其中白三叶可以对盐碱化土壤起到指示作用。每种植物每个施肥梯度种植 5 盆,共 75 盆。试验过程中对高羊茅和黑麦草定期进行修剪,当株高达到 10 cm 即将地上部分剪下储存。白三叶种植 6 个月后分地上和地下部分采集,保存待测。第一批盆栽试验情况见图 4-15。

图 4-15 第一批盆栽试验情况

第二批试验选用内径 20 cm 泥炭制花盆种植高羊茅、黑麦草和白三叶,播种量分别为高羊茅 35 g/m^2、黑麦草 25 g/m^2、白三叶 12 g/m^2。播种前将土壤粗磨过 8 mm 筛,每盆用土 3.6 kg。污泥堆肥经粉碎后,按照 0 kg/m^2、1.5 kg/m^2、3 kg/m^2、4.5 kg/m^2、6 kg/m^2 的施肥浓度梯度与土壤均匀混合,每个梯度设 12 盆平行。播种时先将盆内表层少量土壤取出,均匀撒种后再重新覆盖。播种完成后浇水至田间持水量,每天清晨补水至所有梯度均有发芽植株出现后改为每周浇水一次。完成培养后,破坏性采集植物和土壤样品,处理待测。其间对高羊茅和黑麦草进行修剪维护,修剪下的草叶分别保存待测。

第三批盆栽增大施肥浓度,设计了混合比例分别为 0%、10%、25%、50% 和 100% 的五个浓度梯度。试验开始后,每三周对各浓度梯度进行一次破坏性取样,共取样 6 次。每次取样时,种植植物的样本设置 5 个平行,无植物的样本设 3 个平行。第三批盆栽试验总计设置样品 250 盆。第二、第三批盆栽试验情况见图 4-16。

图 4-16　第二批盆栽试验（左）、第三批盆栽试验（右）现场照片

4.2.9　实验室模拟试验装置与研究方案

1. 实验室模拟试验

为了研究城市污泥堆肥中氮磷进入土壤后的转化规律，本课题进行了室内模拟土壤氮素矿化试验。试验采用人工气候培养箱，能够控制温度和光照。

2. 土壤矿化培养实验方案

设定 3 种施肥处理：不施肥、施污泥堆肥和施尿素；水分因素研究设定 3 种水分处理 8%、14%、20%（相当于饱和田间持水量的 28.6%、50%、71.1%）；在 20℃ 条件下培养。温度因素研究设定 1 种水分处理 14%，分别在 10℃、20℃、30℃ 条件下培养。尿素和污泥堆肥施用量均为 200 mg/kg 土（以全氮计）。实验设置 3 个平行。过 1 mm 筛的风干土壤与两种肥料混匀，在每 250 mL 的烧瓶中装入 200 g 风干土样，然后分别调节水分至 8%、14%、20%，用保鲜膜覆膜培养以减少水分的蒸发，每 2 d 通过称重法检查水分的损失，并补回蒸发的水分。

4.3　氮、磷在环境介质中的迁移转化规律

4.3.1　城市污泥堆肥林地施用后对土壤理化性质的影响

1. 城市污泥堆肥施用对土壤 pH 的影响

测定土壤 pH 通常用的是泥浆悬浊液。土壤 pH 对土壤的化学变化有很大的影响，包括营养物的有效性、物质的毒性、土壤微生物种群的活性等。污泥堆肥不同施用比例下土壤的 pH 随时间的变化如表 4-10 所示。

表 4-10　不同施用比例的土壤 pH 随时间变化

	0 d	第 60 天	第 100 天	第 135 天	第 185 天
0%	7.50±0.03 a	7.63±0.03 b	7.40±0.02 b	7.30±0.07 c	7.35±0.10 c
5%	7.42±0.06 a	7.81±0.06 a	7.31±0.04 c	7.68±0.18 a	7.82±0.17 a
10%	7.44±0.02 a	7.85±0.04 a	7.46±0.06 b	7.68±0.08 a	7.74±0.06 a
15%	7.46±0.08 a	7.82±0.03 a	7.52±0.08 a	7.59±0.06 a	7.80±0.09 a
20%	7.48±0.07 a	7.63±0.06 b	7.36±0.06 c	7.54±0.06 b	7.54±0.08 b

注：同一列中不同字母表示差异显著（$p<0.5$）。

由表 4-10 可以看出，原土和施用污泥堆肥土壤中的 pH 值相差不大，刚施肥后（0 d），施用污泥堆肥的土壤与不施用堆肥土壤没有显著差异，pH 处于相对稳定的一个状态，土壤 pH 与施用污泥堆肥的比例不呈线性关系。整个试验过程中土壤 pH>7，呈现弱碱性，说明污泥堆肥没有产生过多的酸性物质。各处理土壤的 pH 都是在较小的范围内略有波动，施肥浓度为 20% 的土壤波动范围小于其他的处理，分析认为是污泥堆肥中的有机物成分复杂，对土壤的 pH 有一定的缓冲作用。土壤 pH 的变化受到土壤固相成分（如有机质、不溶的碳酸化合物）的缓冲作用，这些成分和土壤中的液相成分可调节 pH 的平衡，当有酸性或碱性物质输入到土壤中时，这些缓冲剂就起到了很好的缓冲作用，将土壤 pH 恢复到最初的平衡条件，所以土壤 pH 的变化波动范围比预计的变化要小。

2. 城市污泥堆肥施用对土壤电导率的影响

不同施肥比例下土壤电导率随时间变化规律，如图 4-17 所示。

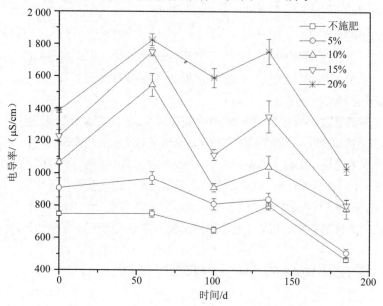

图 4-17　不同施肥比例下土壤电导率随时间变化

电导率（EC）是反映土壤中可溶性盐分含量的指标，是土壤的一个重要属性，可用来判定土壤中盐离子含量能否限制植物生长。施用城市污泥堆肥需要选择合适的剂量，充分利用污泥堆肥中的营养元素，同时规避土壤盐碱化的风险，因此需要考察施加城市污泥堆肥后土壤电导率值的变化，分析潜在的风险。

由图 4-17 可以看出，由于污泥堆肥本底的电导率值较高，施用污泥堆肥土壤的电导率明显随施用比例的提高而升高，但是不同施用比例土壤的电导率随时间呈现相似的变化规律。在 0~60 d 之间，污泥堆肥中易矿化的有机物快速地矿化分解，有机物转化成无机物，施用污泥堆肥土壤的电导率升高，施用比例为 15% 和 20% 的土壤电导率高于 1 500 μS/cm，这种高电导率会抑制作物的生长，有研究认为施用于土壤的肥料电导率值要低于 3 000 μS/cm。本试验中所用城市污泥堆肥的电导率值为 3 950 μS/cm，超过这个限值，因此施用污泥堆肥比例较高时就会引起土壤的电导率值过高，产生盐度风险。在 60~100 d

之间，电导率下降，土壤中发生无机离子的固定化过程，无机离子被土壤中微生物转化成有机物，施肥比例为 20%的土壤中，电导率仍然高于 1 500 μS/cm。在 100~135 d，土壤中的有机物出现了二次矿化，难矿化的有机物缓慢矿化分解，无机离子在土壤中缓慢累积，20%的施肥比例仍然存在潜在风险。135~185 d，土壤中的电导率呈现出明显的下降趋势，不施用污泥堆肥土壤与施肥比例为 5%的土壤没有显著差异，施肥浓度为 10%和 15%的两种处理土壤也没有显著差异，20%处理的土壤中电导率最高，但其处于一个相对安全的范围内，对作物生长抑制作用减弱，而且试验土壤没有种植植物，植物对土壤中可溶性离子的吸收也会降低土壤电导率值。综上所述，施用污泥堆肥后，存在一定的盐度累积风险，该风险随施肥后时间的延长会有所减弱；同时，控制适当的施肥比例，可以降低盐度累积风险。

4.3.2　不同形态氮在环境介质中的迁移转化规律

1. 氮素的迁移转化及其影响因素

氮是植物需要量最大的营养元素，其在土壤中的含量一般介于 0.002%~0.03%之间。土壤中的氮素有两大类形态，即有机氮和无机氮。在各种化学形态的土壤氮中，对植物有效的仅是其中一小部分，而植物能够直接吸收利用的氮往往不足全氮的 1%。土壤氮素是一种以生物来源为主的植物营养元素，在一般土壤中有机氮是占绝对优势的化学形态，也就是说土壤中的氮素绝大多数是贮藏在土壤有机质中的有机含氮化合物（如蛋白质、氨基酸、腐殖质、生物碱等），因此土壤含氮量与有机质含量有良好的相关性。土壤有机氮往往占全氮的 90%以上，氮除极少数简单形态外（如游离氨基酸，质量分数 1~2 μg/g），植物一般难以直接吸收利用，需经过矿化成无机氮后才能为植物所吸收。

土壤氮素转化及其影响因素有以下几个方面：

（1）生物固氮作用　通过固氮微生物将大气中的 N_2 转化为化合态氮，最后以生物有机氮的形式加入到土壤中而成为土壤氮。目前已发现有 70 多个属的微生物有固氮能力，主要为细菌类、放线菌类和蓝、绿藻类。这些微生物可能是好氧的或厌氧的，也可能是异养或自养的；可能是游离生活的，也可能是与植物共生的。通常，根据固氮微生物与高等植物的营养关系，可以把生物固氮作用分为自生固氮和共生固氮两种形式。

（2）有机氮的矿化作用　有机氮矿化作用的实质是土壤中的异养微生物以土壤含氮有机化合物（主要为蛋白质、氨基酸等）为能源，将土壤有机氮转变成 NH_3 或 NH_4^+ 等无机形态，即氨化作用；NH_4^+ 等可进一步在微生物的作用下转化为 NO_3^-，即硝化作用。土壤在适宜湿度（田间含水量的 60%~80%）、温度（30~40℃）、pH（中性至微碱性）条件下有利于氨化作用的进行。土壤有机质的含量也有较大影响，一般认为，当施入有机质的C/N＞30 时，氮的生物固定起主要作用；C/N 为 20~30 时，既没有 NH_4^+ 的净释放，也没有土壤中 NH_4^+ 的净生物固定；C/N＜20 时，通常有 NH_4^+ 的净释放。有关报道认为土壤有机氮的矿化率为每年 2%左右。而在通气良好、土壤含水量为饱和含水量的 50%~60%、温度在 25~30℃、pH 为 8.5 左右时硝化作用最为显著。另外，土壤中盐类总质量分数为1 000 μg/g 时较为适宜，当高于 4 000 μg/g 时，硝化作用受到抑制。

（3）土壤中氮的固定　土壤中有效氮（NH_4^+、NO_3^-）可通过微生物固定为有机氮、土壤矿物对 NH_4^+ 吸附和固定、土壤有机质（木质素、腐殖质等）对 NH_3 的固定以及 NH_4^+ 的化学沉淀等方式而被固定。

（4）土壤氮素的气态损失 土壤中的有效态无机氮主要通过 NH_3 挥发和 NO_3^- 或 NO_2^- 的反硝化作用，形成 N_2、N_2O、NO、NO_2 等而从土壤中逸失。在 pH>7.5、土壤缓冲能力低、碳酸钙含量高的土壤中 NH_3 的挥发损失就大。另外在植物生长良好时，土壤中 NH_3 的损失比无植物生长（或小苗过小、过稀）时要少得多。这是因为根系的较强烈吸收作用减少了土壤中 NH_3 的浓度，同时根系吸收 NH_4^+ 后排出氢离子，使土壤（尤其根际）pH 降低，不易挥发。反硝化作用的实质是 NO_3^- 的生物还原作用，所以多与土壤通气不良联系在一起。

（5）氮的淋洗损失 氮的淋洗损失包括向下层淋失、地表径流或排水带走等几种不同的方式，在多雨地区（或非多雨地区的雨量集中季节）和轻质土壤上比较严重。损失的氮素形态为硝态氮、氨态氮和部分可溶性的有机氮化合物，但往往以硝态氮为主。

土壤中各种来源的养分，除了在土壤内部发生一系列复杂的转化外，还以各种方式进行消耗。土壤养分的消耗主要是指植物从土壤中吸收的养分，土壤中随水下渗淋失的养分，土壤侵蚀流失带走的养分以及在转化过程中以气态形式从土壤中逸出的养分。土壤中养分的来源、转化、消耗等过程共同控制着整个土壤养分状况。对于污泥堆肥林业利用中氮的平衡和迁移转化过程，可以概括地用图 4-18 来表示。

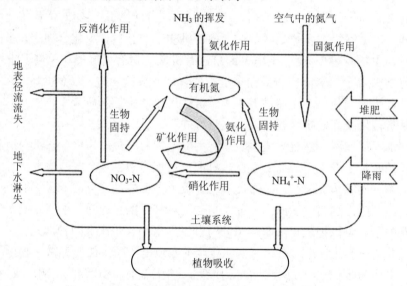

图 4-18 污泥堆肥林业利用中氮的迁移转化过程

2. 污泥堆肥中氮素在土壤中的矿化特征

1）氮矿化规律及动力学模拟

污泥堆肥中的氮素大部分是有机氮，污泥堆肥施入土壤后，污泥堆肥中的有机氮只有经过矿化作用，生成无机氮才能被植物吸收利用。污泥堆肥中氮素在土壤中的矿化特征可用以下公式表示：

土壤净矿化氮累积量=培养后无机氮含量−培养前无机氮含量

氮源中有机氮净氮累积矿化量=施肥处理土壤累积净矿化氮量−对照土壤累积净矿化氮量

氮源中净氮矿化释放率=（氮源中净氮累积矿化量/氮源中有机氮含量）×100%

氮源中有机氮矿化过程均用经典一级反应动力学模型模拟：

$$N_t = N_0(1 - e^{-k_0 t}) \tag{4-1}$$

式中，N_t——对应时间 t 的累积矿化氮量，mg/kg；

　　　　N_0——潜在可矿化氮量，mg/kg；

　　　　k_0——矿化一级反应速率常数；

　　　　t——累积时间。

利用土壤矿化培养实验所得数据，采用上式计算出不同条件下 N_0 和 k_0 值，结果如图 4-19、图 4-20 所示。

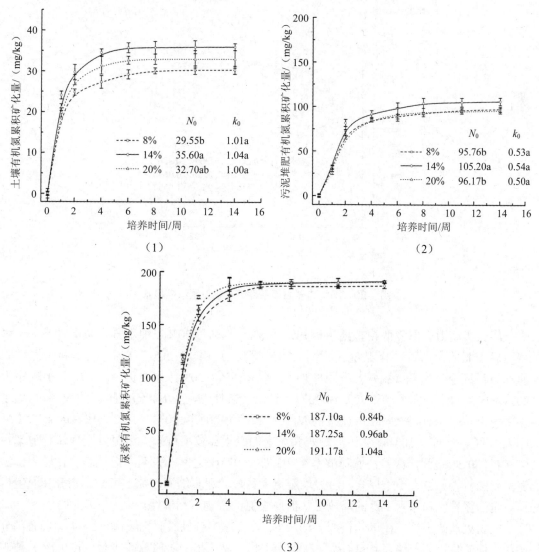

（1）

（2）

（3）

图 4-19　不同土壤水分条件下有机氮累积矿化量

注：图中同一列中不同小写字母表示差异显著（$p<0.05$），下同。

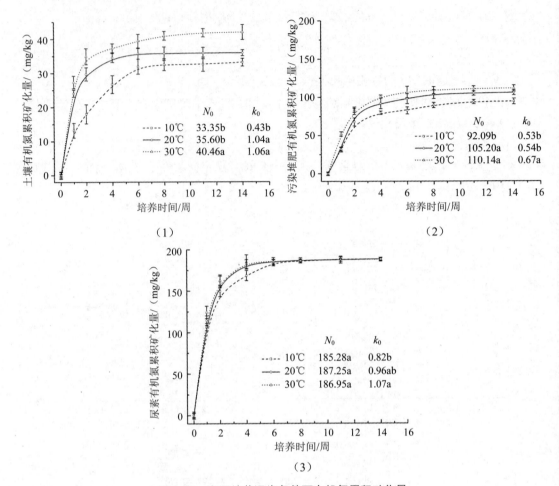

（1）　　　　　　　　　　　　　（2）

（3）

图 4-20　不同培养温度条件下有机氮累积矿化量

　　从一级动力学方程的模拟结果可知：在 8%、14% 和 20% 三种水分含量条件下，土壤和污泥堆肥的潜在可矿化氮量（N_0）大小顺序均为 14%＞20%＞8%，土壤和污泥堆肥的一级反应速率常数（k_0）大小顺序均为 14%＞8%＞20%，尿素的 N_0 和 k_0 大小顺序为 20%＞14%＞8%。在 10℃、20℃ 和 30℃ 三种温度条件下，土壤和污泥堆肥的 N_0 和 k_0 大小顺序均为 30℃＞20℃＞10℃，尿素的 N_0 大小顺序为 20℃＞30℃＞10℃，尿素的 k_0 大小顺序为 30℃＞20℃＞10℃。从污泥堆肥和尿素的氮素释放率可知，污泥堆肥净氮释放率在 67.9%～80.2% 之间，尿素净氮释放率在 93.7%～97.0% 之间，说明在短期培养试验中，污泥堆肥的氮素释放率小于尿素，污泥堆肥氮素释放较尿素缓慢。综上可知，水分和温度均能影响污泥堆肥和尿素中氮的释放，从而影响氮的生物可利用性。

　　空白处理的土壤，在培养初期（1～2 周），土壤中有机氮矿化较快，2～4 周仍有部分矿化，但矿化速率放缓，4～14 周逐渐趋于平稳，整个培养阶段只有少量（＜0.4%）被矿化。土壤中氮的矿化在长期的动态变化中处于一个平衡状态，当环境条件变化时，矿化量会出现变化，但仍处于较低的水平。短期矿化中氮矿化量与土壤有机质和有机氮含量有关，但与其他土壤性质的相关性不显著。短期培养试验中，土壤氮矿化主要来自易分解的氮，而这部分氮受土壤结构的保护作用弱，因此无法体现出土壤性质的影响。在较长期的氮素矿化过程中，土壤中难分解氮参与分解过程，这部分氮受土壤团聚体的保护作用强，因此长期的氮矿化量表现出受土壤质地和结构的影响。

施加污泥堆肥的土壤，在培养初期（1～2 周），是污泥堆肥中有机氮矿化释放的快速阶段，大约 50%的有机氮被矿化。在培养的 2～14 周，污泥堆肥中有机氮的矿化速率相对变缓，但仍有 20%左右的有机氮被继续矿化。到整个培养结束时，在 8%、14%、20%三种水分条件下，分别有 69.9%、76.2%、68.7%的有机氮被矿化，平均有 71.6%的有机氮被矿化（表 4-11）；在 10℃、20℃、30℃温度条件下分别有 67.9%、76.2%、80.1%的有机氮被矿化，平均有 74.7%的有机氮被矿化（表 4-12）。这可能是因为污泥堆肥中有机氮成分复杂，可分为易矿化部分和难矿化部分，较易矿化的有机氮在培养初期很快被矿化，而较难矿化的有机氮随着培养时间的延长和易矿化部分被矿化完全也逐渐被矿化。

表 4-11　不同土壤水分条件下污泥堆肥和尿素的净氮矿化释放率

氮源	含水量	培养时间/周						
	%	1	2	4	6	8	11	14
堆肥	8	21.67%cd	52.24%d	61.11%d	64.06%d	66.54%d	69.27%d	69.98%d
	14	23.05%c	58.68%c	66.06%c	70.55%c	74.81%c	75.52%c	76.22%c
	22	19.16%d	49.62%d	61.25%d	65.80%d	67.39%d	68.07%d	68.77%d
	平均	21.29%	53.52%	62.81%	66.80%	69.58%	70.95%	71.66%
尿素	8	50.56%b	79.30%b	88.68%b	93.57%ab	93.17%b	93.23%b	93.67%b
	14	57.23%ab	80.94%b	91.38%b	92.57%b	93.43%ab	93.74%ab	94.23%ab
	22	60.05%a	88.83%a	95.62%a	96.29%a	96.28%a	96.55%a	97.04%a
	平均	55.95%	83.02%	91.89%	94.14%	94.30%	94.51%	94.98%

注：表中同一列中不同小写字母表示差异显著（$p<0.05$）。

表 4-12　不同培养温度条件下污泥堆肥和尿素的净氮矿化释放率

氮源	温度	培养时间/周						
	℃	1	2	4	6	8	11	14
堆肥	10	22.77%e	48.80%d	57.34%e	59.54%d	64.54%c	67.57%d	67.93%c
	20	23.05%e	58.68%c	66.06%d	70.55%c	74.81%b	75.52%c	76.22%b
	30	37.39%d	60.27%c	72.49%c	76.77%b	78.47%b	79.88%b	80.15%b
	平均	27.74%	55.92%	65.29%	68.95%	72.61%	74.33%	74.76%
尿素	10	53.36%c	74.80%b	84.34%b	92.38%a	92.92%a	94.08%a	94.11%a
	20	57.23%b	80.94%a	91.38%a	92.57%a	93.43%a	93.74%a	94.23%a
	30	62.21%a	81.33%a	92.57%a	92.65%a	93.27%a	93.97%a	94.01%a
	平均	57.60%	79.02%	89.43%	92.53%	93.21%	93.93%	94.11%

注：表中同一列中不同小写字母表示差异显著（$p<0.05$）。

施加尿素的土壤，在培养初期（1~2周），超过80%的尿素发生水解作用而矿化。培养的2~14周尿素的矿化水解比较缓慢，只有大约10%的尿素被水解矿化。到整个培养试验结束时，在8%、14%、20%水分条件下分别有93.6%、94.2%、97.0%的有机氮被矿化，有机氮平均矿化率为94.9%（见表4-11）；在10℃、20℃、30℃温度条件下分别有94.1%、94.2%、94.0%的有机氮被矿化，有机氮平均矿化率为94.1%（见表4-12）。这可能因为尿素易溶于水，在培养初期尿素迅速水解矿化，而随着尿素的水解消耗，导致矿化过程放缓。

2）水分和温度对矿化作用的影响

在水分对矿化的影响研究中，氮的净矿化量受氮源种类、水分、培养时间的共同影响。不同氮源、水分和培养阶段，氮的释放表现出不同的规律。空白土壤的整个培养阶段，在8%~20%水分含量下，土壤中净氮矿化量随水分升高均先增加后降低，这表明土壤水分过高和过低均不利于土壤有机氮的矿化。一方面，土壤水分调节土壤中氧的扩散，在饱和持水量为50%~70%时，好氧微生物活性最强；另一方面，土壤水分较低时，可溶性物质的扩散减缓，进而抑制微生物的活性。因此，在一定含水量范围内，氮的矿化速率随水分含量的增加而增加。当超过这个范围时，氮的矿化速率反而降低，原因可能是土壤含水量较高时，土壤中溶解氧的含量下降，从而导致厌氧微生物如反硝化细菌的作用加强，使部分无机氮以气体形式散失。施加污泥堆肥的土壤中，污泥堆肥和土壤中有机氮的矿化表现出相似的规律。施加尿素的土壤中，在8%~20%水分含量下，尿素中有机氮净矿化量随水分含量增加而升高，主要是因为尿素易溶于水，尿素水解依赖于溶解在土壤中尿素的扩散。脲酶活性一般在接近土壤饱和持水量条件下是最强的，随着土壤水分减少而减弱。

在空白土壤中，整个培养阶段土壤有机氮的净矿化量随着温度的升高而增加（图4-20）。通过对土壤矿化动力学模拟可知，当温度为10℃、20℃、30℃时，氮矿化速率分别是0.43 mg/（kg·周）、1.04 mg/（kg·周）、1.06 mg/（kg·周），在14周培养结束后净氮矿化累积量分别为33.19 mg/kg、35.95 mg/kg、42.01 mg/kg。温度的升高能够引起土壤微生物群落结构的变化。Zogg等发现在温度5~25℃范围内，随着温度升高，微生物群落结构的变化能够相应地引起微生物呼吸作用的增强。因此，净矿化氮量随温度升高而增加的原因可能是一些物质在低温下不能够被代谢利用，但在高温下却能够被微生物分解利用，从而提高了有机氮的矿化作用。施加污泥堆肥土壤中，净氮矿化量随温度升高而增加。这与土壤有机氮矿化类似，并且温度的升高增加了污泥堆肥中潜在可矿化氮量（N_0），潜在可矿化氮量的增加也会导致矿化量增加。施加尿素土壤中，当温度为10℃时，尿素的分解在培养1~2周受到轻微抑制，但是尿素氮的释放率（>55%）仍然比污泥堆肥大，剩余尿素在培养4周后也几乎完全分解。脲酶活性的抑制和尿素溶解的减缓可能是温度较低时尿素分解率较小的原因。培养4~14周，尿素氮的释放量在不同温度之间没有明显的差异，到培养结束时，净氮释放率为94.0%~94.2%。整个培养阶段，温度对尿素的水解矿化影响较小，不同温度之间没有明显的差异，这与MacLean和McRae等的研究结果一致。

3）水分和温度对硝化作用的影响

有机氮通过矿化作用产生铵态氮，同时积累的铵态氮又会通过硝化作用产生硝态氮。

从土壤中铵态氮和硝态氮含量可以看出（表 4-13 和表 4-14），土壤有机氮被缓慢地矿化为铵态氮，随后发生硝化作用生成硝态氮。

表 4-13　不同水分条件下铵态氮和硝态氮净释放累积量　　　单位：mg/kg

氮源	水分 %	培养时间/周												
		1		2		4		6		8		11		14	
		NH_4^+	NO_3^-	NH_4^+	NO_3^-	NH_4^+	NO_3^-	NH_4^+	NO_3^-	NH_4^+	NO_3^-	NH_4^+	NO_3^-	NH_4^+	NO_3^-
土壤	8	12.6 e	7.2d	15.0e	9.8e	16.7f	10.6e	15.3e	13.9f	14.1d	16.0e	11.2c	19.1e	10.2c	20.1d
	14	15.2d	8.9d	18.8e	10.9e	20.8e	13.7d	18.1e	17.6e	15.8d	19.9e	14.2bc	21.7e	13.2bc	22.7d
	20	13.0 e	8.1d	17.4e	10.5e	18.1ef	13.3d	16.3e	16.4ef	14.2d	18.8de	13.5bc	19.5e	12.5bc	20.5d
堆肥	8	13.0 e	8.8d	27.0cd	45.7 d	39.3d	45.7c	33.7d	55.4c	31.4c	61.2c	11.5c	84.9d	11.5c	85.9c
	14	18.7 c	21.6b	30.8c	50.9 c	38.4d	53.4b	40.7c	57.4c	37.7b	66.3b	15.1c	89.9c	15.1b	90.9b
	20	13.1 e	13.5c	25.5d	43.5d	40.6d	44.6c	40.9c	50.5c	33.0c	60.6c	7.3d	87.3cd	7.3d	88.3b
尿素	8	35.5b	65.6a	52.9b	105.7b	68.7c	108.6a	75.8b	111.3a	82.2a	104.2a	84.5a	102.0b	83.5a	103.9a
	14	49.9a	64.5a	54.9b	107b	76.4b	106.4a	80.1a	105.1a	82.9a	104.1a	85.0a	102.6ab	85.0a	103.6a
	20	52.4a	67.7a	65.8a	111.8a	81.7a	109.6a	83.7a	108.8ab	85.5a	107.0a	87.2a	105.9a	87.2a	106.9a

注：表中同一列中不同小写字母表示差异显著（$p<0.05$）。下同。

表 4-14　不同温度条件下铵态氮和硝态氮净释放累积量　　　单位：mg/kg

氮源	温度 ℃	培养时间/周												
		1		2		4		6		8		11		14	
		NH_4^+	NO_3^-	NH_4^+	NO_3^-	NH_4^+	NO_3^-	NH_4^+	NO_3^-	NH_4^+	NO_3^-	NH_4^+	NO_3^-	NH_4^+	NO_3^-
土壤	10	8.3g	4.9f	10.1e	7.9f	14.4f	12.4f	16.5f	15.4e	14.4e	18.1e	11.1d	21.5e	10.9d	22.3e
	20	15.2f	8.9ef	18.9d	10.9ef	20.9e	13.7f	18.1e	17.6d	15.9e	19.9e	14.3cd	21.7e	13.3cd	22.7de
	30	17.0ef	10.3e	22.4d	12.5e	22.9e	14.4f	20.1e	19.3d	17.2e	23.8d	15.8e	26.0d	15.9c	26.1d
堆肥	10	17.4ef	6.0f	26.3c	41.6d	35.9d	43.8e	31.0d	51.8c	30.9d	58.8c	11.5d	82.4c	11.0d	83.4c
	20	18.7e	21.6d	30.7b	50.8c	38.4cd	53.4d	40.7c	57.4b	37.7c	66.3b	15.1c	89.9b	15.1c	90.8b
	30	26.3d	25.7c	33.0b	50.8c	41.6c	59.2c	45.1b	61.6 b	42.0b	67.1b	20.1b	90.9b	19.9b	91.5b
尿素	10	44.8c	61.9b	52.9a	96.7b	69.0b	99.7b	77.9a	106.9a	81.8a	104.0a	86.6a	101.6a	85.9a	102.4a
	20	49.9b	64.5b	54.9a	107.0a	76.3a	106.4a	80.1a	105.0a	82.8a	104.0a	84.9a	102.6a	84.9a	103.5a
	30	54.3a	70.1a	51.9a	110.8a	75.6a	109.6a	79.0a	106.3a	83.5a	103.1a	86.7a	101.3a	83.7a	104.3a

注：表中同一列中不同小写字母表示差异显著（$p<0.05$）。下同。

从表 4-13 可以看出，在 8%～20%水分含量范围内，整个培养阶段，土壤和污泥堆肥中硝态氮净释放累积量随水分含量升高整体上先增加后降低，尿素中硝态氮净释放累积量随水分含量升高，整体上呈增加趋势。当水分含量为 14%时，土壤和污泥堆肥中累积的硝态氮含量最大，当水分含量为 20%时，尿素中累积的硝态氮含量最大。这可能是由于污泥堆肥和尿素的性质不同，尿素主要通过水解作用产生铵态氮，水分越高增加了尿素的溶解和扩散，进而提高了铵态氮的浓度，有利于硝态氮的产生；而污泥堆肥则主要通过微生物活动，过高和过低的水分不利于硝化细菌的活动。土壤水分较低时通过减少 NH_4^+ 的溶解和细胞内水分抑制硝化细菌的活性。土壤水分较高时通过影响土壤中氧气的扩散，从而影响硝化细菌的呼吸作用。

从表 4-14 中可以看出，在 10～30℃温度条件下，整个培养阶段，土壤、污泥堆肥和尿素中硝态氮净释放累积量随温度升高整体上呈增加趋势。当温度为 30℃时，到培养结束时，无论是土壤、污泥堆肥和尿素中硝态氮的净释放累积量均达到最大值。温度的升高促进了硝化细菌的活性，有研究表明：硝化细菌的最大硝化作用发生在 25～35℃之间。

从表 4-13 和表 4-14 中也可以看出，施加污泥堆肥和尿素的土壤，通过矿化作用释放的铵态氮会通过硝化作用转化为硝态氮，造成硝态氮的累积效应。随着水分的增加和温度的升高硝态氮总体上呈增加趋势，硝态氮易淋溶损失，水分和温度的增加可能会引起硝态氮污染等环境问题。因此，建议施肥应尽量选择雨少和温度相对较低的季节。

4.3.3　不同形态磷在环境介质中的迁移转化规律

1. 施用污泥堆肥对土壤中各形态无机磷含量的影响

在土壤矿化培养试验的第 2、4、6、8、10、12、14 周，分别采集土壤样品，所测土壤中的无机磷形态含量与分布如图 4-21 所示。

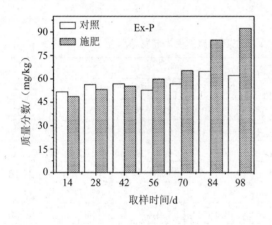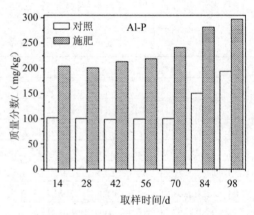
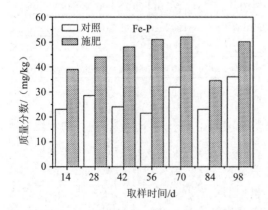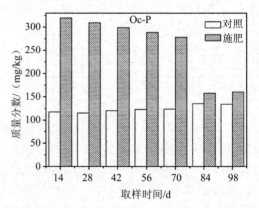

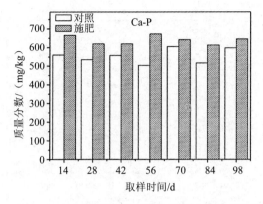
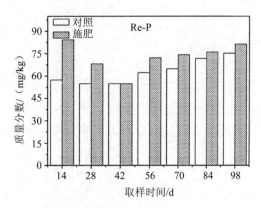

图 4-21　对照和施肥土壤中不同形态无机磷质量分数随时间变化分布

对照土壤中无机磷质量分数在 882.4～1 100.3 mg/kg 之间变化，施肥土壤中无机磷质量分数在 1 247.2～1 346.0 mg/kg 之间变化，施加污泥堆肥土壤中无机磷质量分数增加 18.2%～29.3%，平均增加 27.1%。

由图 4-21 可知，施加污泥堆肥后土壤中 Al-P、Fe-P、Oc-P、Ca-P、Re-P 含量均增加，随时间呈现不同的变化规律。施肥后土壤中 Ex-P 含量在 0～42 d 低于未施肥土壤，在 56～98 d 高于未施肥土壤，这是由于污泥堆肥本底中可交换态磷含量较土壤本底中低，但随培养时间的延长，其他形态磷会转化为可交换态磷，使施肥土壤中从第 56 天开始高于未施肥土壤。土壤中 Al-P 含量随培养时间延长逐渐增加，在第 84～98 天急剧上升，而 Oc-P 在第 84 天急剧下降，这是由于闭蓄态磷是以氧化铁和氧化铝胶膜包被的磷酸盐，其溶解度小，在没有除去其外层铁质包膜前，很难发挥其效用，而在第 84～98 天，闭蓄态磷释放出磷酸铝，使土壤中 Al-P 含量急剧上升。土壤中的 Ca-P、Re-P 随时间没有明显变化，主要是因为 Ca-P、Re-P 较稳定，在短期培养试验中很难发生转化。

2. 施用污泥堆肥对土壤中各形态有机磷含量的影响

土壤中有机磷形态含量与分布如图 4-22 所示。对照土壤中有机磷质量分数在 299.0～354.3 mg/kg 之间变化，施肥土壤中有机磷质量分数在 419.3～454.5 mg/kg 之间变化，施加污泥堆肥土壤中有机磷质量分数增加 18.7%～28.7%，平均增加 22.2%。

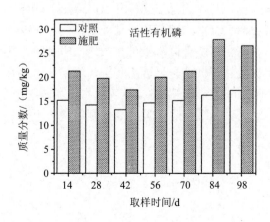
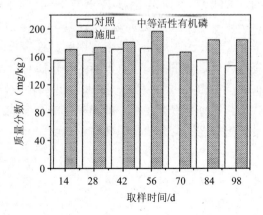

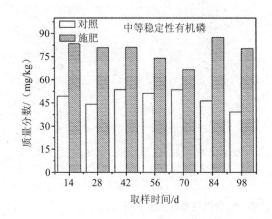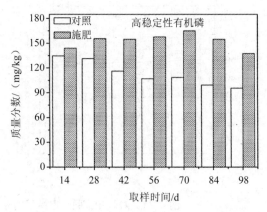

图 4-22　对照和施肥土壤中不同形态有机磷质量分数随时间变化分布

由图 4-22 可知，施加污泥堆肥后土壤中各形态有机磷含量均高于未施肥土壤，随时间呈现不同的变化规律。活性有机磷先降低后上升，可能是因为活性有机磷已转化为无机态磷，在 0～42 d 出现下降趋势，从第 42 天开始又上升，主要是因为这一时段土壤中稳定态有机磷转化为活性有机磷补充所致。土壤中有机磷含量大小次序：中等活性有机磷＞高稳定性有机磷＞中等稳定性有机磷＞活性有机磷，活性有机磷在土壤中只占很少的一部分，平均约为 4.77%。

3．土壤和不同形态无机磷以及有机磷之间的相关性分析

由表 4-15 可知，土壤中全磷和 Al-P（0.881，$p<0.01$）、Fe-P（0.908，$p<0.01$）、Oc-P（0.837，$p<0.01$）、Ca-P（0.894，$p<0.01$）、L-OP（0.786，$p<0.01$）、ML-OP（0.672，$p<0.01$）、MR-OP（0.889，$p<0.01$）、HR-OP（0.817，$p<0.01$）存在明显的正相关关系，说明施加污泥堆肥不仅可以增加土壤中全磷的含量，而且会增加土壤中各形态磷含量（Ex-P 和 Re-P 除外）。土壤 Ex-P 与 Al-P、L-OP 呈显著正相关，说明铝磷和活性有机磷与可交换性磷之间有一定的转化关系。土壤 Al-P 与 Fe-P、Ca-P、L-OP、ML-OP、MR-OP、HR-OP 呈显著正相关，与 Oc-P 呈正相关，这是由于闭蓄态磷是以氧化铁胶膜包被的磷酸盐，其溶解度小，在没有除去其外层铁质包膜前，很难发挥其效用，所以闭蓄态磷与铁磷的相关性大于铝磷。土壤 Fe-P 与 Oc-P、Ca-P、MR-OP 呈显著正相关，与 L-OP、ML-OP 呈正相关，与 Re-P 呈负相关。土壤 Oc-P 与 Ca-P、MR-OP、HR-OP 呈显著正相关，与 Re-P 呈显著负相关。活性有机磷与中等活性有机磷、高稳定性有机磷呈正相关，与中等稳定性有机磷呈显著正相关；中等活性有机磷与中等稳定性有机磷呈显著正相关，与高稳定性有机磷呈正相关；中等稳定性有机磷与高稳定性有机磷呈显著正相关。这表明在土壤磷库中，磷素各组分之间存在一定的相互影响与制约，而土壤各组分磷含量的高低则取决于土壤磷素各组分之间的分布状况和转化方向。

表 4-15　土壤中全磷和不同形态无机磷、有机磷之间的相关性分析

	TP	Ex-P	Al-P	Fe-P	Oc-P	Ca-P	Re-P	L-OP	ML-OP	MR-OP	HR-OP
TP	1	0.345	0.881**	0.908**	0.837**	0.894**	−0.548*	0.786**	0.672**	0.889**	0.817**
Ex-P		1	0.700**	0.318	−0.196	0.236	0.308	0.760**	0.350	0.334	0.140
Al-P			1	0.790**	0.525	0.732**	−0.171	0.932**	0.544*	0.757**	0.599*
Fe-P				1	0.760**	0.876**	−0.596*	0.618*	0.563*	0.680**	0.714**
Oc-P					1	0.738**	−0.687**	0.373	0.477	0.722**	0.742**
Ca-P						1	−0.740**	0.657*	0.534*	0.737**	0.674**
Re-P							1	−0.146	−0.331	−0.481	−0.581*
L-OP								1	0.552*	0.775**	0.574*
ML-OP									1	0.778**	0.647*
MR-OP										1	0.793**
HR-OP											1

注：**为显著性水平在 0.01；*为显著性水平在 0.05。

4.3.4　污泥堆肥林地施用后土壤氮、磷分布特征

1. 污泥堆肥林地施用后土壤氮的分布特征

1）污泥堆肥林地施用后土壤全氮分布特征

2011 年 4 月 28 日，银杏林和梅花林分别以条状沟施和环状施肥的方式施用了污泥堆肥。在不同采样时间，不同施肥量条件下，银杏林和梅花林土壤中全氮在不同土层中的含量分别如图 4-23 和图 4-24 所示。

从图 4-23 的监测数据来看，污泥堆肥通过沟施的方式施入银杏林地后，在一定程度上可以增加银杏林地土壤中全氮含量。不同施肥量下，银杏林土壤中全氮含量总体上随施肥量增大而增大。在不同土层中，土壤表层氮含量较高，深层土壤氮含量较低，呈现表层积累的现象。由于林地环境复杂，生物多样性较丰富，并且土壤具有一定的环境容量，因此施加污泥堆肥后土壤中总氮含量在时间梯度上呈现动态变化的特征。

从图 4-24 的监测数据来看，污泥堆肥通过环状施肥的方式施入梅花林地后，在施肥后的第 1 个月土壤中氮并没有明显的升高，但在随后的第 2～5 个月，土壤表层中的氮随施肥浓度呈现明显的升高趋势，这主要是因为梅花林采用的是环状覆土的施肥方式，而采样点位于样方的坡地，没有污泥堆肥的直接接触，刚开始污泥堆肥中的氮还没有迁移到坡底，第 2～5 个月污泥堆肥中的氮逐渐迁移到坡底，导致土壤中氮的含量升高。这也说明梅花林以环状覆土的方式施肥，一定程度上可以增加梅花林土壤中全氮含量。在不同土层中，梅花林土壤也是表层氮含量较高，深层土壤氮含量较低，呈现表层积累的现象。

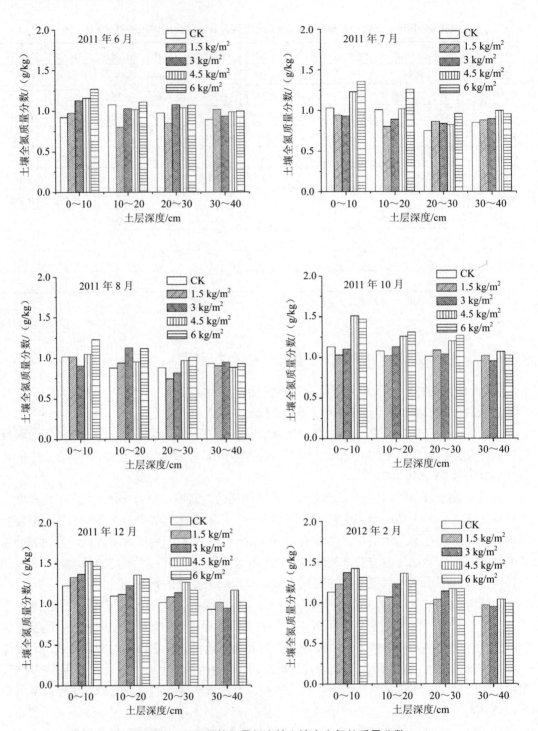

图 4-23 不同的施肥量银杏林土壤中全氮的质量分数

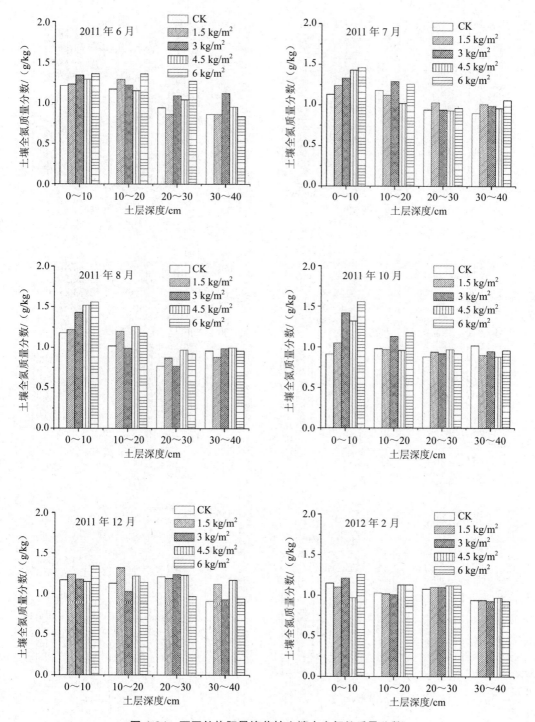

图 4-24　不同的施肥量梅花林土壤中全氮的质量分数

2）污泥堆肥林地施用后土壤铵态氮分布特征

铵态氮是可以直接为植物吸收利用的，它是速效性氮素。以银杏林为例，银杏林土壤中铵态氮的监测数据如图 4-25 所示。

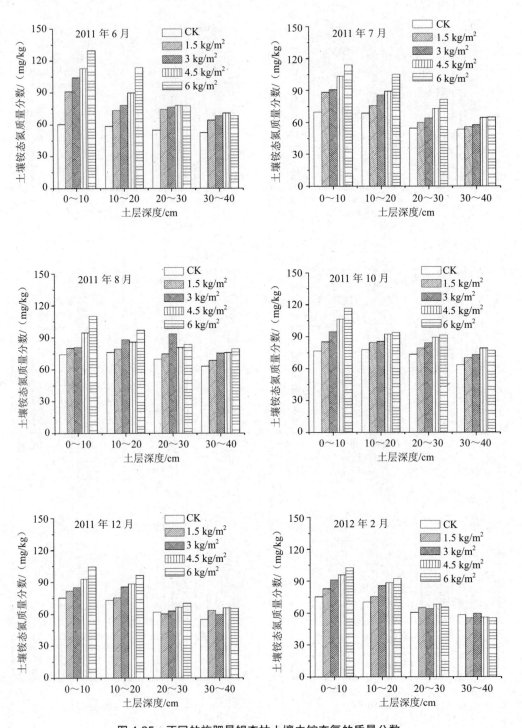

图 4-25　不同的施肥量银杏林土壤中铵态氮的质量分数

从图 4-25 可以看出，施加污泥堆肥后，银杏林地土壤中铵态氮含量均有所增加，随污泥堆肥施用量增加总体上呈递增趋势，特别是在表层土壤 0～10 cm 土层增加趋势明显，在 30～40 cm 土层略有增加。施加污泥堆肥 1 个月（2011 年 6 月）后，在 0～10 cm 土层

1.5 kg/m^2、3 kg/m^2、4.5 kg/m^2 和 6 kg/m^2 处理土壤铵态氮含量较对照（CK）处理分别增加 50.8%、72.6%、87.0% 和 114.7%，平均增长 81.3%；施加污泥堆肥 9 个月（2012 年 2 月）后，1.5 kg/m^2、3 kg/m^2、4.5 kg/m^2 和 6 kg/m^2 处理土壤铵态氮含量较对照（CK）处理分别增加 9.9%、20.9%、27.2% 和 36.0%，平均增长 23.5%。上述结果说明，刚施肥后土壤中氮主要积累在土壤表层，随着时间的延长，具有一个向下迁移的趋势。由监测数据还可以看出，1.5 kg/m^2、3 kg/m^2、4.5 kg/m^2 和 6 kg/m^2 处理土壤均呈现出随土层深度增大铵态氮含量递减的趋势，即 0～10 cm ＞10～20 cm ＞20～30 cm ＞ 30～40 cm 土层，可能是由于银杏林施肥主要以沟状施肥的方式，污泥堆肥主要集中在 0～20 cm 表层土壤中所致。

　　3）污泥堆肥林地施用后土壤硝态氮分布特征

　　硝态氮在土壤中一般含量很少，但它是植物能直接吸收利用的速效性氮素。土壤中硝态氮含量随季节的变化和植物不同生育阶段而有显著的差异。一方面硝态氮不易被土壤吸附，易遭淋失，所以雨量多的季节及植物生长旺盛期含量低；另一方面硝态氮含量与土壤通气状况也有密切的关系，通气好时硝态氮含量高，通气差时硝态氮含量低。以银杏林为例，土壤中硝态氮的监测数据如图 4-26 所示。

　　从图 4-26 可以看出，施加污泥堆肥后，银杏林地土壤硝态氮含量均有所增加，随污泥堆肥施用量增加总体上呈递增趋势，特别是在表层土壤 0～20 cm 土层增加趋势明显，在 30～40 cm 土层略有增加。2011 年 6—8 月土壤中的硝态氮含量较 2012 年 10 月—2013 年 2 月各土层硝态氮低，可能是因为施肥后的前 3 个月正处于植物生长旺盛期，消耗大量的硝态氮，同时这一时期雨水较多，并且进行了几次模拟地表径流试验，造成硝态氮淋溶损失。而后 6 个月进入秋季植物逐渐衰败，雨量减少，硝态氮又逐渐在土壤中累积。由监测数据还可以看出，1.5 kg/m^2、3 kg/m^2、4.5 kg/m^2 和 6 kg/m^2 处理土壤均呈现出随土层深度增大硝态氮含量递减的趋势，与铵态氮的变化趋势相一致。

2. 污泥堆肥林地施用后土壤磷的分布特征

　　1）污泥堆肥林地施用后土壤全磷分布特征

　　土壤全磷含量并不能作为土壤磷素供应的指标。这是因为土壤中的磷素大部分是以迟效性状态存在的，而且土壤中的有效性磷量与土壤全磷量往往并不相关，全磷量高时，并不意味着磷素供应充足。因此，了解土壤全磷含量对生产实践具有一定的参考价值。银杏林和梅花林土壤中全磷含量的监测数据分别如图 4-27 和图 4-28 所示。

　　从图 4-27 的监测数据来看，在 2011 年 6 月、7 月和 8 月这三个采样时间各土层中全磷含量没有明显变化，在 2011 年 10 月、12 月和 2012 年 2 月这三个采样时间表层土壤全磷含量明显大于底层，由于污泥堆肥中的磷较稳定，短时期内无法释放到土壤中，这一时期土壤表层全磷含量的增加，可能是因为施用污泥堆肥 6 个月后，其中的磷素开始缓慢地释放到土壤中所致。在不同采样时间，银杏林土壤中全磷含量呈现动态变化特征，分析认为除了施肥的原因外，还可能与植物不同生长季节对磷的利用情况有关。

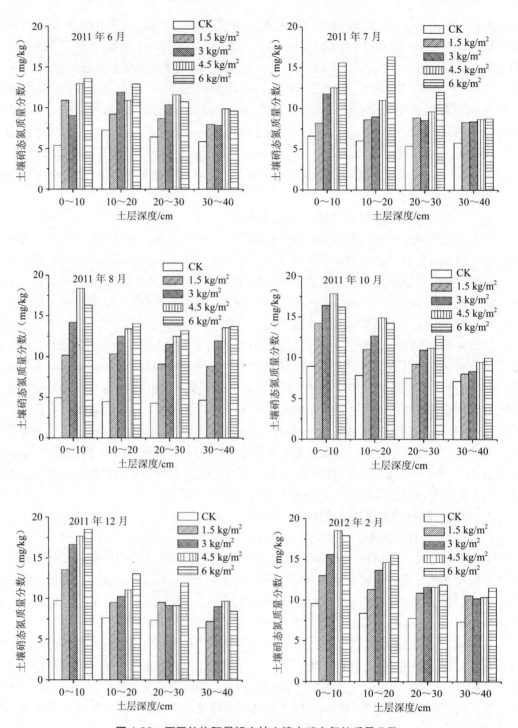

图 4-26　不同的施肥量银杏林土壤中硝态氮的质量分数

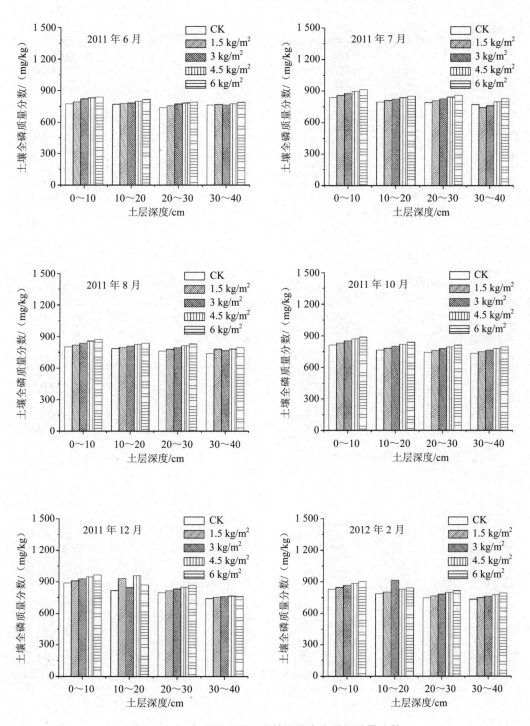

图 4-27　不同的施肥量银杏林土壤中全磷的质量分数

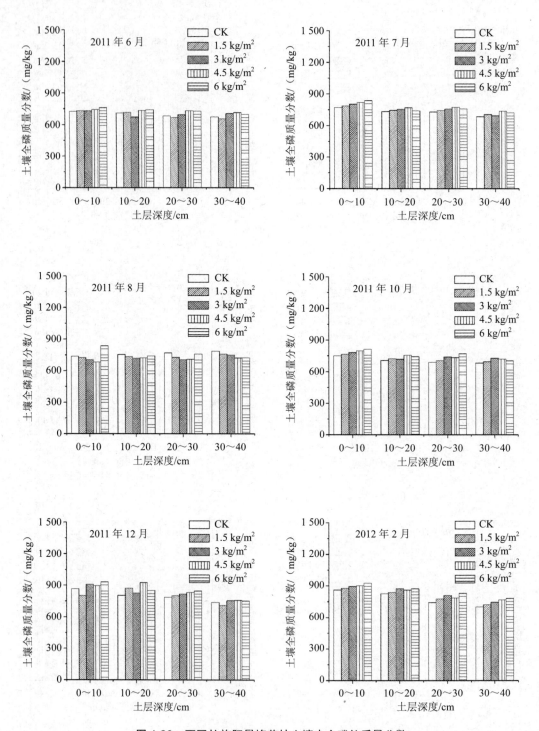

图 4-28　不同的施肥量梅花林土壤中全磷的质量分数

　　从图 4-28 的监测数据来看，在 2011 年 6 月、7 月和 8 月这三个采样时间各土层中全磷含量没有明显变化，在 2011 年 10 月、12 月和 2012 年 2 月这三个采样时间表层土壤全磷含量明显大于底层，原因应与银杏林地相同。

2）污泥堆肥林地施用后土壤有效磷分布特征

土壤有效磷，也称为速效磷，是土壤中可被植物吸收的磷组分，包括全部水溶性磷、部分吸附态磷及有机态磷，有的土壤中还包括某些沉淀态磷。了解土壤中有效磷的含量对施肥具有直接的指导意义。银杏林土壤中有效磷的监测数据如图 4-29 所示。

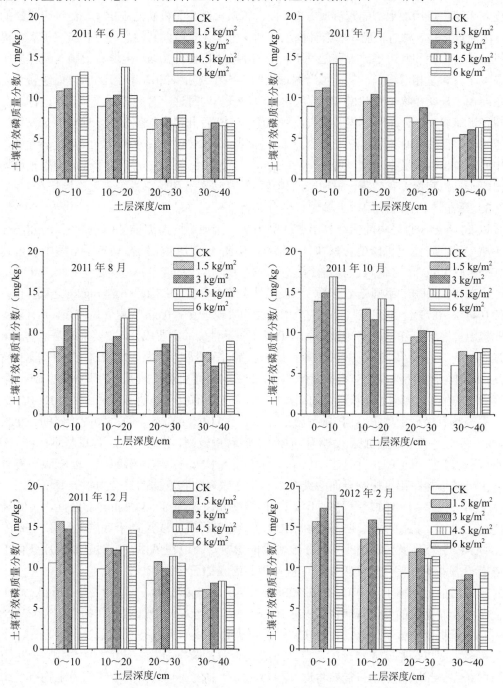

图 4-29　不同的施肥量银杏林土壤中有效磷的质量分数

从图 4-29 中可以看出，施加污泥堆肥后，银杏林土壤有效磷含量均有所增加。银杏林土壤有效磷含量随污泥堆肥施用量增加总体上呈递增趋势，特别是在 0~10 cm 土层增加趋势明显，在 30~40 cm 土层略有增加。施加污泥堆肥，能显著提高土壤有效磷含量，其原因在于：一方面污泥堆肥本身含有一定数量的磷，一部分磷容易被分解释放；另一方面污泥堆肥施入土壤后可增加土壤的有机质含量，而有机质可减少无机磷的固定，并促进无机磷的溶解。污泥堆肥是一种有机肥，增施有机肥有利于土壤无机磷向有效态转化，能够极大地提高无机磷的有效性和利用率。各施肥量下，0~10 cm 和 10~20 cm 土壤有效磷含量在施肥后的前 4 个月含量相对较低，从施加污泥堆肥的第 5 个月后（2011 年 10 月）开始缓慢上升。这主要由于夏季植物生长旺盛，吸收大量营养物质，同时这一时期降水较多，并进行了几次模拟径流试验，部分磷因淋溶而流失，从 2011 年 10 月开始进入秋季后，植物生长减缓，降水也较少，有效磷的利用和流失减少，部分其他形态磷转化为有效磷，导致有效磷含量在土壤中升高。由监测数据还可以看出，1.5 kg/m^2、3 kg/m^2、4.5 kg/m^2 和 6 kg/m^2 处理土壤均呈现出随土层深度增大有效磷含量递减的趋势，这与铵态氮和硝态氮的变化趋势基本一致。

3）污泥堆肥林地施用后土壤无机磷分布特征

以 2011 年 8 月采集的银杏林土壤样品为例，测得不同污泥堆肥施用量下 0~40 cm 深度土壤中不同形态无机磷的含量和分布情况，如图 4-30 所示。银杏林各层土壤中无机磷在 539.9~613.3 mg/kg 之间，大约占土壤总磷的 70%。

由图 4-30 可知，不同施肥量条件下银杏林土壤中 Ex-P 在 3.27~6.74 mg/kg 之间，仅占总磷的 0.44%~0.79%，不同施肥处理的土壤剖面均表现出 0~10 cm 表层含量较高，并且随污泥堆肥施用量增加 Ex-P 也相应地增加。Ex-P 是土壤活性磷的主要成分，主要来源是植物碎屑降解过程中从 Ca-P 和细胞释放出来的磷，所以在银杏落叶和杂草丛生的表层土壤中 Ex-P 含量较高。同时，城市污泥堆肥中本身含有一定量的 Ex-P，堆肥中其他形式的磷含量也较土壤高，污泥堆肥的施入，打破了土壤原有的磷素平衡，可能会有部分其他形态磷转化为 Ex-P。

银杏林各处理土壤中 Al-P 质量分数在 7.74~11.93 mg/kg 之间，仅占总磷的 1.05%~1.36%，各土层 Al-P 随施肥浓度略有增加，表层含量较高，其他各土层含量基本一样。Al-P 的形成一般是不可逆的，并且在中性 pH 值条件下形成的不溶态磷酸铝，能够吸附额外的磷。由于磷酸盐在铝氧化物表面的结合力小于在铁氧化物表面的结合力，一般情况下，土壤中 Fe-P 含量高于 Al-P。各处理土壤 Fe-P 质量分数在 21.8~33.9 mg/kg 之间，占总磷的 2.83%~3.86%，Fe-P 也表现出随施肥浓度增加略有升高，表层高于底层的现象。Fe-P 相对于 Al-P 更容易受到风化或氧化还原作用的影响，所以在风化较为明显或还原条件下，Fe-P 就会显得对周围环境尤为重要，被认为是潜在的可移动磷库。

施肥后的银杏林土壤中 Oc-P 在 233.0~274.7 mg/kg 之间，平均为 253.3 mg/kg，Oc-P 在土壤中没有明显的变化规律。Ca-P 在 263.6~296.0 mg/kg 之间，占总磷的 32.7%~36.5%，在所有的无机磷中含量最高，说明 Ca-P 是银杏林土壤中无机态磷的主要存在方式，土壤中无机磷主要以羟基磷灰石形式存在。Ca-P 在土壤持磷方面发挥着重要的作用，但是由于土壤中存在大量的微生物，能够将这种相对稳定、非生物有效性的磷转化为生物有效磷的形式，所以 Ca-P 是银杏林土壤的潜在磷源。银杏林土壤中五种形态无机磷的含量大小顺序大致为：Ca-P＞Oc-P＞Fe-P＞Al-P＞Ex-P。

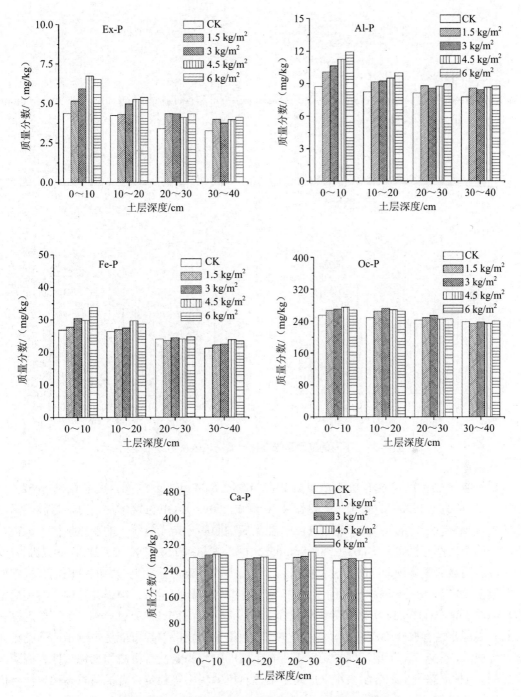

图 4-30 不同的施肥量银杏林土壤无机磷质量分数变化

4）污泥堆肥林地施用后土壤有机磷分布特征

以 2011 年 8 月采集的银杏林土壤样品为例，测得不同污泥堆肥施用量下 0～40 cm 深度土壤中不同形态有机磷的含量和分布情况，如图 4-31 所示。

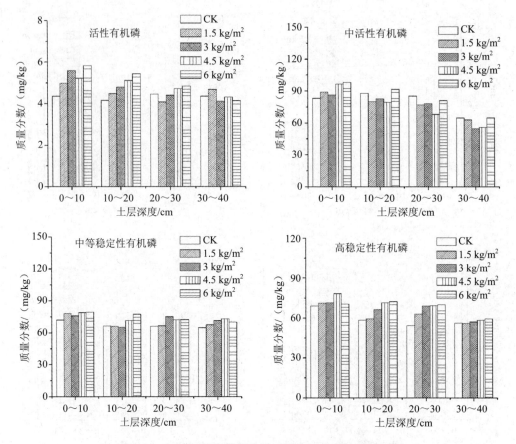

图4-31　不同的施肥量银杏林土壤有机磷质量分数变化

　　银杏林土壤中的活性有机磷质量分数在 4.08～5.84 mg/kg 之间，占总磷的 0.52%～0.67%，在所有形态磷中含量最低。由图 4-30 可知，表层 L-OP 浓度增加，可能是因为污泥堆肥中本身含有一定的 L-OP。深层 L-OP 在土壤剖面的分布没有统一的变化规律。银杏林土壤中的中活性有机磷在 54.63～98.14 mg/kg 之间，占总磷的 7.12%～11.27%，随施肥浓度增加没有明显的变化规律，但表层土壤略高于底层土壤。银杏林地土壤中的中稳定有机磷质量分数在 64.75～79.52 mg/kg 之间，占总有机磷的 8.04%～9.53%；银杏林土壤中的高稳定有机磷质量分数在 54.36～78.36 mg/kg 之间，占总有机磷的 7.13%～9.14%；中等稳定性有机磷和高稳定性有机磷均没有明显的变化规律，数据上的轻微差异可能是由于场地情况较为复杂造成的，不能确定施用污泥堆肥对银杏林土壤的中等稳定性有机磷和高稳定性有机磷产生影响。四种形态有机磷含量大小顺序为中活性有机磷＞中等稳定性有机磷＞高稳定性有机磷＞活性有机磷。

4.3.5　温室盆栽土壤中氮、磷含量变化规律研究

　　林地复杂的生态环境，加之外界气候、地质等环境条件均可能对土壤中氮、磷的形态分布产生影响。盆栽试验一般取耕层土壤做试验，作物只能从耕层土壤中吸收养分，而林地现场施肥试验作物不仅可以从耕作层吸收养分，还可从底土中吸收养分。温室盆栽试验易于人

为控制试验条件，如光照、温度、水分、养分等生长因素，受自然环境等不可控因素影响小于林地现场试验，因此试验因素的效应分析比较准确，但土壤养分的动态平衡和植物对养分的吸收情况均与林地现场条件有所不同，如果温室盆栽与林地现场试验相结合，既与生产条件接近又能提高研究深度。因此，为了考察城市污泥及污泥堆肥对土壤中氮、磷含量的影响，在北京林业大学科技园温室内进行了为期 15 周的温室盆栽试验，通过检测盆栽前后土壤中的有机质、氮、磷含量变化情况，研究施用城市污泥及污泥堆肥后林地土壤中营养物质含量的变化规律，并通过对比分析污泥和污泥堆肥对土壤氮、磷影响的差异。

1. 城市污泥及其堆肥施用比例对土壤中有机质含量的影响

土壤有机质是土壤中含碳的有机化合物，主要包括土壤中各种动物、植物残体，微生物体及其分解和合成的各种有机化合物。土壤有机质在土壤中发生复杂的矿质化和腐殖化过程，矿质化过程为植物和土壤微生物提供养分和活动的能量，但分解过快时会造成养分浪费，土壤肥力下降。腐殖化过程形成了稳定的腐殖质，储存养分，是土壤肥力的重要指标。有机质含量的多少基本可以反映土壤肥力的高低，可以起到改善土壤的物理性质，提高土壤保肥性和缓冲性，活化磷的作用。不同施肥比例土壤中有机质含量盆栽前后变化，如图 4-32 所示。

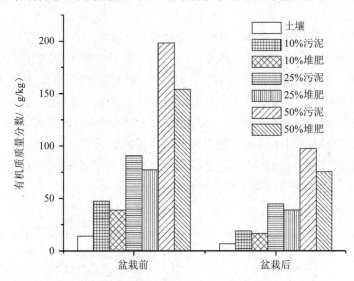

图 4-32　盆栽前后不同施用比例下有机质质量分数变化

城市污泥和污泥堆肥按 10%、25%、50%的比例施入土壤后，土壤中有机质含量明显升高，并且随着施肥比例增大而升高。城市污泥和污泥堆肥在同一施肥比例下，污泥比堆肥产品对土壤中有机质含量的影响更大。盆栽试验中种植高羊茅，通过 15 周的盆栽试验后，污泥和堆肥不同施用比例下有机质含量均降低，不施肥土壤中有机质含量降低了 53.05%，而10%、25%和 50%污泥和堆肥施用比例下有机质含量分别降低了 59.98%、50.57%、50.80%和56.80%、49.79%、50.91%。由此可见，低比例施肥可以增加土壤有机质的降解率。

2. 污泥及其堆肥施用比例对土壤中氮含量的影响

1）污泥及其堆肥施用比例对土壤中全氮含量的影响

不同施肥比例土壤中全氮含量在盆栽前后变化，如图 4-33 所示。

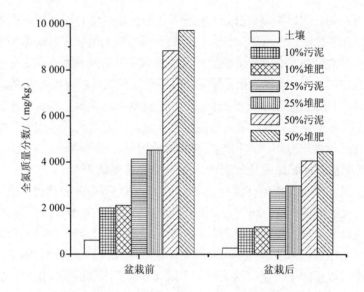

图 4-33 盆栽前后不同施用比例下全氮质量分数变化

污泥和堆肥产品按 10%、25%、50%的比例施入土壤后，土壤中全氮含量明显升高，并且随着施肥比例增大而升高。污泥和堆肥产品在同一施肥比例下，堆肥比污泥对土壤中全氮含量的影响更大。盆栽试验中种植高羊茅，通过 15 周的盆栽试验后，污泥和堆肥不同施用比例下全氮含量均降低，不施肥土壤中全氮含量降低了 55%，而 10%、25%和 50%污泥和堆肥施用比例下全氮分别降低了 43.91%、33.98%、53.99%和 44.11%、33.79%、54.21%。

2）污泥及其堆肥施用比例对土壤中铵态氮含量的影响

污泥及堆肥中含有大量的铵态氮，施入土壤会对土壤铵态氮含量产生影响。盆栽试验前后，不同施肥比例土壤中铵态氮含量变化，如图 4-34 所示。

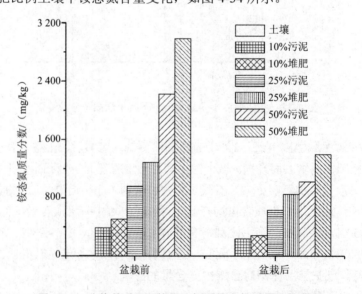

图 4-34 盆栽前后不同施用比例下铵态氮质量分数变化

污泥和污泥堆肥按 10%、25%、50%的比例施入土壤后，土壤中铵态氮含量明显升高，并且随着施肥比例增大而升高。污泥和污泥堆肥在同一施肥比例下，污泥堆肥比污泥对土壤中铵态氮含量的影响更大。盆栽试验中种植高羊茅，植物不能直接利用铵态氮，需经过硝化作用转化为硝态氮。通过 15 周的盆栽试验后，污泥和污泥堆肥不同施用比例下铵态氮含量均降低，不施肥土壤中铵态氮含量降低了 36.38%，而 10%、25%和 50%污泥和污泥堆肥施用比例下铵态氮分别降低了 38.88%、34.04%、53.99%和 44.00%、34.12%、53.31%。说明施用污泥和污泥堆肥后的土壤中，铵态氮发生了明显的硝化作用，并且硝化作用消耗的铵态氮大于矿化作用生成的铵态氮。

3）污泥和堆肥产品施用比例对土壤中硝态氮含量的影响

污泥和污泥堆肥中含有的硝态氮只占总氮的很小一部分，但有机氮和铵态氮会通过矿化和硝化作用转化为硝态氮。盆栽试验前后，不同施肥比例土壤中硝态氮含量变化，如图 4-35 所示。

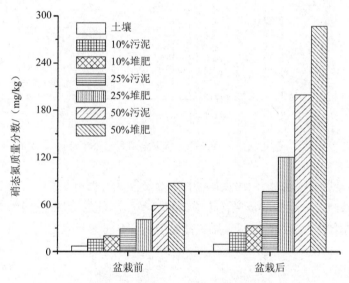

图 4-35　盆栽前后不同施用比例下硝态氮质量分数变化

污泥和污泥堆肥按 10%、25%、50%的比例施入土壤后，土壤中硝态氮含量略有升高，并且随着施肥比例增大而升高。盆栽试验中种植高羊茅，通过 15 周的盆栽试验后，污泥和污泥堆肥不同施用比例下硝态氮含量均增加，不施肥土壤中硝态氮含量升高了 40.00%，而 10%、25%和 50%污泥和污泥堆肥施用比例下，硝态氮分别升高了 54.00%、163.22%、238.83%和 62.97%、192.94%、230.71%，说明施用污泥和污泥堆肥产品后的土壤中发生了明显的硝化作用，导致硝态氮的含量大幅升高。

3. 污泥及其堆肥施用比例对土壤中磷含量的影响

1）污泥及其堆肥施用比例对土壤中全磷含量的影响

盆栽试验前后，不同施肥比例土壤中全磷含量变化，如图 4-36 所示。

无论是污泥，还是污泥堆肥均使土壤中的全磷含量显著提高，而且其含量随施用比例增大而升高。这主要是因为污泥和污泥堆肥中均含有大量的磷素，污泥和污泥堆肥按一定比例施入土壤必然引起全磷含量的升高。盆栽试验中种植高羊茅,通过 15 周的盆栽试验后,污泥和污泥堆肥不同施用比例下全磷含量均降低,不施肥土壤中全磷含量降低了 30.25%,而 10%、25%和 50%污泥和污泥堆肥施用比例下,全磷分别降低了 22.63%、27.43%、13.50%、33.39%、19.11%和 15.07%。磷的降低一方面是由于植物的吸收利用,另一方面有可能是在浇水过程中出现了磷的淋溶损失。

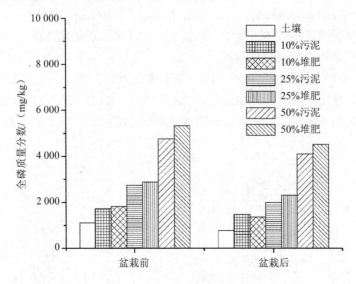

图 4-36　不同施肥比例下全磷质量分数变化

2)污泥和堆肥产品施用比例对土壤中有效磷含量的影响

土壤中的磷经过一系列的反应,生成溶解度越来越低的含磷化合物,磷在土壤中存留时间越长,对植物的有效性就越低。盆栽试验前后,不同施肥比例土壤中有效磷含量变化,如图 4-37 所示。

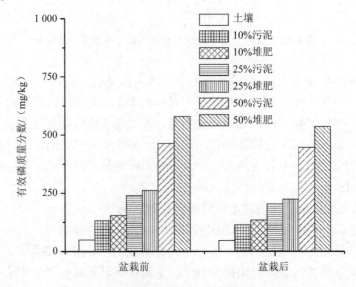

图 4-37　不同施肥比例下有效磷质量分数变化

从图 4-37 可以看出，无论是污泥，还是污泥堆肥均使土壤中的有效磷含量显著提高，而且其施用比例与土壤中的有效磷含量呈正相关。因此，污泥和污泥堆肥均可以提供植物生长所需的磷源，而且可以显著增加土壤中有效磷的含量。盆栽试验中种植高羊茅，通过 15 周的盆栽试验后，污泥和污泥堆肥不同施用比例下有效磷含量均有所降低。不施肥土壤中有效磷含量降低了 4.76%，而 10%、25%和 50%污泥和污泥堆肥施用比例下，有效磷分别降低了 13.68%、14.94%、3.27%、12.72%、14.22%和 7.48%，明显高于对照。有效磷的减少有三方面的原因：一是高羊茅吸收利用了一部分有效磷；二是盆栽试验过程中经常浇水导致部分磷素淋溶流失；三是磷在土壤中逐渐形成难溶性磷，有效性降低。

3）污泥及其堆肥施用比例对土壤中无机磷含量的影响

在盆栽试验中，研究了污泥与污泥堆肥不同施用比例条件下，土壤中各形态无机磷含量的变化情况。以施用污泥堆肥后第 15 周的土壤样品为例，结果如图 4-38 所示。

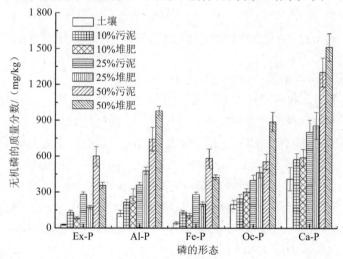

图 4-38　污泥与堆肥不同施用比例对土壤各形态无机磷质量分数影响

由图 4-38 可知，施加城市污泥和污泥堆肥后，土壤中各形态无机磷含量均有所增加，且与施用比例呈正相关。在同一施肥比例下，施加城市污泥的土壤中 Ex-P 和 Fe-P 含量大于施加污泥堆肥的土壤，然而施加城市污泥的土壤中 Al-P，Oc-P 和 Ca-P 含量小于施加污泥堆肥的土壤。由于土壤对磷具有一定的持留能力，因此土壤中的磷一般会被固定在土壤中，但当施肥浓度过高时，各形态磷含量升高，磷浓度超过了土壤的持留能力，就会增加土壤中磷的流失风险。

4）污泥与堆肥施用比例对土壤中有机磷含量的影响

在盆栽试验中，同时研究了污泥与堆肥不同施用比例条件下，土壤中各形态有机磷含量的变化。以施用污泥堆肥后第 15 周的土壤样品为例，结果如图 4-39 所示。

从图 4-39 可知，施加城市污泥和污泥堆肥后，土壤中各形态有机磷含量均有所增加，且随着施用比例的提高而增加。同一施肥比例下，施加城市污泥的土壤中的活性有机磷（L-OP）和中活性有机磷（ML-OP）、中稳定有机磷（MR-OP）和高稳定有机磷（HR-OP）含量均小于施加污泥堆肥的土壤。

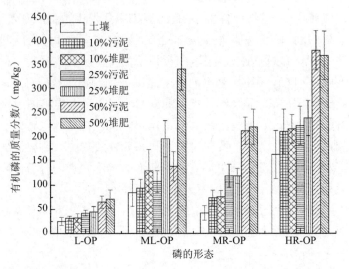

图 4-39　污泥及其堆肥不同施用比例土壤各形态有机磷质量分数

5）城市污泥和污泥堆肥中磷在土壤中的形态转化

为了研究城市污泥和污泥堆肥中的磷在为期 15 周的盆栽试验中是如何转化的，通过盆栽前后土壤中不同形态磷的增量关系，计算出了磷的转化量。

城市污泥和污泥堆肥中的磷在土壤中的转化关系可通过以下公式计算：

$$netP = P_{施肥土壤} - P_{对照土壤}$$

$$磷的变化量 = netP_{第15周} - netP_{第1周}$$

式中：netP 为净磷增量，指因施用污泥和污泥堆肥土壤中增加的磷含量。

以城市污泥和污泥堆肥施用比例 50%为例，计算城市污泥和污泥堆肥中的磷在土壤中的变化量，其变化关系如图 4-40 所示。

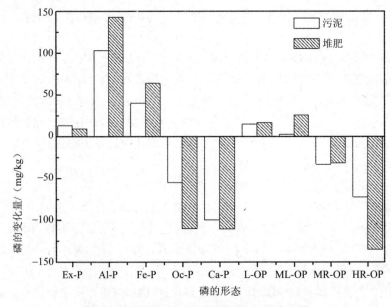

图 4-40　城市污泥和污泥堆肥中磷的变化量

由图 4-40 可以看出，城市污泥和污泥堆肥中 Ex-P、Al-P、Fe-P、L-OP 和 ML-OP 五种形态磷含量升高，同时 Oc-P、Ca-P、MR-OP 和 HR-OP 四种形态磷含量降低，说明城市污泥和污泥堆肥施用到土壤中后磷具有向易变性磷转化的趋势，易变性磷更容易随地表径流流失或向地下水中迁移，从而增加了土壤中磷的流失风险。由于 Ex-P 最容易流失，与城市污泥相比，施加污泥堆肥土壤中 Ex-P 随时间增加相对较小，说明城市污泥经堆肥处理后，一定程度上降低了磷流失风险。

4.4　重金属在环境介质中的迁移转化规律

堆肥后的污泥具有养分含量高，重金属稳定等优点，但是由于施用后的不确定性，引入土壤中的重金属仍然存在一定的环境生态风险。而选择林地作为污泥堆肥的施用场所，既能改变部分贫瘠土壤的理化性质和养分含量，还能避开食物链，降低重金属对人类的危害，是污泥资源化利用较为合理和有效的途径。然而，在复杂的森林生态系统中，植物、土壤、水体等环境要素是紧密相连、密不可分的，污泥堆肥施用后，重金属能否在不同的环境介质中迁移转化，会不会对土壤和水体造成污染，这些问题制约着污泥堆肥的有效利用，需要进一步研究。

本研究在鹫峰国家森林公园选取三块试验场地，并于北京林业大学研发温室进行了两轮草坪草盆栽试验。

污泥堆肥及各试验场地土壤本底中重金属的含量，如表 4-16 所示。

表 4-16　污泥堆肥及土壤本底重金属质量分数

	Zn/(mg/kg)	Cu/(mg/kg)	Pb/(mg/kg)	Cd/(mg/kg)	Cr/(mg/kg)	Ni/(mg/kg)	As/(mg/kg)	Hg/(mg/kg)
堆肥	744.1±8.7	102.1±5.2	17.4±1.6	0.5±0.1	66.9±3.7	18.1±1.2	9.6±2.4	9.9±0.3
银杏林	88.3±2.6	18.2±1.3	21.4±0.9	0.2±0.1	24.6±2.7	16.7±1.5	5.9±2.1	1.4±0.1
梅花林	73.9±3.5	10.2±1.8	10.9±1.7	0.3±0.1	23.8±3.3	21.4±0.9	2.1±0.5	0.1±0.1
盆栽一	45.8±0.3	15.1±0.7	10.2±1.6	0.1±0.1	20.1±2.9	19.8±0.8	4.8±1.2	0.2±0.1
盆栽二	44.3±3.3	14.8±2.1	12.5±1.4	0.1±0.1	21.7±3.2	18.6±1.1	4.3±0.9	0.1±0.1
标准 1[a]	<500	<400	<500	<1.0	<300	<200	<40	<1.5
标准 2[b]	<3 000	<1 500	<1 000	<20	<1 000	<200	<75	<15

注：a《中华人民共和国土壤环境质量标准》（GB 15168—1995），三级。
b《城镇污水处理厂污泥处置 林用泥质标准》（CJ/T 362—2011）。

4.4.1　污泥堆肥中重金属在林地土壤中的积累与迁移

1. 重金属在银杏林土壤中的积累

以沟施的方式在银杏林内施用污泥堆肥后，8 种重金属在不同土层中的积累量，如图 4-41～图 4-48 所示。

1）锌（Zn）

Zn 是污泥堆肥中含量最高的重金属元素，从图 4-41 的监测数据来看，土壤中的 Zn 并没有因为污泥堆肥的施用而发生明显的积累，而是在一定范围内波动。以施肥量为 6 kg/m^2 的样方为例，在一年的监测期内，样方土壤中的 Zn 质量分数介于 64.83～93.88 mg/kg，而未施用污泥堆肥的样方，其土壤中 Zn 质量分数的最小值和最大值分别为 65.96 mg/kg 和 94.31 mg/kg，没有明显差异。

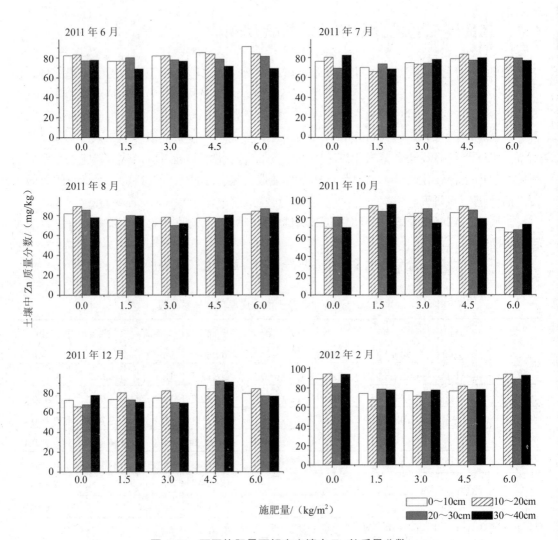

图 4-41 不同施肥量下银杏土壤中 Zn 的质量分数

施肥后第一次采样监测（2011 年 6 月）的结果显示，随着土层深度的增加，土壤中 Zn 的含量有减少的趋势，而之后的 5 次采样监测，这一减少趋势消失。说明采用条状沟施的施肥方式，污泥堆肥在施用前期增加了表层土壤中 Zn 的含量，之后随着时间的延长，Zn 在土壤中不断迁移、扩散，使其在不同土层深度中的分布变得更加均匀，但没有出现明显的向深层土壤迁移的趋势。

2）铜（Cu）

银杏林中 Cu 的质量分数基本保持在 20 mg/kg 左右（图 4-42），既不随施肥量的增加而明显增大，也未随时间的延长而出现明显的增加或减少。在全年的监测数据中，Cu 质量分数大于 25 mg/kg 的情况仅出现过 2 次，分别是 2011 年 8 月施用污泥堆肥 6 kg/m² 的 10～20 cm 土壤样品和 2012 年 2 月施用污泥堆肥 6 kg/m² 的 20～30 cm 土壤样品，这一结果说明，虽然土壤中 Cu 的含量不随施用量的增加而发生明显的积累效应，但在较高的施用量下，土壤中检测到高含量 Cu 的概率有所增加。

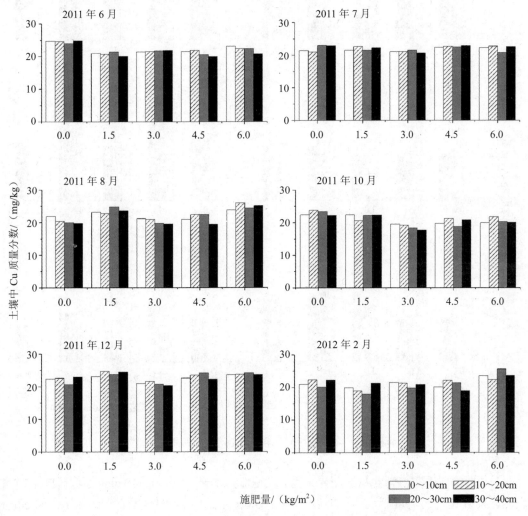

图 4-42　不同施肥量下银杏土壤中 Cu 的质量分数

3）铅（Pb）

从图 4-43 可知，银杏林土壤中 Pb 的含量较 Zn 和 Cu 两种重金属的变化幅度略大。在所有采集的土壤样品中，Pb 的最大质量分数为 33.98 mg/kg，最小质量分数为 16.38 mg/kg，变化幅度达到了 107%。但是这种变化并不是因为污泥堆肥的施用引起的，如在 2011 年 8 月，不同污泥堆肥施用量的样方中 Pb 的含量基本相同；再如在 2012 年 2 月，污泥堆肥施用量为 1.5 kg/m² 的样方土壤中 Pb 的含量明显高于其他污泥堆肥施用量下的土壤，说明在整个银杏林场地内，Pb 的分布很不均匀，在采样点设置较少的情况下，很容易出现这种大幅度波动的监测结果。

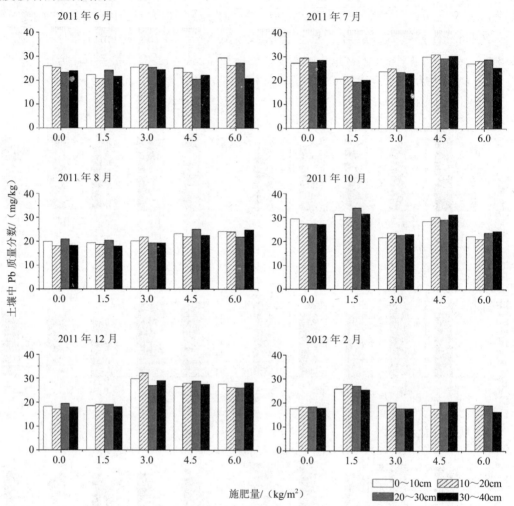

图 4-43　不同施肥量下银杏土壤中 Pb 的质量分数

从不同的土层中 Pb 含量的差异来看，在施肥后的一个月，0～10 cm 土壤中 Pb 的含量较高，而在施用污泥堆肥近一年之后，10～30 cm 土层中的 Pb 含量普遍大于 0～10 cm 土层，说明污泥堆肥中的 Pb 有缓慢向深层土壤迁移的趋势。

4）铬（Cr）

分析银杏林土壤中 Cr 含量特征发现，除 2011 年 12 月外，其余 5 次土壤样品中没有出现 Cr 含量随污泥堆肥施用量增加而升高的规律（图 4-44），推测第五次采样时出现的 Cr 含量随施肥量增加不断上升的趋势可能是采样误差等偶然因素造成的。

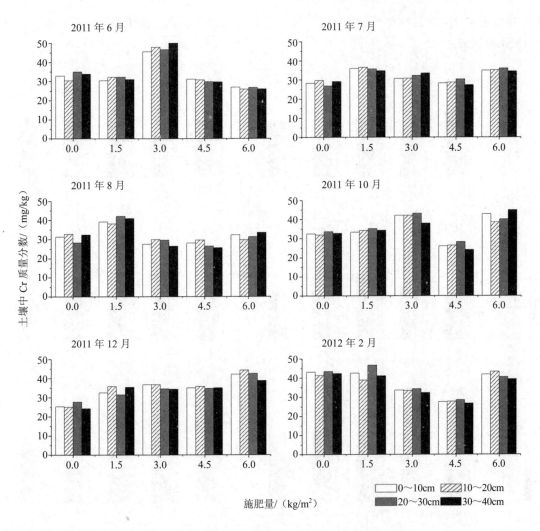

图 4-44 不同施肥量下银杏林土壤中 Cr 的质量分数

从土壤中 Cr 含量随时间的变化上看，可能有其他 Cr 源影响银杏林场地。这一点在不施肥样地最为明显。在前 5 次采集的土壤样品中，不施肥样方的 Cr 平均质量分数分别为 32.96 mg/kg、28.42 mg/kg、31.14 mg/kg、32.64 mg/kg 和 25.57 mg/kg，变化幅度较小，而在 2012 年 2 月采样时，不施肥样方的 Cr 平均质量分数升高到了 42.50 mg/kg，增长了近 40%，说明土壤中的 Cr 分布极不均匀，或者是有其他来源的 Cr 进入了试验场地的土壤中。这也解释了 2011 年 6 月施用量 3 kg/m^2 的样方中 Cr 含量显著高于其他施肥样方的现象。

5）镍（Ni）

从图 4-45 可以看出，银杏林地土壤中 Ni 的质量分数介于 10~25 mg/kg，除 2011 年 8 月和 12 月两次的监测数据外，其他时间采集的土壤样品中 Ni 的含量没有随污泥堆肥施用量增加而增加的变化趋势。由表 4-16 可知，污泥堆肥中 Ni 的质量分数比银杏林土壤本底中 Ni 的质量分数只高出 2 mg/kg，可以认为没有明显的差别，因此判断这两次的监测结果只是土壤中 Ni 含量波动变化的一种表现形式，并不能说明高污泥堆肥施用量导致了土壤中 Ni 的积累。

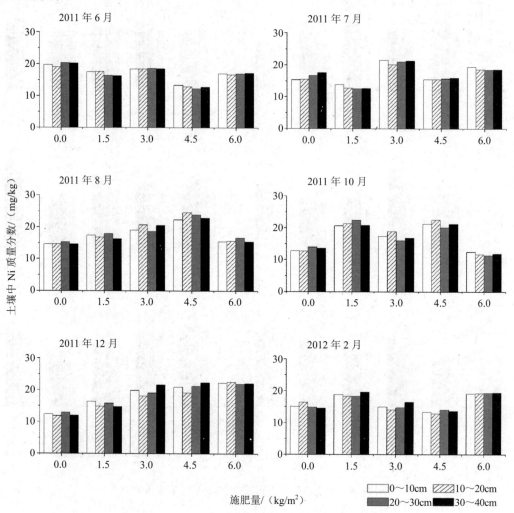

图 4-45　不同施肥量下银杏林土壤中 Ni 的质量分数

另外，从不同土层中 Ni 的含量来看，银杏林地土壤中 Ni 的纵向分布比较均匀，以 2012 年 2 月施肥量 6 kg/m² 的样方为例，其四个不同深度的土层中 Ni 的含量基本相同，说明污泥堆肥施用后，含量相对略高的位置上的 Ni 容易向低含量处迁移，最终使不同土层中的 Ni 达到同一含量水平。

6）镉（Cd）

Cd 是毒性较高的一种重金属，对人体肾、肺、肝、骨等多种器官具有低含量高影响的特点，国际抗癌联盟（IARC）于 1993 年将 Cd 定义为 I_A 级致癌物。本研究中所用的污泥堆肥产品中 Cd 含量较低。污泥堆肥施用于林地后，土壤中 Cd 的质量分数均在 0.15～0.28 mg/kg 的范围内变化（图 4-46），满足《土壤环境质量标准》（GB 15618—1995）中规定的，保证农林业生产和植物正常生长的 1.0 mg/kg 的限值要求。而且土壤中 Cd 的含量没有随着污泥堆肥施用量增加而升高的趋势,说明在本研究条件下,污泥堆肥的施用不会产生重金属 Cd 在土壤中累积的危害。

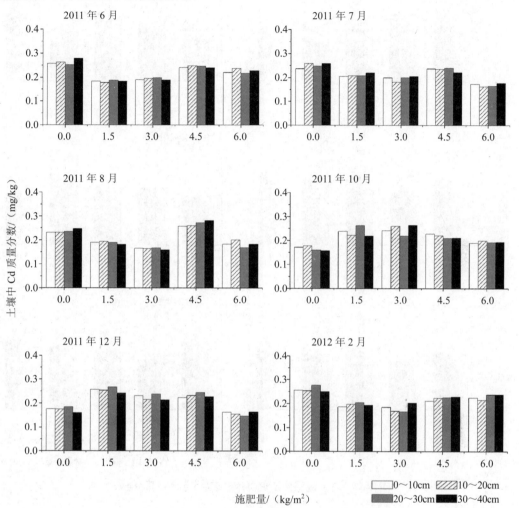

图 4-46 不同施肥量下银杏土壤中 Cd 的质量分数

7）砷（As）

银杏林土壤中 As 的质量分数在 4.7~8.2 mg/kg 较小范围内波动（图 4-47），在六次监测中,既有如 2011 年 6 月,土壤 As 含量随污泥堆肥施用量的增加而减小的情况,又有如 2011 年 10 月,土壤 As 含量随污泥堆肥施用量的增加而增大的情况,说明污泥堆肥的施用与银杏林地土壤中 As 的积累无明显相关性。

本研究中,银杏林地土壤中只有不到 20%的采样点表现出了表层土壤 As 含量高于底层的情况,说明污泥堆肥的施用对 As 在土壤中含量的分布影响较小。

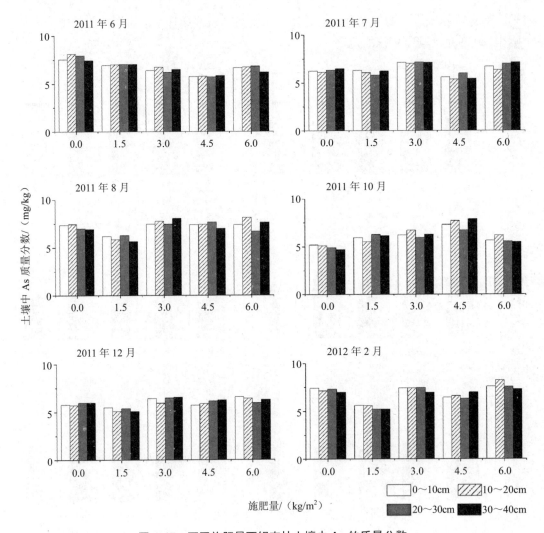

图 4-47　不同施肥量下银杏林土壤中 As 的质量分数

8）汞（Hg）

由于本研究所使用的污泥堆肥具有 Hg 含量相对较高的特点，再加上银杏林地土壤本底中 Hg 的含量也很高，所以从 6 次的监测结果来看，土壤中 Hg 的含量与 1.5 mg/kg 的土壤环境质量 III 级标准限值接近（图 4-48），甚至有两次监测结果超过了该标准值，分别是 2011 年 6 月污泥堆肥施用量 3 kg/m² 样方中 30～40 cm 深土壤和 2011 年 8 月污泥堆肥施用量 6 kg/m² 样方中 10～20 cm 深土壤，说明在土壤本底 Hg 含量较高的土壤中施用污泥堆肥，有可能导致土壤中 Hg 含量的积累，出现 Hg 含量超标的现象。

对比不同污泥堆肥施用量的样方特征发现，3 kg/m² 施用量的样方在第一次采样时平均 Hg 含量最高，而后面 5 次采样时有 4 次在该样方中测到了 Hg 含量的最低值。推测是由于场地条件不完全一致，在 3 kg/m² 施用量的样方内，存在某种特殊因素，如土壤表层孔隙度偏大或土壤中还原性物质较多等，使其中的 Hg 有更快的挥发速率，因此在前期 Hg 含量较高的情况下，出现快速降低。

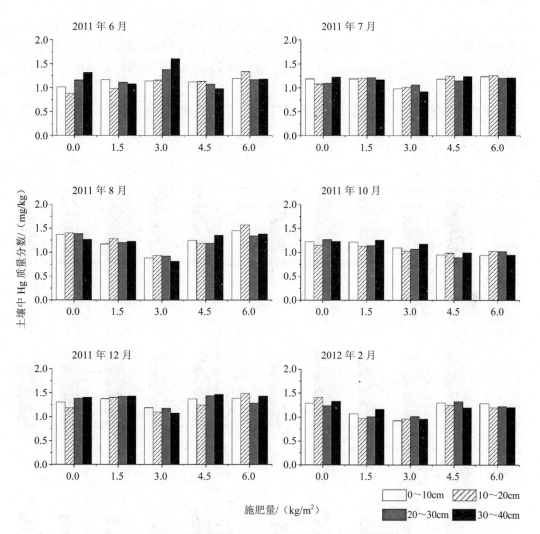

图 4-48　不同施肥量下银杏林土壤中 Hg 的质量分数

　　综合上述 8 种重金属在银杏林场地内的积累情况可以看出,采用条状沟施的施肥方式,在地势较为平坦的林地内施用污泥堆肥,基本不会造成重金属在土壤中随施用量增加而大量积累的现象。在一定的施用条件下,污泥堆肥中的重金属在土壤不同深度土层内的分布趋于一致,而没有向深层迁移的趋势。对于本底重金属含量较高的场地,在施用污泥堆肥时应控制施用量和施用周期,防止土壤重金属污染的发生。

2. 重金属在梅花林地土壤中的迁移

　　以环状沟施的施肥方式在梅花林内施用污泥堆肥后,8 种重金属在样地坡降方向下侧不同土层中的含量如图 4-49～图 4-56 所示。由于采样点位于整个样地的坡底,没有污泥堆肥的直接使用,因此可以通过不同污泥堆肥施用量下土壤中重金属含量随时间的变化以及与未施肥场地的对比,判断施肥场地中重金属向坡下迁移的程度。

　　1) 锌(Zn)

　　样地坡底土壤中 Zn 的质量分数在 62.5～84.16 mg/kg 范围内变化(图 4-49),施用污泥堆肥与否没有对土壤 Zn 含量产生明显的影响。随着施肥后时间的延长，土壤中的 Zn 没有出现明显增加的趋势，在最后一次采样时，由低到高四个污泥堆肥施用比例土壤中 Zn 的平均质量分数分别 67.48 mg/kg、73.39 mg/kg、74.99 mg/kg 和 81.59 mg/kg，虽然有随施用量逐渐增加的趋势，但与不施肥对照组的 79.25 mg/kg 处于同一水平，因此可以认为土壤中 Zn 含量的变化与污泥堆肥的施用无明显相关性。大部分采样点 10~40 cm 土壤中的 Zn 含量大于 0~10 cm 土层，说明在具有一定坡度的林地，其表层土壤中的 Zn 容易流失。

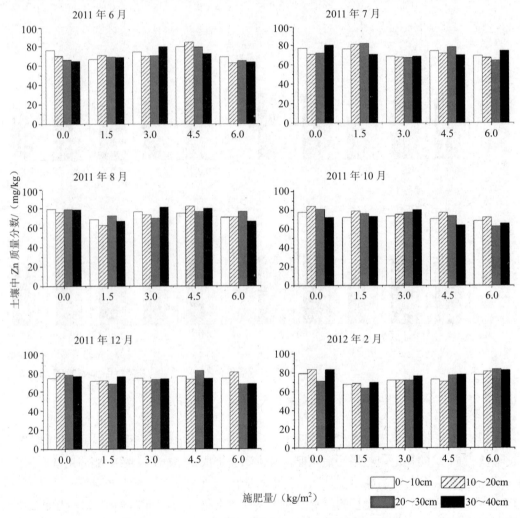

图 4-49　不同施肥量下梅花林土壤中 Zn 的质量分数

2）铜（Cu）

样地坡底土壤中 Cu 的质量分数在 11.17~18.16 mg/kg 范围内变化（图 4-50），施用污泥堆肥与否没有在土壤 Cu 含量上显现出明显的差异。在 2011 年 12 月的采样监测时发现，样地坡底的土壤中 Cu 的含量随污泥堆肥施用量的增加而增大，且均高于不施肥对照组，但是对比其他监测结果，Cu 的含量并没有显著增加，因此不能通过单一的一次结果，说明高的施肥量能够导致更多的 Cu 迁移到坡底土壤中。对比不同时间的监测结果，在最后两次的监测中 6 kg/m² 的污泥堆肥施用量下，土壤中 Cu 的平均质量分数均为 16.42 mg/kg，高于之前四次监测，但相差不到 3 mg/kg，说明 Cu 存在随时间缓慢向坡底迁移的可能，但迁移的量较小。

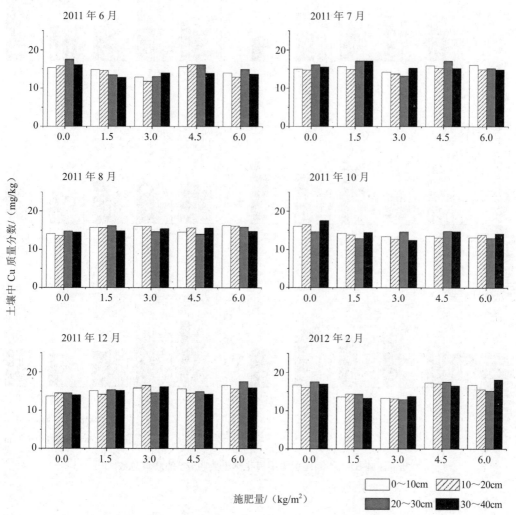

图 4-50　不同施肥量下梅花林土壤中 Cu 的质量分数

3）铅（Pb）

样地坡底土壤中 Pb 的质量分数在 5.23～14.9 mg/kg 范围内变化（图 4-51），变化幅度接近 200%，但是并不存在施用污泥堆肥的场地明显高于不施肥土壤的规律。土壤中的 Pb 分布极不均匀，以污泥堆肥施用量为 4.5 kg/m² 的样地为例，在六次监测中其坡底土壤中 Pb 的平均质量分数分别为 13.31 mg/kg、6.65 mg/kg、10.02 mg/kg、6.34 mg/kg、11.9 mg/kg 和 6.55 mg/kg，上下波动明显。说明当准备施用于林地的污泥堆肥中 Pb 含量较高时，在施用前应该对施用场地进行高密度监测，防止在某些本底 Pb 聚集的位置施用，造成局部超标。

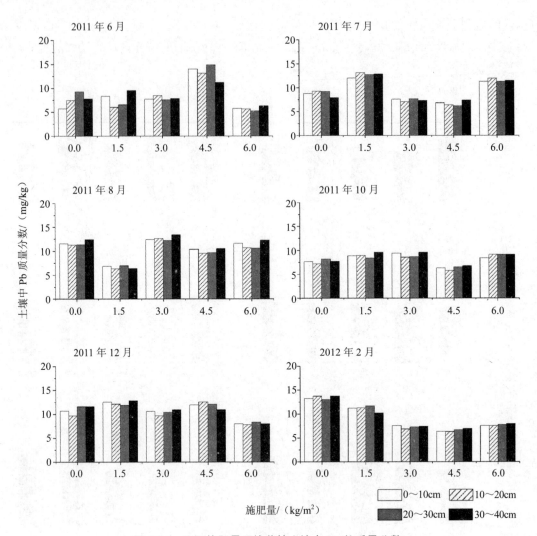

图 4-51　不同施肥量下梅花林土壤中 Pb 的质量分数

4）铬（Cr）

样地坡底土壤中 Cr 的质量分数在 14.0～24.0 mg/kg 范围内变化（图 4-52），施用污泥堆肥与否没有在土壤 Cr 质量分数上显现出明显的差异。从总体上看，六次采样监测的数据呈现两种规律：一是在土壤中 Cr 的平均含量随污泥堆肥施用量的增加而增大，在 4.5 kg/m² 时达到最大，在 6 kg/m² 时略有降低，2011 年 6 月、10 月和 12 月的监测结果都属于这一类，而另外三次采样结果则呈现出 Cr 浓度随施肥量先减少后增加，在 3 kg/m² 处达到最低值的规律；二是从时间上看，两种趋势没有交替出现也没有连续发生，说明虽然 Cr 的含量在数据上反映出一种波动的现象，但其随施用量的变化具有一定的特殊性，应当继续进行连续监测，以发掘这一潜在规律。

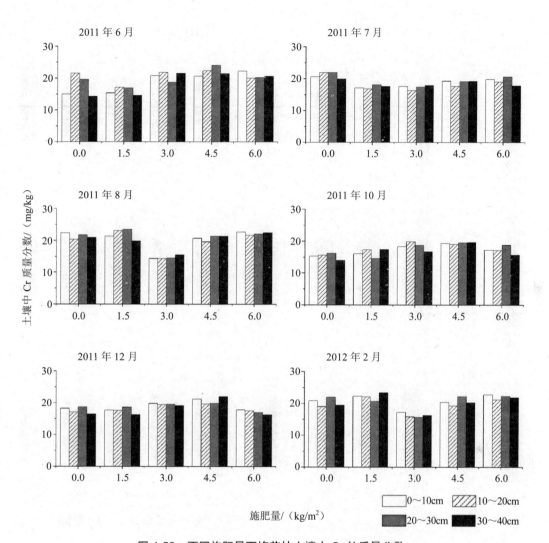

图 4-52　不同施肥量下梅花林土壤中 Cr 的质量分数

5）镍（Ni）

样地坡底土壤中 Ni 的质量分数在 17.25～24.22 mg/kg 范围内变化（图 4-53），施用污泥堆肥与否没有在土壤 Ni 含量上显现出明显的差异。由于 Ni 在污泥堆肥中的含量与土壤本底中的含量接近，甚至低于土壤本底值（见表 4-16），因此污泥堆肥的施用对土壤的 Ni 含量不存在影响。

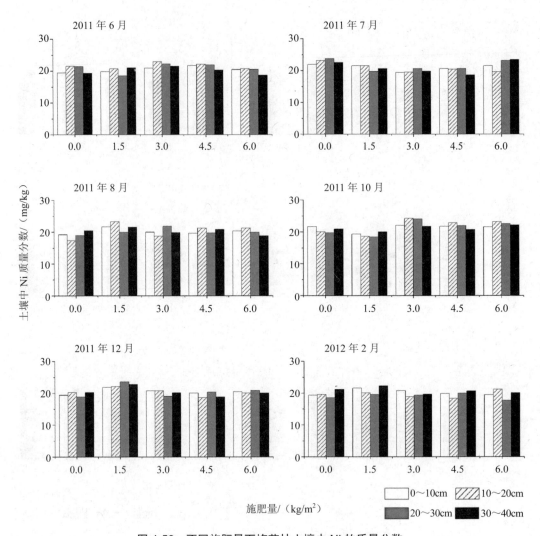

图 4-53 不同施肥量下梅花林土壤中 Ni 的质量分数

6）镉（Cd）

样地坡底土壤中 Cd 的质量分数在 0.13～0.39 mg/kg 范围内变化（图 4-54），施用污泥堆肥与否没有在土壤 Cd 含量上显现出明显的差异。相对于其他重金属，Cd 的含量较低，因而其波动性显现出来更大的波动幅度。2011 年的五次采样，土壤中 Cd 质量分数的最大值分别出现在施肥量为 4.5 mg/kg、1.5 mg/kg、3 mg/kg、0 mg/kg 和 6 mg/kg 的情况下，说明土壤中 Cd 含量的分布具有较强的随机性。

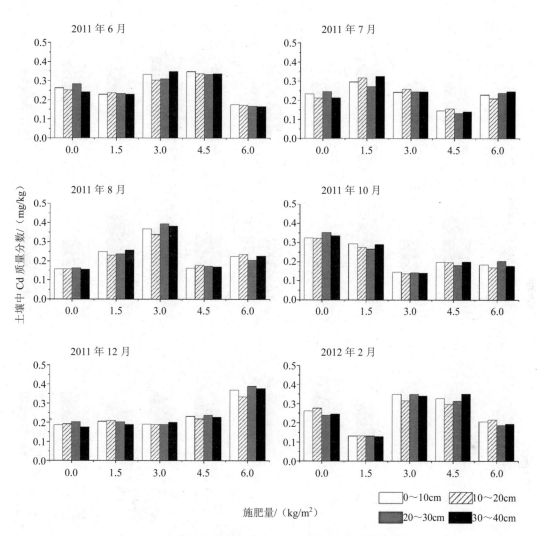

图 4-54　不同施肥量下梅花林土壤中 Cd 的质量分数

7）砷（As）

样地坡底土壤中 As 的质量分数在 1.6～2.68 mg/kg 范围内变化（图 4-55），施用污泥堆肥与否没有在土壤 As 含量上呈现出明显的差异。与银杏林相类似，大部分监测结果显示，0～10 cm 土层中的 As 小于深层土壤，说明污泥堆肥施用后，没有对坡下土壤中 As 的分布造成影响。这也证明在坡地采用环状沟施的施肥方式，对坡底地区的土壤环境影响较小，风险较低。

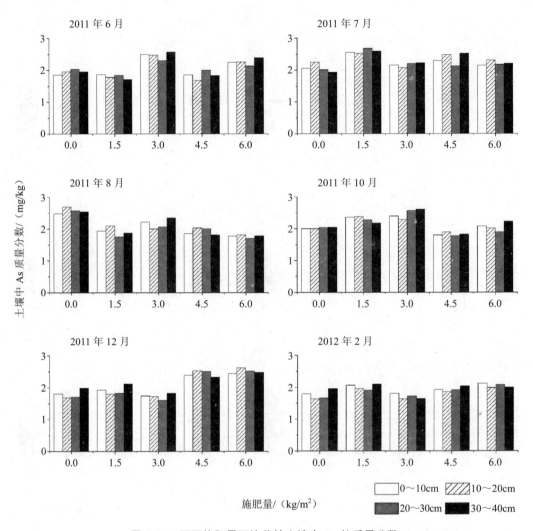

图 4-55　不同施肥量下梅花林土壤中 As 的质量分数

8）汞（Hg）

样地坡底土壤中 Hg 的质量分数在 0.12～0.66 mg/kg 范围内变化（图 4-56），随着施肥时间的延长，没有发现坡底土壤中 Hg 含量逐渐增加的规律。Hg 在污泥堆肥和梅花林土壤中含量的差异极大，最高时可相差 100 倍。在施用污泥堆肥后的连续监测过程中发现，个别土层中监测到了与土壤本底值相差较明显的情况，如施肥后 1 个月的监测，污泥堆肥施用量为 4.5 kg/m² 的样地，其坡下 10～20 cm 土层中的 Hg 质量分数达到 0.66 mg/kg，虽仍未超过标准，但这种含量明显增加的情况应该引起重视，尤其是对于 Hg 这种危害性高的重金属，在施用时应该严格控制其含量。

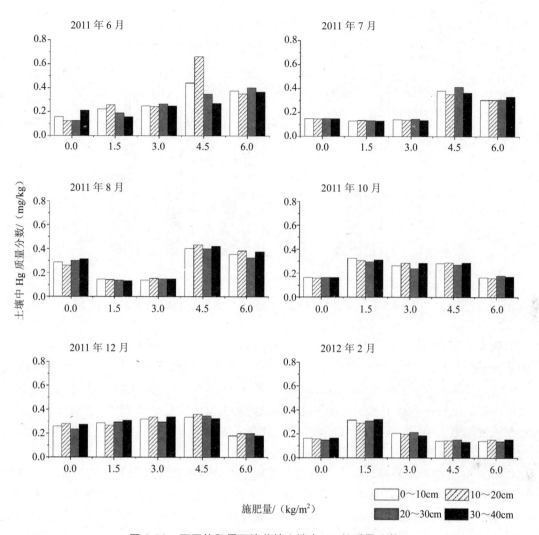

图 4-56　不同施肥量下梅花林土壤中 Hg 的质量分数

综合上述的分析可知，在具有一定坡度的林地采用环状沟施的施肥方式施用污泥堆肥，污泥堆肥中的重金属基本上不会对坡底土壤的重金属含量造成明显的影响，这除了堆肥化过程降低了污泥中重金属的迁移能力外，还与施用场地的具体坡度有关。本书只考察了坡度较小（3%）的条件下污泥堆肥重金属的土壤迁移行为，在实际施用时，坡度应作为重点考察的影响因素。另外，对于污泥堆肥中含量较本底高出较多的重金属元素，如本研究所用污泥堆肥中的 Hg，需要引起特别关注。

4.4.2　污泥堆肥中重金属在草坪草—土壤系统中的分布特征

1. 污泥堆肥施用量对草坪草生长的影响

污泥堆肥的施用，增加了土壤中氮、磷等营养元素的含量，有助于促进植物的生长，但同时引入的重金属等污染物对植物的生长也可能有一定的抑制作用，因此通过测定草坪草培育过程中累积的生物量，能够在一定程度上反映这种促进或抑制的程度。三种草坪草在培育周期内的总累积生物量（鲜重），如图 4-57 所示。

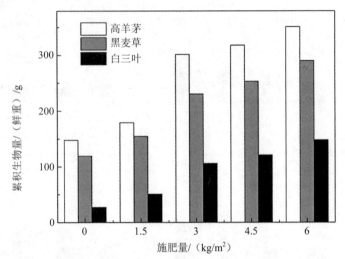

图 4-57　污泥堆肥施用量对三种草坪草累积生物量的影响

随着污泥堆肥施用量的增加，三种草坪草的累积生物量逐渐增大，在污泥堆肥施用量为 6 kg/m² 时，高羊茅、黑麦草和白三叶的累积生物量都达到了最大值，分别为 351.3 g、290.2 g 和 148.0 g，相较于不施肥对照组分别增长了 138%、143% 和 443%。这一结果说明污泥堆肥的施用，能够一定程度上促进草坪植物的生长，且对于白三叶的促进作用比高羊茅和黑麦草更为明显。但是从绝对的累积生物量考虑，高羊茅的生物量最大，除了品种的关系外，不能忽略修剪对植物进一步生长的促进作用。

从图 4-57 中可以明显地看出，草坪草累积生物量随施肥量的变化在 3 kg/m² 处有变缓的趋势。以高羊茅为例，从不施肥到施用 3 kg/m² 的污泥堆肥，高羊茅的累积生物量增长了 104%，而从 3 kg/m² 到 6 kg/m²，施肥量增加了 1 倍，但累积生物量却只增长了 16.5%。可以从两个方面推测这一现象：一是营养过剩，植物对养分的吸收和利用有一定的限度，受各自生理特性的影响，氮、磷等营养元素的施用已经超过了植物吸收的极限，植物不能吸收更多的养分以增加生物量；二是重金属的抑制作用，随着重金属含量的进一步增加，开始对植物的生长产生了一定负面影响，如抑制叶绿素合成、抑制养分吸收等，使植物不能正常的生长。

2. 土壤中重金属含量的变化

污泥堆肥施用后，土壤中不同重金属含量的变化有所差异，诸如 Zn、Cu 等堆肥中含量较高且与土壤含量差异较大的重金属，能够显著增加其在土壤中的含量，而像 Pb、Ni 等土壤与堆肥中含量相当的重金属，则对土壤的影响相对较小。施用不同量的污泥堆肥后，土壤中的重金属含量，如表 4-17 所示。随着污泥堆肥施用量的增加，土壤中 Zn、Cu、Cr 和 Hg 的含量显著增加，而 Pb 和 Ni 的含量与对照无显著变化，因此在后续的研究中，主要针对 Zn、Cu、Cr 和 Hg 四种重金属展开。

表 4-17　不同污泥堆肥施用量下土壤中重金属含量

	0 kg/m²	1.5 kg/m²	3 kg/m²	4.5 kg/m²	6 kg/m²
Zn/（mg/kg）	45.82±0.27d	66.75±2.25c	74.81±0.79c	83.92±4.70b	104.02±9.75a
Cu/（mg/kg）	15.14±0.67d	18.88±1.09c	20.46±0.75bc	22.43±1.47b	25.95±2.16a
Pb/（mg/kg）	10.20±1.62a	10.58±2.68a	11.56±1.62a	11.27±3.21a	11.17±0.95a
Cr/（mg/kg）	20.13±2.90c	25.69±1.84bc	27.66±3.19ab	29.52±4.93ab	31.87±1.66a
Ni/（mg/kg）	19.78±0.82a	20.96±1.68a	22.40±1.94a	21.34±1.45a	21.11±1.22a
Hg/（mg/kg）	0.16±0.08d	0.26±0.02cd	0.30±0.04bc	0.39±0.07b	0.59±0.10a

注：同一行不同字母，表示彼此间差异显著（$p<0.05$）。

图 4-58 分别比较了草坪草种植前后，土壤中 Zn、Cu、Cr 和 Hg 四种重金属的含量。随着施肥量的增加，土壤中四种金属的初始浓度和残留量都有所增大。植物经历了近 5 个月的生长，由于植物吸收以及随灌溉水淋溶等过程，土壤中的重金属含量有不同程度的减少，但残留在土壤中的重金属仍占据很大的比例，且在 6 kg/m² 的施肥量下达到最大值。其中 Zn 和 Cu 在土壤中的最大残留量出现在种植白三叶的土壤中，分别为 104.1 mg/kg 和 25.94 mg/kg，而 Cr 和 Hg 的最大残留量出现在种植黑麦草的土壤中，分别为 31.46 mg/kg 和 0.53 mg/kg。在不同污泥堆肥施用量下，相较于种植其他两种草坪草的土壤，种植高羊茅的土壤中的重金属残留更少。

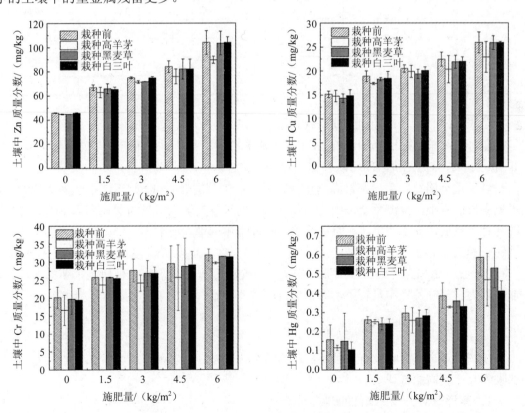

图 4-58　种植草坪草对土壤中重金属质量分数的影响

为了进一步比较重金属在种植三种草坪草土壤中的流失，计算了种植草坪草前后土壤中重金属的流失率，如表 4-18 所示。Hg 的总体流失率高于其他三种重金属，而种植高羊茅的土壤重金属流失率高于种植其他两种植物的土壤。分析其中的原因为：从重金属的角度考虑，Hg 在常温下是少见的液态，具有一定的挥发性，从植物的角度考虑，高羊茅的生物量最大，能够吸收的重金属也较多。

表 4-18　不同施肥量下重金属的流失率

	施肥量/（kg/m²）	Zn	Cu	Cr	Hg
高羊茅	0	2%	2%	18%	27%
	1.5	6%	8%	8%	3%
	3	5%	3%	13%	13%
	4.5	10%	9%	13%	15%
	6	14%	12%	7%	20%
黑麦草	0	2%	5%	2%	5%
	1.5	1%	3%	0%	8%
	3	4%	5%	3%	9%
	4.5	2%	2%	3%	7%
	6	1%	0%	1%	10%
白三叶	0	0%	2%	3%	33%
	1.5	2%	2%	1%	8%
	3	0%	2%	3%	5%
	4.5	2%	2%	1%	14%
	6	0%	0%	2%	30%

对于 Zn 和 Cu，其在种植黑麦草和白三叶土壤中的流失基本不随施肥量的改变而变化。但是在种植高羊茅的土壤中，Zn 和 Cu 的流失率随施肥量增加而增大，说明高羊茅对 Zn 和 Cu 的吸收与施肥量之间可能存在一定的相关性。

对于重金属 Cr，流失率最高值出现在种植高羊茅的对照组，且污泥堆肥施用量增大后流失率反而减小，推测可能是因为植物对 Cr 的吸收量随施用量的增加变化不大，即吸收的绝对量接近，而土壤中 Cr 的初始浓度随施用量的增大而增大，因此导致流失率与施肥量的负相关。

Hg 在种植白三叶的土壤中流失很大，甚至个别施肥量下高于种植高羊茅的土壤，可能是因为白三叶的生物量较小，对土壤的覆盖率较低，导致 Hg 的挥发量更大。

4.4.3　植物体内重金属的含量

植物对重金属的吸收有多种不同的方式。研究发现，三种草坪草对 Zn、Cu、Cr 和 Hg 的吸收具有不同的特征。

1. 草坪草对 Zn 和 Cu 的吸收

Zn 和 Cu 都是植物生长所必需的元素，其中 Zn 是多种金属酶的组成成分，还参与植物生长素吲哚乙酸的合成，而 Cu 是光合作用重要的电子传递介质的组成离子，植物有主动吸收 Zn 和 Cu 的机制，但是土壤中过量的 Zn 和 Cu 可能危害到植物的生长。

　　三种草坪草对 Zn 和 Cu 的吸收，如图 4-59 所示。在污泥堆肥施用条件下，高羊茅、黑麦草和白三叶植物体内 Zn 和 Cu 的累积量均高于不施用污泥堆肥的对照组，污泥堆肥中的 Zn 和 Cu 在一定程度上被草坪草吸收，但不同草坪草的吸收能力有所不同。从图 4-59 可以看出，高羊茅植株内 Zn 的累积量随着污泥堆肥施用量的增加逐渐增大，在施肥量为 6 kg/m² 时达到 44.86 mg/kg。在黑麦草和白三叶植株内，Zn 的累积量随着污泥堆肥施用量的增加先增大后减小，黑麦草和白三叶中 Zn 的最大累积量分别出现在 4.5 kg/m² 和 3 kg/m² 的施用量下。通常植物体内 Zn 的含量范围为 27～150 mg/kg，在黑麦草和白三叶植物体内，Zn 质量分数分别达到 48.11 mg/kg 和 34.39 mg/kg 后，Zn 的含量反而随污泥堆肥施用量的增加而降低，说明土壤中 Zn 的含量达到一定程度时，黑麦草和白三叶对 Zn 的进一步吸收会受到抑制。

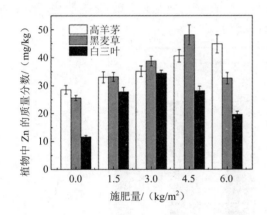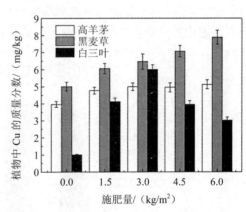

图 4-59　三种草坪草植物对 Zn 和 Cu 的吸收

　　三种草坪草对 Cu 的吸收远低于对 Zn 的吸收，植物体内 Cu 的累积量均低于 8 mg/kg。高羊茅植株体内 Cu 的累积量在污泥堆肥施用量达到 3 kg/m² 后，不再随着污泥堆肥施用量的增加而增大，维持在 5 mg/kg 左右，说明本研究条件下高羊茅对 Cu 的吸收阈值在 5 mg/kg 左右。黑麦草植株内 Cu 的累积随着污泥堆肥施用量的增加逐渐增大，在污泥堆肥施用量为 6 kg/m² 时，达到 7.89 mg/kg，高于另外两种草坪草，说明黑麦草对于 Cu 的吸收能力强于高羊茅和白三叶。白三叶植株内 Cu 的累积与对 Zn 吸收类似，在施肥量为 3 kg/m² 时，达到最高的 6 mg/kg，随着污泥堆肥施用量的继续增加出现显著降低，土壤中过高的 Cu 含量在一定程度上抑制了白三叶对 Cu 的吸收。

　　结合草坪草的生物量，可以计算出植物吸收的 Zn 和 Cu 占土壤中 Zn 和 Cu 减少量的 5% 左右，说明土壤中的 Zn 和 Cu 除了被植物吸收外，可能通过其他途径流失，例如随灌溉水的迁移，Stanislaw 等在种植黑麦草时施用污泥，发现渗漏水中 Zn 的质量浓度为 1050 μg/L，为对照的两倍。污泥堆肥施用于草坪草栽培，大部分的 Zn 和 Cu 残留在土壤中，而减少的 Zn 和 Cu 只有一小部分进入植物体，因此控制一定的污泥堆肥施用量，对草坪草的生长有一定的促进作用，并且不会导致重金属在植物体内的富集。可见，污泥堆肥应用于园林绿化具有可行性。

2. 植物对 Cr 的吸收

Cr 是一种多价态元素，在土壤中常以复合酸根离子的形态存在。Cr 能抑制有机质的硝化过程，且对植物具有一定的毒害作用，除了使植物患失绿症之外，严重时还能导致细胞畸变。

三种草坪草对 Cr 的吸收，如图 4-60 所示。Cr 在三种草坪草中的含量基本相同，都在 6 mg/kg 左右，且不随污泥堆肥施用量的变化而发生明显的变化，这说明植物对 Cr 的吸收有一定的阈值。植物具有自我保护作用，当植物中的 Cr 含量达到自身可承受的最大值后，土壤中的 Cr 含量继续增加，植物也不再继续吸收。不同的植物，其阈值也不同，甚至有的植物没有阈值，在吸收过量 Cr 后出现生长萎缩情况。郑向群等研究了 9 种常见叶菜类植物对 Cr 的吸收情况。芹菜对土壤中的 Cr 有较大的吸收能力，在土壤 Cr 含量达标的情况下，植物中的 Cr 也会超过食用标准；而茼蒿在土壤 Cr 含量超过土壤环境质量三级标准时，植物体内的 Cr 含量仍然能够满足食用要求，前者是一种能够富集 Cr 的植物，而后者与本课题中的草坪草类似，具有一定的 Cr 吸收阈值。

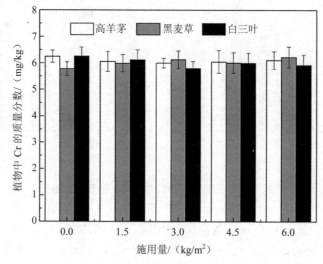

图 4-60　三种草坪草植物对 Cr 的吸收

试验所选择的三种草坪草都出现了对 Cr 吸收的阈值效应，且阈值基本相同，在同类研究中没有发现类似的情况。除了植物的吸收特性外，这一效应可能还会受到多种因素的影响，例如土壤类型、污泥堆肥性质等。这一现象仍需要进行深入研究，探究其产生阈值效应的原因，或者启动这一效应的方法。另外，这一效应的存在，使高羊茅、黑麦草和白三叶能够在一定条件下生长在 Cr 含量高的土壤中，为 Cr 含量相对较高的工业污水污泥的处置提供一个可行的途径。

3. 植物对 Hg 的吸收

Hg 是一种可以在大气中以蒸汽形态存在的重金属，具有蒸汽压高和滞留时间长的特点，对植物有着极强的毒性，特别是对根的生长和光合作用的抑制。

研究发现，高羊茅、黑麦草和白三叶三种草坪草在实验条件下均不吸收 Hg。但是李双喜等的研究显示，在土壤中加入一定螯合剂后，黑麦草可以从土壤中吸收一定的 Hg。

由此推断，本研究条件下三种草坪草不从土壤中吸收 Hg，并不是因为植物本身不吸收 Hg，而是存在其他影响因素，阻止了植物对 Hg 的吸收。可能存在的影响因素主要包括两个方面：①Hg 与 Ca 的拮抗作用。有研究表明，Ca 的存在能够与重金属离子竞争运输位点，从而减少重金属对植物的胁迫伤害。李恬等研究表明，用 CaCl$_2$ 和 HgCl$_2$ 的混合溶液培养植物，能够消除 HgCl$_2$ 单独使用对叶绿体的毒害和染色体的畸变。②腐殖酸类物质对 Hg 的固定作用。土壤腐殖酸类物质可以通过与 Hg 发生络合反应影响 Hg 的生物有效性。闫双堆等在盆栽过程中加入 HgCl$_2$，发现同时添加腐殖酸类物质的处理组不但能够增加土壤中有机态 Hg 的含量，还使油菜吸收的 Hg 含量较不添加腐殖酸的对照组显著降低。污泥堆肥的过程中形成大量的腐殖酸类物质，因此可能降低了 Hg 的生物有效性。

4.4.4　重金属在土壤—草坪草中的分布特征

为了进一步探究污泥堆肥中的重金属在土壤和植物中的分布特征，分别计算了高羊茅、黑麦草和白三叶对 Zn、Cu 和 Cr（Hg 在植物中的含量为 0，因此没有计算）的生物富集系数（BCF）值，计算结果如表 4-19 所示。虽然三种草坪草对 Zn、Cu 和 Cr 三种重金属都有一定的吸收能力，但一般认为当 BCF>1 时该植物才可以被认定为超富集植物，从表 4-19 中可以看出，高羊茅、黑麦草和白三叶都不是 Zn、Cu 和 Cr 的超富集植物。

表 4-19　污泥堆肥施用条件下三种草坪草对 Zn、Cu 和 Cr 的 BCF 值

	施肥量/（kg/m^2）	Zn	Cu	Cr
高羊茅	0	0.62	0.26	0.31
	1.5	0.49	0.25	0.24
	3	0.47	0.24	0.22
	4.5	0.48	0.22	0.20
	6	0.43	0.20	0.19
黑麦草	0	0.56	0.33	0.29
	1.5	0.50	0.32	0.23
	3	0.52	0.32	0.22
	4.5	0.57	0.31	0.20
	6	0.31	0.30	0.19
白三叶	0	0.25	0.07	0.31
	1.5	0.42	0.22	0.24
	3	0.46	0.29	0.21
	4.5	0.34	0.18	0.20
	6	0.19	0.12	0.19

高羊茅对 Zn 的 BCF 值在不施用污泥堆肥的条件下出现了最大值，为 0.62，施用污泥堆肥条件下 BCF 值显著降低，在 0.43～0.49 之间波动。污泥堆肥施用后，土壤中 Zn 含量的增加明显高于植物对 Zn 的吸收，说明污泥堆肥的施用对土壤环境的影响更明显。黑麦草对 Zn 的 BCF 值除了在污泥堆肥施用量为 6 kg/m^2 时为 0.31 外，均介于 0.50～0.57（见图 4-59）。同样，作为禾本科作物的小麦对重金属的积累也有类似的规律，Lakhdar 等

研究发现，小麦地上部分对 Zn 的 BCF 值从对照组的 0.95 显著降低到施肥处理组的 0.15 左右。

高羊茅和黑麦草对 Cu 的 BCF 值均随污泥堆肥施用量的增加而减小，但变化幅度很小，分别介于 0.20～0.26 和 0.30～0.33 之间。污泥堆肥的施用对高羊茅和黑麦草对 Cu 的吸收和土壤环境的影响程度接近。

白三叶对 Zn 和 Cu 的 BCF 值的变化情况相似，均随污泥堆肥施用量的增加先增大后减小，污泥堆肥施用量较小的情况下，污泥堆肥施用对白三叶吸收 Zn 和 Cu 的影响更大，当施肥量超过 3 kg/m^2 时，污泥堆肥的施用对土壤环境中 Zn 和 Cu 含量的影响则大于白三叶对 Zn 和 Cu 的吸收。

对于 Cr 元素，由于高羊茅、黑麦草和白三叶植株内的 Cr 含量基本相同，因此其 BCF 值的变化情况相同，都是随着施肥量的增加而减小，最大值都出现在不施肥的条件下，分别为 0.31、0.29 和 0.31。

BCF 值能够直观地表现重金属在土壤—植物体系中的分布特征，可以作为筛选超富集植物的依据，也为评估污泥堆肥施用于林地的重金属风险提供了较为简便的方法。在已知 BCF 值及其随施肥量的变化时，可以初步判断施用污泥堆肥对土壤—植物系统中重金属含量分布的影响。因为 BCF 值是一个比值，其分母是重金属在土壤中的初始含量，当污泥堆肥与土壤本底的重金属含量差异明显时，随着施肥量的增加土壤中重金属含量必然增大。BCF 值的分子是植物中重金属的含量，其变化会出现以下几种情况：

（1）如果植物中的金属含量同样增加，BCF 值的变化取决于分子和分母的变化率。BCF 值增大，说明分子的变化率大于分母的变化率，即增加施肥量对植物吸收重金属的影响大于对土壤重金属积累的影响，如施肥量小于 3 kg/m^2 时，Zn 和 Cu 在白三叶中的 BCF 值属于这一类型。如果 BCF 值减小，则说明分子的变化率小于分母的变化率，即增加污泥堆肥的施用量，其中的重金属主要表现为土壤积累，而植物吸收的量则较小，Zn 在高羊茅中的 BCF 值和 Cu 在黑麦草中的 BCF 值都属于这种情况。

（2）如果植物中的重金属含量在增大施肥量的情况下有所降低，则 BCF 值会出现明显的减小。例如 Zn 在黑麦草中的 BCF 值，当施肥量增大到 6 kg/m^2 时，黑麦草中的 Zn 含量出现了降低的趋势，则其对应的 BCF 值明显减小，白三叶在施肥量大于 3 kg/m^2 时 Zn 和 Cu 的 BCF 值的变化也属于这一类型。

（3）如果植物中的重金属含量不变，也就是三种草坪草中 Cr 元素含量的情况，BCF 值会出现随施肥量增大而减小的情况，与实际计算值相符。污泥堆肥的施用只影响到了土壤中 Cr 的含量，对植物中 Cr 的含量没有影响。

从上面的分析中可以看出，BCF 值可以较好地衡量污泥堆肥施用对重金属在土壤和植物中分布情况的影响。

4.4.5 高羊茅对污泥与污泥堆肥中重金属吸收过程的研究

通过三种草坪草在污泥堆肥施用时的生长及重金属吸收情况的研究发现，高羊茅具有生物量高、重金属吸收能力强的特点。因此，对高羊茅开展了进一步的研究，探索其在高污泥堆肥施用量条件下的生长情况及其对重金属的吸收过程，另外对比了城市污泥与污泥堆肥对高羊茅生长的影响，以此说明污泥堆肥化对稳定污泥中重金属所起到的作用。

1. 高羊茅生物量随培育时间的变化

种植高羊茅后每隔 3 周采样一次，分别测定了施用污泥和污泥堆肥培育的高羊茅在生长 3 周、6 周、9 周和 12 周后的生物量（干重），结果如图 4-61 所示。随着时间的延长，施用污泥堆肥的高羊茅积累的生物量逐渐增加，施用污泥的高羊茅干重先增加后减少，所有处理中收获的最大高羊茅干重出现在施用 50%污泥堆肥的处理中，为 7.4 g，而施用 100%城市污泥的处理组中，所有高羊茅均未萌发生长。

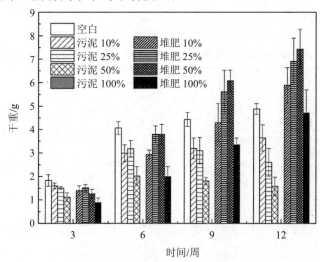

图 4-61　高羊茅在不同时间积累的生物量

在高羊茅生长的前 6 周，不施肥对照组所积累的生物量最大，之后不施肥对照组的高羊茅干重增长缓慢，在实验结束时，除施用 100%污泥堆肥的处理外，其他施用污泥堆肥的处理组积累的生物量均大于不施肥对照，而施用城市污泥的实验组，除施肥量为 10%的处理外，其余处理组中高羊茅在 6 周后生物量逐渐减少。

施用污泥堆肥的实验组，除 25%施用量下在开始的三周获得最大干重外，其他时间各处理所积累的生物量大小顺序为：50%＞25%＞10%＞100%。施用污泥的实验组除 25%施用量的处理下第六周高羊茅的干重大于其他处理外，其余时间均随着施用量的增加而减少。

对比高羊茅在污泥和污泥堆肥施用条件下的生长响应结果可以看出，污泥堆肥的施用量小于 50%时，对高羊茅的生长有促进作用，但是这种促进较为缓慢，以至于在实验的前 6 周不施肥对照组的高羊茅长势最好，说明堆肥中的营养元素需要一个释放的过程。以氮素为例，污泥堆肥中存在大量的有机态氮，需要经过矿化作用转换为无机氮才能供植物吸收利用。周立祥等研究表明，经过六周有机氮的矿化能够完成 74%左右，与本实验中施用污泥堆肥促进高羊茅的生长情况相吻合。但是相同施用比例的污泥不能促进高羊茅的生长，所有施用污泥的实验组，高羊茅的生物量均小于不施肥对照组，推测可能由于污泥中未被稳定的重金属对高羊茅的生长产生了抑制作用，或是污泥中的易降解有机物发生分解，改变了土壤的 pH 值水平。

由于高羊茅经常被选为园林绿化草坪用草,对地上部分的生长有较高的要求,因此对收获的高羊茅地上和地下部分进行了分别记重,结果如表 4-20 所示。施用污泥堆肥的高羊茅,其地上部分的干重约占总生物量的 70%,对以观赏为主的草坪草而言,具有一定的优势。施用污泥堆肥的高羊茅虽然地下部分的生物量高于施用污泥的处理,但除了施用比例为 25% 的处理在 12 周时大于不施肥对照组外,其他时间段地下部分干重都小于不施肥的高羊茅,说明污泥和污泥堆肥的施用对高羊茅根系的生长具有一定的抑制作用,虽然污泥堆肥能够促进高羊茅获得更多的总生物量,但其根系的生长受到抑制,可能影响植物的长期生长和抗旱抗寒等能力。

表 4-20   高羊茅地上、地下部分的累积生物量(干重)   单位:g

	3 周		6 周		9 周		12 周	
	地上	地下	地上	地下	地上	地下	地上	地下
不施肥	0.86	0.97	2.73	1.33	2.79	1.64	3.18	1.70
污泥 10%	0.69	0.92	2.22	0.77	2.48	0.71	3.08	0.57
污泥 25%	0.88	0.63	2.56	0.62	2.52	0.58	2.07	0.53
污泥 50%	0.65	0.47	1.57	0.45	1.40	0.41	1.28	0.31
污泥 100%	—	—	—	—	—	—	—	—
堆肥 10%	0.70	0.70	2.04	0.90	3.32	0.97	4.66	1.22
堆肥 25%	0.70	0.81	2.80	1.00	4.28	1.33	5.10	1.81
堆肥 50%	0.61	0.65	2.96	0.84	4.85	1.23	5.93	1.50
堆肥 100%	0.32	0.56	1.39	0.61	2.69	0.66	3.60	1.11

2. 土壤中 Zn、Hg 随栽培时间的变化

根据之前的研究结果,选择 Zn 和 Hg 两种重金属,研究其在土壤中随时间的变化规律。选择 Zn 是因为作为植物必需的元素,其在土壤—植物系统中的变化规律与 Cu 较为接近,而污泥堆肥中 Zn 的含量又比 Cu 高很多,因此以 Zn 代表植物所必需的元素,研究其在土壤中的变化。选择 Hg 是因为其毒性高,且根据前面的研究结果,高羊茅不能从土壤中吸收 Hg,而污泥堆肥中的 Hg 元素较土壤本底高出近 100 倍,因此通过对土壤中 Hg 含量的测定,分析不同时间 Hg 的含量变化,考察其可能存在的迁移规律。

由于在高羊茅生长 3 周后,100% 污泥处理的样品均未萌发,因此没有对该处理中的重金属含量进行分析。

各施肥处理的土壤中 Zn 的含量,如图 4-62 所示。由于按比例施用污泥和污泥堆肥,土壤中的 Zn 含量随施用比例的增加成比例增长。随着时间的延长,各处理土壤中的 Zn 含量逐渐下降,经过 12 周的高羊茅生长,施用污泥 10%、25% 和 50% 的三个处理中 Zn 的质量分数分别减少了 37.7 mg/kg、78.7 mg/kg、141.0 mg/kg;施用污泥堆肥 10%、25%、50% 和 100% 的四个处理中,Zn 的质量分数分别减少了 29.8 mg/kg、58.3 mg/kg、94.7 mg/kg、202.0 mg/kg,均高于不施肥处理的 8.3 mg/kg,施用污泥堆肥的实验组,土壤中 Zn 的减少量小于相同施用量下的污泥实验组。

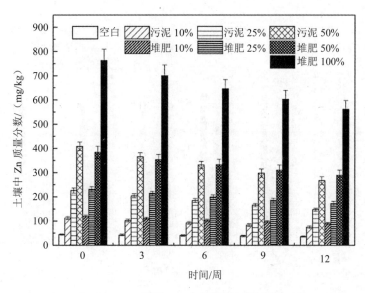

图 4-62　土壤中 Zn 含量随时间的变化

对比施用相同比例污泥和污泥堆肥的土壤，在施用比例为 10% 和 25% 时，Zn 的含量较为接近，施用污泥堆肥的土壤中 Zn 含量比施用污泥的土壤高约 10 mg/kg；施用比例为 50% 时，施用污泥的土壤比施用污泥堆肥的土壤高约 25 mg/kg。经过 12 周的培养发现，施用污泥的土壤中 Zn 的含量均小于施用污泥堆肥的土壤，随着施用比例的增加，其差值分别为 15.09 mg/kg、25.31 mg/kg、21.29 mg/kg，表明污泥中 Zn 流失得更快，这一点在施用比例为 50% 的两组处理中最为明显。在前 3 周，施用污泥的土壤中，Zn 含量高于施用污泥堆肥土壤，而第 6 周时两者含量基本相同，之后这种关系发生了逆转，这也说明虽然城市污泥堆肥前后 Zn 的总量虽然变化不大，但是由于可交换态 Zn 含量的减少，使更多的 Zn 残留在土壤中。

各施肥处理土壤中 Hg 的含量，如图 4-63 所示。随着污泥和污泥堆肥施用量的增加，土壤中 Hg 的含量显著增加，当施用比例超过 10% 后，土壤中 Hg 的含量超过了《土壤环境质量标准》（GB 15168—1995）中三级标准的限值（1.5 mg/kg），因此在污泥和污泥堆肥林地利用时，应控制其施用量。

时间尺度上，未施肥土壤中 Hg 的含量基本稳定，施用污泥和污泥堆肥后，土壤中 Hg 的含量有所降低，但变化幅度不大。前面研究发现，Hg 未被高羊茅吸收，因此推测 Hg 的减少主要是固态的 Hg 通过挥发进入空气。

虽然施用污泥和污泥堆肥的土壤中 Hg 的含量均有所降低，但是分析其含量的变化过程发现，Hg 含量的减少主要发生在前 6 周，而施用污泥堆肥的土壤，在种植高羊茅 3 周后才开始出现 Hg 含量的明显变化。在实验的前 6 周中，施用污泥比例为 10%、25% 和 50% 的土壤中，Hg 的含量分别降低了 8.5%、5.2% 和 8.9%，之后 6 周，土壤中 Hg 的含量基本保持不变。与之相对应，施用污泥堆肥的土壤中 Hg 的含量在前 3 周基本维持在同一水平，没有发生明显的变化，之后开始逐渐减少，12 周的实验期内，污泥堆肥施用率 10%、25%、50% 和 100% 的四个处理中，Hg 含量分别减少 6.1%、6.3%、4.7% 和 8.7%，与施用污泥的土壤总的变化率接近。

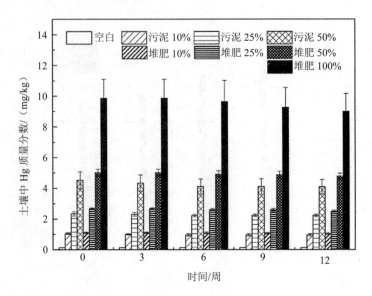

图 4-63 土壤中 Hg 含量随时间的变化

产生这种差异的原因可以归结到 Hg 的存在形态上。土壤中的挥发性 Hg 主要是零价态的单质 Hg，而其他价态的 Hg，可以通过微生物还原、化学还原等过程转变成单质 Hg。污泥施用于土壤后，其中容易被还原的 Hg 迅速还原，在实验的前 6 周挥发殆尽。而经过堆肥处理的污泥，由于有机质变成了大量的腐殖质类物质，因此一部分 Hg 与这些腐殖质结合，形成了有机结合态的 Hg。在实验前期，由于腐殖质类物质还原较慢，Hg 的挥发量较小，所以土壤中 Hg 的含量基本没有变化，但是随着植物的生长，根系的分泌物不断作用于这些腐殖质，促使它们发生一系列生化还原反应，释放其中的部分 Hg，导致实验后期土壤中的 Hg 含量不断降低。姚爱军等研究表明，腐殖酸能够促进结合 Hg 的挥发。虽然污泥堆肥降低了 Hg 的植物有效性，但是对其挥发性的影响，只是推迟了其挥发时间，并没有显著地改变其挥发量，在施用时仍需考虑可能对大气环境的影响。

3. 高羊茅对 Zn 和 Hg 的吸收

Hg 在所有处理的高羊茅体内均未检出。根据前面的推论，植物不吸收 Hg 可能是由于 Ca 的拮抗作用或堆肥过程的钝化作用造成的。由于增加了施用污泥的实验组，且其中生长的高羊茅也没有吸收 Hg，说明 Ca 的拮抗作用是 Hg 不被吸收的主要原因。

不同采样时间高羊茅地上和地下部分的 Zn 含量，如图 4-64 所示。所有污泥和污泥堆肥施用处理的高羊茅，其植物体中 Zn 的含量均高于不施肥的处理，说明高羊茅能够从污泥或者污泥堆肥中吸收 Zn，并且施用比例越大，植物中的 Zn 含量越高。实验结束时，施用 100%污泥堆肥的高羊茅吸收了最多的 Zn，其中地上部分为 119.3 mg/kg，地下部分为 138.1 mg/kg，分别为不施肥对照组的 844%和 567%。

对比施用污泥和污泥堆肥的高羊茅发现，在相同比例下，高羊茅能从施用污泥的土壤中吸收更多的 Zn，说明污泥中可被植物吸收利用的 Zn 含量高于污泥堆肥，这主要是由于污泥堆肥化对重金属稳定性的强化。

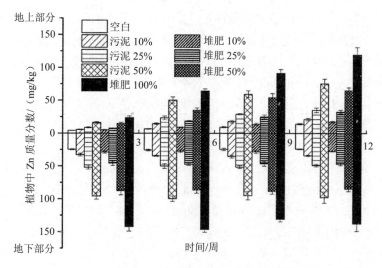

图 4-64　高羊茅中 Zn 含量随时间的变化

对比高羊茅的地上和地下部分，第 3 周高羊茅根部的 Zn 含量已基本达到最大值，之后不再随时间延长而增大，而地上的茎叶等植物组织随着时间的延长，Zn 的含量逐渐增加。但在所有施用比例下，高羊茅地下部分的 Zn 含量始终高于地上部分。以 50%的施肥比例为例，第 3 周施用污泥和污泥堆肥的高羊茅地下部分的 Zn 质量分数分别为 95.7 mg/kg 和 87.5 mg/kg，是地上部分的 5.9 倍，到实验结束时，地上部分的 Zn 质量分数分别达到 75.1 mg/kg 和 64.5 mg/kg，分别增长了 365 倍和 335 倍，但仍小于地下部分。这说明高羊茅在生长的前期已经在根部吸收了足够的 Zn，之后只是将 Zn 不断地向地上部分运输（表 4-21）。这种 Zn 积累的机制，可能是由 Zn 在植物中的存在形式引起的。Zn 在根部的大量积累可能是由于与巯基的络合，降低了其向地上部分运输的能力。Küpper 等研究发现，叶片中的 Zn 主要积累在表皮细胞内，表皮细胞的液泡化能够促进 Zn 的不断积累。另外，随着叶片的生长，被固定在老叶中的 Zn 不能被新生的叶片所利用，因此需要从土壤中继续摄取更多的 Zn。

表 4-21　高羊茅单位时间内 Zn 的吸收量　　　　　　　单位：µg/周

	0～3 周	3～6 周	6～9 周	9～12 周
不施肥	9.24	8.19	4.62	6.74
污泥 10%	11.30	8.28	3.52	4.94
污泥 25%	13.49	16.69	4.09	−1.45
污泥 50%	18.51	22.74	-0.65	1.39
堆肥 10%	7.94	6.55	9.62	13.93
堆肥 25%	14.27	18.81	22.94	27.43
堆肥 50%	22.06	36.48	64.99	46.43
堆肥 100%	29.08	30.24	51.21	83.77

高羊茅对 Zn 的吸收处于一种根部含量稳定，茎叶逐渐增大的趋势，但是由于污泥和污泥堆肥的施用，使植物的长势并不相同，只从植物中 Zn 浓度的变化不能完全说明高羊茅对 Zn 积累的整个过程。因此，计算了高羊茅在单位时间内吸收 Zn 的量（U），结果如表 4-21 所示。U 值反映的是不同时间段内高羊茅从土壤中吸收 Zn 的总量，是高羊茅的生物量和 Zn 在植物中浓度的综合反映。不同的施肥处理，U 值的变化也不尽相同，说明不同的处理对 Zn 吸收的过程有不同影响。根据 U 值随时间的变化，可以把不同的施肥处理分成三类：

（1）U 值先降低后增高。不施肥处理和施用污泥及污泥堆肥比例为 10% 的三个处理属于这一类，不施肥对照组和污泥施用比例为 10% 的处理，U 值从最开始的 9.24 μg/周、11.3 μg/周分别降低到 6～9 周的 4.62 μg/周、3.52 μg/周，之后开始增加。而施用污泥堆肥 10% 的处理降至最低点的时间更短，在 3～6 周时已从开始的 7.94 μg/周降至 6.55 μg/周，之后一直增加。这主要是因为在前 3 周，高羊茅根部快速吸收了大量的 Zn，供给植物的生长，之后高羊茅的生物量变化较慢，植物吸收 Zn 的变化幅度降低，导致 U 值的减小。而后又再次增大，则是因为植物生长趋于稳定后，更多非植物生长必需的 Zn 被植物吸收和贮存。污泥和污泥堆肥施用量较小的情况下，高羊茅吸收 Zn 的过程与不施肥对照相似，污泥和污泥堆肥的施用对高羊茅的生长和 Zn 的吸收影响较小，至于施用堆肥的处理更早的出现 U 值回升的现象，说明施用污泥堆肥有利于植物更早地进入稳定生长期。

（2）U 值先增高后降低。这一类主要包含施用污泥和污泥堆肥比例较高的三个处理，即污泥施用比 25%、50% 和污泥堆肥施用比 50% 的三个混合土壤。施用污泥的两个处理，在 3～6 周 U 值从开始的 13.94 μg/周、18.51 μg/周分别增大到 16.69 μg/周、22.74 μg/周，之后快速降低，甚至出现负值；而施用污泥堆肥 50% 的处理，其 U 值在 6～9 周才达到最大的 64.99 μg/周，之后虽然有所降低，但是幅度并不似施用污泥的处理那样明显。U 值在生长初期出现随时间增加的趋势，说明较高的污泥和污泥堆肥施用量显著增大了土壤中 Zn 的含量，有可能使高羊茅在生长前期被迫吸收大量的 Zn。之后 U 值的降低，则有不同的原因，对于施用污泥的处理，因为 6 周后高羊茅的生物量减少了，使得计算的 U 值降低；而施用污泥堆肥的处理是因为植物中 Zn 含量增速减缓的缘故，这也从另一个侧面说明污泥堆肥中植物有效态的 Zn 含量低于污泥。

（3）U 值一直增加。这一类型包括两个处理，分别是污泥堆肥施用量为 25% 和 100% 的土壤。在这两个处理下的高羊茅在前三周从土壤中吸收了 14.27 μg/周、29.08 μg/周的 Zn，而在最后 3 周，这一数值分别增长到了 27.43 μg/周、83.77 μg/周。说明在这两个施用比例下，高羊茅能够不断地增加 Zn 的积累量，且生长不受影响。但是从实际应用的角度出发，两者仍有一定的差别。污泥堆肥和土壤混合，不仅增加了土壤的肥力和其中的重金属含量，另外土壤中的一些原有基团和微生物，也会对污泥堆肥中重金属的形态和植物可利用性造成一定的影响，而污泥堆肥施用量为 100% 的条件下，消除了土壤的作用，因此需要更详细地了解高羊茅单位时间 Zn 吸收量不断增大的原因。在实际林地应用过程中很难用污泥堆肥完全代替土壤，因此综合考虑植物的生长和金属的吸收，在高羊茅栽培时施用污泥堆肥，选择 25% 左右的施用量较为合理。

另外纵向比较同一时间段内不同处理的 U 值可以发现，施用污泥的实验组在前 6 周，

U 值随施用量的增加而增加，后 6 周则在 0 左右，而施用污泥堆肥的实验组单位时间内高羊茅吸收 Zn 的量随施用量的增大而增加。Singh 等的研究也发现类似的规律，而且除 Zn 外，Cu、Cr、Cd 和 Ni 等重金属也具有相同的规律，说明高羊茅虽然不是重金属的超富集植物，但是种植在污泥堆肥施用的土壤中，能够吸收一定的重金属，且污泥堆肥施用量越大，植物吸收重金属的量也就越多。

表 4-21 中大多数条件下 U > 0，说明在该时间段，有更多的 Zn 进入了植物体，而在 6～9 周污泥施用量为 50%以及 9～12 周污泥施用量为 25%的两个处理中，U 值分别为 −0.65 μg/周、−1.45 μg/周，小于 0，说明在该时间段内，总体上高羊茅没有从土壤中获取 Zn。但是从图 4-64 来看，在这一时间内高羊茅中的 Zn 浓度有所增加，说明部分植物死亡后又将其吸收的 Zn 释放到了土壤中，而且释放的量大于同一时间仍然存活的高羊茅吸收的量。

4.4.6 污泥堆肥林地利用重金属向地下水及地表水的迁移

1. 地下水连续监测结果

污泥堆肥施用于林地，对地下水具有一定的潜在威胁，因此在污泥堆肥施用前后，连续跟踪监测施肥场地所在位置的地下水中重金属含量的变化情况，结果如表 4-22 所示。2011 年 4 月，地下水中重金属含量为施用污泥堆肥之前的数据，考虑到地下水层距地表有超过 30 m 的厚度，因此在施肥第一年只采样两次，从 2012 年春季开始，每月采集地下水样一次。所有地下水样品中，Pb 和 Cr 两种重金属均未检出，As 和 Hg 两种重金属偶尔检出，且含量很小，而 Cd 虽然在每次检测时均有检出，但是远低于地下水环境质量 I 级标准的限值。Zn 和 Cu 两种重金属分别满足地下水环境质量 II 级和 III 级标准，相对于其他重金属，Zn 和 Cu 含量偏高，可能是因为地下水采集泵站在建设时使用的金属管道和法兰等部件中含有一定量的 Zn 和 Cu 溶于水中的缘故。

表 4-22　地下水中重金属含量　　　　　　　单位：μg/L

		Cu	Zn	Pb	Cr	Cd	As	Hg
2011 年 4 月		72.5	118.1	N.D.	N.D.	0.025	N.D.	N.D.
2011 年 9 月		73.4	130.2	N.D.	N.D.	0.027	0.41	N.D.
2011 年 11 月		70.6	75.4	N.D.	N.D.	0.022	N.D.	0.016
2012 年 5 月		70.3	120.4	N.D.	N.D.	0.025	0.29	0.009
2012 年 6 月		73.1	119.2	N.D.	N.D.	0.022	N.D.	N.D.
2012 年 7 月		72.9	123.4	N.D.	N.D.	0.024	0.38	0.012
2012 年 8 月		71.8	122.6	N.D.	N.D.	0.021	0.35	N.D.
2012 年 9 月		70.6	119.5	N.D.	N.D.	0.019	N.D.	N.D.
2012 年 10 月		71.5	121.5	N.D.	N.D.	0.027	0.43	0.021
2012 年 11 月		73.1	112.7	N.D.	N.D.	0.022	N.D.	N.D.
《地下水环境质量标准》（GB/T 14848—93）	I	≤10	≤50	≤5	≤5	≤0.1	≤5	≤0.05
	II	≤50	≤500	≤10	≤10	≤1	≤10	≤0.5
	III	≤1 000	≤1 000	≤50	≤50	≤10	≤50	≤1

在监测时间内，地下水中的重金属含量没有发生明显随时间增加的情况，也没有发现比未施肥前的地下水中重金属含量升高的情况。含量相对较高的两种重金属 Zn 和 Cu 的含量分别在 75.4～130.2 μg/L 和 70.3～73.4 μg/L 较小范围内波动，说明污泥堆肥施用后，在短期内重金属没有迁移到地下水层，未对地下水造成污染。但是由于重金属的迁移具有一定的滞后性，仅从施肥后不到两年的监测数据，不能得出施用污泥堆肥对地下水重金属含量没有影响的肯定性结论，还需要进行长期的连续跟踪监测，来反映实际的情况。

2．施用污泥堆肥对地表水体重金属含量的影响

采用人工模拟径流实验的方法，研究施用污泥堆肥的不同场地中重金属随地表径流的迁移情况，考察污泥堆肥的施用对地表水体的影响。

1）银杏林地模拟径流

主要考察平地条状沟施条件下，污泥堆肥中的重金属随地表径流迁移情况。不同施肥量下地表径流水体中重金属的质量浓度如表 4-23 所示。除了污泥堆肥施用量 3 kg/m^2 条件下的 Hg 超标外，其余水样中的重金属含量均满足地表水环境质量 III 级标准（GB 3838—2002）要求的限值。Zn 和 Cu 的含量有随施肥量增加而增大的趋势。Cd 的含量较稳定，不同污泥堆肥施用量下基本相同，且与不施肥对照组无明显差异。Pb 和 As 的含量在不同施肥量条件下有部分检出，但仍远小于标准限值。Cr 在所有处理的水样中均未检出。

表 4-23　银杏林地表径流中重金属质量浓度　　　　　　　单位：μg/L

施肥量/（kg/m^2）	Cu	Zn	Pb	Cr	Cd	As	Hg
0	N.D.	N.D.	0.65	N.D.	0.03	0.70	N.D.
1.5	N.D.	N.D.	0.72	N.D.	0.03	0.34	0.02
3	35.2	15.1	0.12	N.D.	0.02	1.03	0.31
4.5	40.8	55.4	N.D.	N.D.	0.02	N.D.	N.D.
6	68.6	159.4	N.D.	N.D.	0.03	N.D.	N.D.
GB 3838—2002（III 级）	≤1 000	≤1 000	≤50	≤50	≤5	≤50	≤0.1

Zn 和 Cu 由于溶解度相对较大，且在污泥堆肥中含量较高，因此会呈现随施用量增加而增大的趋势。Pb 和 As 在施用量为 4.5 kg/m^2 和 6 kg/m^2 的条件下反而未检出，推测可能是因为在较高施肥量的条件下促进了林内各种杂草的生长，因而对径流水体中的 Pb 和 As 有一定的截留作用。

对于 Hg，只有施用量为 3 kg/m^2 时水样含量超标，更大或更小的施肥量条件下都存在 Hg 未检出的情况，推测其原因，可能具有一定的偶然性。模拟径流实验于 2011 年 9 月进行，对比了距这一时间最近的 8 月 31 日的土壤重金属含量检测数据发现，这一时期，土壤中的 Hg 含量较其他时间段监测值低 10% 左右，因此推断可能有部分 Hg 元素由于某种原因挥发到了近地面的空气中或者土壤表层，之后随降雨径流流失，使得水样检测值超标。

从总体上来说，在平地采用条状沟施的施肥方式，基本能够避免污泥堆肥中的重金属进入地表水体。需要重点关注的是 Zn 和 Cu 两种重金属，因为其在水中的含量随施用污泥堆肥量的增加而增大，因此有可能在更高施用量的条件下对地表水体构成威胁。

2）梅花林地模拟径流

主要考察坡地环状沟施条件下，污泥堆肥中的重金属随地表径流迁移情况。不同施肥量下地表径流水体中重金属的质量浓度，如表4-24所示。梅花林地表径流中各种重金属含量均满足地表水环境质量Ⅲ级标准（GB 3838—2002）的限值，其中Cr和Hg两种重金属在径流水体中均未检出，Zn、Cu、Pb、Cd和As五种重金属虽有部分检出，但含量均远小于标准中规定的数值。

表4-24　梅花林地表径流中重金属质量浓度　　　　　单位：μg/L

施肥量/（kg/m²）	Cu	Zn	Pb	Cr	Cd	As	Hg
0	N.D.	42.95	1.03	N.D.	0.03	0.48	N.D.
1.5	10.43	N.D.	2.85	N.D.	0.02	0.46	N.D.
3	11.85	1.79	N.D.	N.D.	0.02	0.62	N.D.
4.5	10.27	N.D.	0.42	N.D.	0.03	1.77	N.D.
6	14.67	59.80	0.02	N.D.	0.03	0.17	N.D.
GB 3838—2002（Ⅲ级）	≤1 000	≤1 000	≤50	≤50	≤5	≤50	≤0.1

径流水体中Zn和Cu两种重金属的最高含量均出现在6 kg/m²的最高施用量条件下，但其他处理条件下的径流水体中重金属含量没有出现明显的随施肥量增加而增大的现象，因此，尚不能得出Zn、Cu容易随地表径流迁移的结论。

径流水体中Pb和As的含量总体呈现波动变化的规律，在不施肥对照组中的含量不是最低，而最大施肥量条件下含量也不是最高，说明施用污泥堆肥对地表径流中Pb和As的含量影响规律不明显。

总体来看，在有一定坡度的林地，采用环状沟施的施肥方式，不会对径流水体中重金属的含量造成明显的影响。但是这一结论不能随意推广至所有坡度的林地和所有施用量，因为过高的施用量会引入大量的可溶性重金属，不能确定是否会超过植物吸收和截留的能力进入地表径流。另外坡度较大的场地条件下会出现径流系数增加的情况，对土壤的冲击也较大，可能使更多附着重金属的土壤颗粒进入地表水体。

3）人工草坪模拟径流

主要考察在一定坡度的场地采用撒施后与表土混合的方式施用污泥堆肥，种植不同类型的草坪草后，污泥堆肥中的重金属迁移进入地表径流的情况。不同施用量下模拟径流水体中的重金属质量浓度，如表4-25所示。Pb和Cr两种重金属基本没有进入地表径流，Cd在径流水体中有一定的含量，但主要来源于模拟用水。由于施用污泥堆肥，径流水体中的As含量有所增加，但没有随施用量增加而明显增大的趋势，且远小于地表水环境质量Ⅲ级标准（GB 3838—2002）的限值。对比两种草坪草，径流水体中Pb、Cr、Cd和As的含量没有明显差异，可以认定，这四种重金属对地表水体的潜在威胁很小。

表 4-25　人工草坪地表径流中重金属质量浓度　　　　单位：μg/L

	Cu	Zn	Pb	Cr	Cd	As	Hg
高羊茅 0 kg/m²	233.5	8.1	0.37	N.D.	0.013	0.68	0.219
高羊茅 1.5 kg/m²	416.7	8.7	N.D.	N.D.	0.014	1.09	0.029
高羊茅 3 kg/m²	335.6	47.3	0.28	N.D.	0.022	2.76	0.149
高羊茅 4.5 kg/m²	428.5	58.4	0.61	N.D.	0.024	2.28	N.D.
高羊茅 6 kg/m²	504.6	120.2	N.D.	N.D.	0.035	1.46	N.D.
白三叶 0 kg/m²	342.6	200.1	N.D.	N.D.	0.025	0.58	0.114
白三叶 1.5 kg/m²	475.4	481.5	0.21	N.D.	0.022	1.18	9.868
白三叶 3 kg/m²	366.7	490.2	N.D.	N.D.	0.021	1.56	9.407
白三叶 4.5 kg/m²	454.1	964.9	N.D.	N.D.	0.022	1.22	6.041
白三叶 6 kg/m²	734.9	2 098.7	0.32	N.D.	0.038	1.28	4.007
模拟径流用水	73.4	130.2	N.D.	N.D.	0.027	0.41	N.D.
GB 3838—2002（III级）	≤1 000	≤1 000	≤50	≤50	≤5	≤50	≤0.1

种植两种草坪草的场地径流水样中，Cu 的含量都有随着污泥堆肥施用量的增加逐渐增加的趋势，施用量为 6 kg/m² 时，高羊茅和白三叶场地径流水体中 Cu 的质量浓度分别达到 504.6 μg/L 和 734.9 μg/L，是未施肥场地的 2.2 倍，但并没有超过地表水环境质量III级标准中的要求，说明污泥堆肥的施用，虽然使其中的重金属迁移到了地表径流中，但控制适当的施用量，能够防止地表水体的污染。

对比高羊茅场地和白三叶场地径流水体中 Zn 的含量发现，相同施用量下种植白三叶的场地产生的地表径流中，Zn 的含量明显高于栽种高羊茅的场地。模拟径流所用的水中 Zn 的质量浓度为 130.2 μg/L，大于所有污泥堆肥施用量下高羊茅场地的径流水体，而栽种白三叶的场地则相反，所有施用量下白三叶场地的地表径流中 Zn 的含量均大于模拟径流原水，且随着施用量的增加而增大，特别是施用量达到 6 kg/m² 时，径流水中的 Zn 质量浓度达到 2 098.7 μg/L，超过地表水环境质量III级标准 1 倍。可见，重金属的迁移情况与草坪草的种类有密切的关系。所选用的两种草坪草分属两个科，具有不同的根系特点，其中高羊茅是禾本科的典型代表，其须根发达，根系强健、粗糙，更容易存储水分和固定重金属，而白三叶属于豆科三叶草属，是直根性植物，对径流中重金属的阻隔和吸收作用都不如高羊茅，因此种植高羊茅的场地产生的径流水中 Zn 含量甚至低于径流用水，这也提示我们，在林地施用污泥堆肥时，如果施肥方式使堆肥中的重金属容易进入地表径流，则应考虑尽量选取根系发达，固土保水能力强的植被类型。

相对于其他重金属，Hg 对草坪场地地表径流的影响最大，尤其是种植白三叶的场地，其径流水中 Hg 的超标率达到了 100%，污泥堆肥施用量为 1.5 kg/m² 时，径流水中的 Hg 质量浓度达到了 9.868 μg/L，超标近 100 倍。除了施用污泥堆肥引入较高含量的 Hg 外，场地本底土壤中的 Hg 含量也是造成地表径流中 Hg 含量超标的重要原因，因为两种草坪草场地的不施肥对照组径流中 Hg 浓度也高于地表水环境质量标准。对比两种草坪草，种植高羊茅场地的径流中 Hg 含量显著低于种植白三叶场地的径流，这与 Zn 的径流规律相同，再次说明了草坪草种类对径流中重金属含量的影响。另外，随着污泥堆肥施用量的增加，白三叶场地径流中的 Hg 含量有减少的趋势，可能是植被覆盖度逐渐增大造成的。在较高施用量的情况下，有利于草坪草的生长，更多的生物量对重金属的截留有一定的效果。

综上所述，采用表土混合的污泥堆肥施用方式，污泥堆肥中的重金属有可能随地表径流迁移，对地表水体构成威胁，其中 Zn 和 Hg 的威胁最大，而根系发达的须根植物，对重金属有一定的截留作用，更适于污泥堆肥施用的场地。

4.4.7　污泥堆肥对土壤中重金属形态的影响

图 4-65 为刚施肥时（3 月 6 日），Hg、Pb、Cu、Zn 四种重金属元素的不同形态随污泥堆肥施用量变化的情况。其中，残渣态、有机质结合态、铁锰氧化物结合态属于金属的相对稳定态，碳酸盐结合态、可交换态属于相对不稳定态。由图 4-65 中可以看出，随着污泥堆肥施用量的增加，四种重金属元素的残渣态均有显著提高，其余形态的比例则有增有减，四种重金属之间的差异较大，其中 Hg 元素几乎全部以残渣态形式存在。总体上来说，这几种元素有向不稳定态转化的趋势，即污泥堆肥的施用能够活化土壤中的重金属元素，对于不同的重金属需采用各自最佳的堆肥比例。

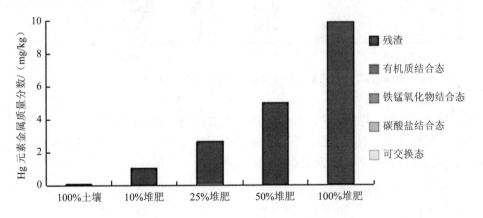

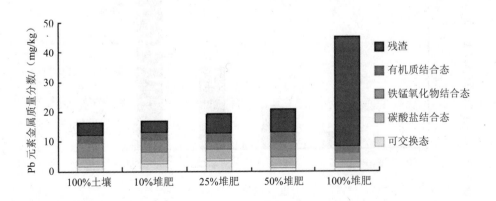

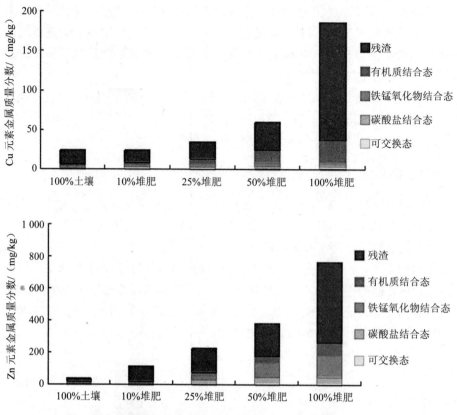

图 4-65 污泥堆肥施用量对重金属不同形态的影响（3 月 6 日）

图 4-66 为施肥 12 周后（5 月 29 日）四种重金属元素的不同形态随污泥堆肥施用量变化的情况。可以看出，Hg 的不同形态组成比例无显著变化，其他金属则表现出更为明显的向不稳定态转化的趋势，特别是金属 Pb 的表现更为显著。

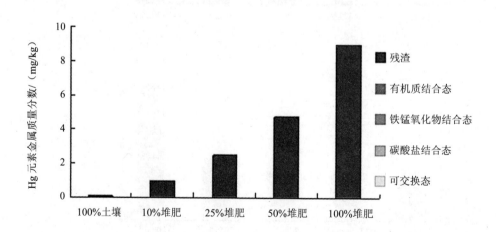

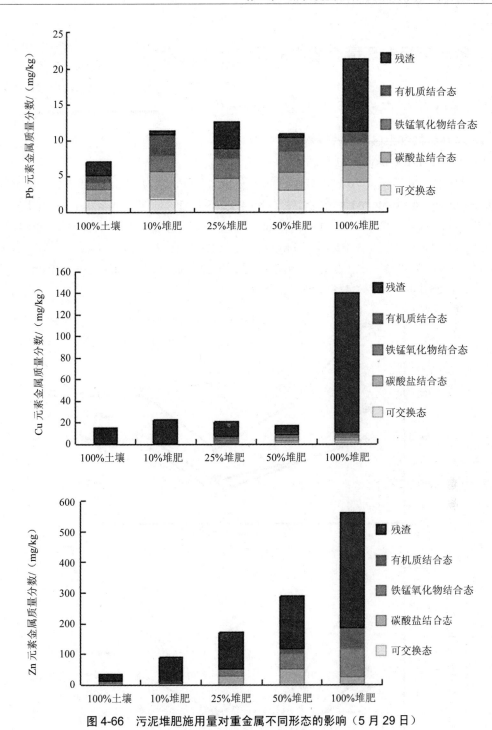

图 4-66　污泥堆肥施用量对重金属不同形态的影响（5 月 29 日）

　　对比同种金属不同试验时期的形态可以看出，试验经 12 周时间后，重金属的可交换态有所上升，说明城市污泥堆肥的施用能够促进土壤中重金属向更加不稳定、更加活泼的形态转化，有利于重金属从土壤中去除。

4.5 多环芳烃在环境介质中的迁移转化规律

4.5.1 多环芳烃在土壤环境中的迁移转化规律

1. 多环芳烃在土壤中的暴露水平

1）土壤中 PAHs 随时间分布规律

梅花林地土壤本底中 16 种 PAHs 的总量为 193.8 μg/kg，其中 2～3 环 PAHs 质量分数为 107.4 μg/kg，4～6 环 PAHs 质量分数为 86.4 μg/kg。银杏林地土壤本底中 16 种 PAHs 总量为 300.2 μg/kg，其中 2～3 环 PAHs 质量分数为 119.7 μg/kg，4～6 环 PAHs 质量分数为 116.5 μg/kg。梅花和银杏林地施肥（3 kg/m²）后，PAHs 在 0～40 cm 土壤中的暴露水平如图 4-67（上）、图 4-68（上）所示，未施肥对照场地（0 kg/m²）PAHs 在 0～40 cm 土壤中的暴露水平如图 4-67（下）、图 4-68（下）所示。

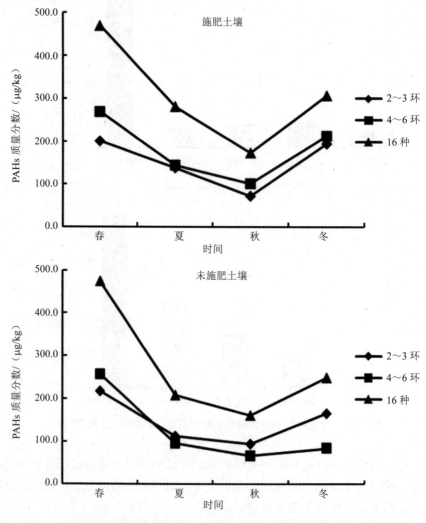

图 4-67 梅花林地土壤中多环芳烃随时间变化规律

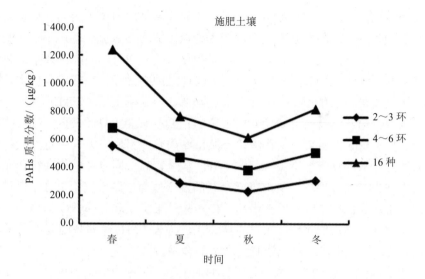

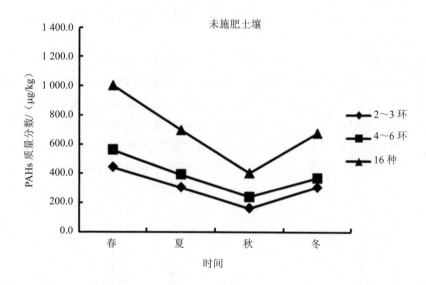

图 4-68　银杏林地中多环芳烃随时间分布规律

从图 4-67、图 4-68 中可以看出，在一年的考察期间内，施用污泥堆肥后，梅花林、银杏林地土壤中 2～3 环 PAHs、4～6 环 PAHs、16 种 PAHs 总量均高于本底值。即施用污泥堆肥能够增加土壤中 PAHs 的含量，并且在相对较短的时间内（一年）无法恢复至其本底浓度。施肥土壤与未施肥土壤中 PAHs 随时间变化的趋势较为一致，并且土壤中的 16 种 PAHs 含量、2～3 环 PAHs 含量以及 4～6 环 PAHs 含量都体现出这样的规律：在春、夏、秋季逐渐减少，在冬季回升，但回升后的幅度不超过刚施肥后春季土壤中的含量。

分析其原因为：第一，土壤中微生物对 PAHs 具有降解作用，而土壤中微生物的数量、种群和分布会呈现明显的季节性动态变化，不同的温度和湿度会影响土壤中的生物量。有研究表明，在长白山林地土壤中，细菌在土壤中的比重在春季较大，真菌和放线菌则在春季最高，夏季最低；在大兴安岭土壤中，细菌和放线菌呈现为夏季最高、秋季最低的分布特征，而真菌则为夏季最高，秋季次之，春季最低。施肥与未施肥场地 PAHs 变化规律一致，说明城市污泥堆肥的施入未显著改变土壤中微生物对 PAHs 的降解效果。第二，土壤表层的 PAHs 可能会向大气中挥发，以及被降雨径流冲刷稀释。北方夏、秋季节降雨较为集中，因此本实验夏季土壤中 PAHs 含量快速降低，至秋季土壤中 PAHs 含量降至最低是合理的一种表现。第三，有研究表明，一般土壤中 90% 以上 PAHs 来自大气沉降，大气沉降成为土壤表层 PAHs 主要来源。我国北方城市冬季寒冷干燥，大气中悬浮颗粒较多，在冬季取暖时燃煤排放的烟气会造成大气中 PAHs 含量较高，同时冬季热降解和光降解强度减弱，经常出现大气逆温现象，从而降低空气的混合度而导致大气中 PAHs 含量增加，因此冬季沉降到土壤表面的 PAHs 也就增加，使实验结果又呈现冬季升高的趋势。第四，与直接施入土壤中的污泥堆肥相比，大气沉降带来的地表 PAHs 增量毕竟是有限的，因此冬季升高后的 PAHs 含量仍然会低于施肥后不久的春季。

综上所述，城市污泥堆肥的施入会明显增加土壤环境中 PAHs 的总量，但 PAHs 含量随时间的变化趋势与自然条件下（未施肥）土壤的情况比较一致，施肥对同时段自然条件下土壤中 PAHs 的分布特征、微生物降解 PAHs 的效果没有明显影响。

2）土壤中 PAHs 在不同土层分布特征

以往的研究表明，自然条件下土壤中的 PAHs 具有一定的分布特征与迁移转化规律。而在林地土壤表层施加城市污泥堆肥后，PAHs 在土壤中的聚集性和迁移性有待研究，特别是 PAHs 的稳定性、高毒性还可能会给地下水带来安全风险，因此考察施肥后 PAHs 在土壤中的迁移情况，以及施肥量对土壤组成的影响是必要且必需的。

PAHs 在不同深度土壤中的含量及变化趋势，能够反映 PAHs 向深层土壤迁移速度；PAHs 在施肥量不同的场地土壤中的含量及变化趋势，能够反映施肥量对土壤中 PAHs 的扰动情况。基于上述研究目的对梅花林地土壤中 PAHs 的实验数据进行分析与统计，如图 4-69 所示。

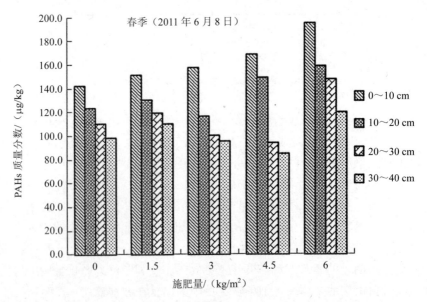

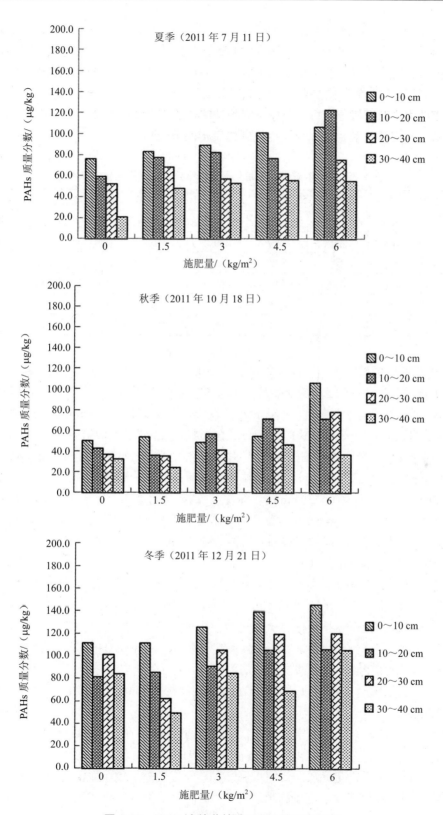

图 4-69　PAHs 在梅花林地不同土层分布特征

由图 4-69 中可以看出，随着施肥量的增加，在四个季节里土壤中 PAHs 的总量均有逐渐增加的趋势，分别观察各个土层深度中 PAHs 的含量则有增有减，规律性不显著。PAHs 含量的峰值、次峰值出现在土壤中的位置，可显示出 PAHs 在土壤中迁移分布特征。在四个季节、五种施肥量条件下，PAHs 含量峰值所位于的土层深度是不断变化的，为探讨 PAHs 在不同土层深度的迁移分布特点，将 PAHs 含量峰值、次峰值出现于土壤位置（即土层深度）的概率（区域概率）进行统计，得到如表 4-26 所示的结果。

表 4-26 PAHs 峰值、次峰值区域概率统计（以施肥量为标准）

施肥量	峰值区域概率				次峰值区域概率			
	0～10 cm	10～20 cm	20～30 cm	30～40 cm	0～10 cm	10～20 cm	20～30 cm	30～40 cm
0 kg/m²	20%	0%	0%	0%	0%	15%	5%	0%
1.5 kg/m²	15%	5%	0%	0%	0%	20%	0%	0%
3 kg/m²	10%	10%	0%	0%	5%	10%	5%	0%
4.5 kg/m²	15%	5%	0%	0%	0%	10%	10%	0%
6 kg/m²	15%	5%	0%	0%	5%	5%	10%	0%

从表 4-26 中可以看出，不同施肥量下的土壤中，PAHs 峰值所在位置基本一致，集中在 0～20 cm 土层，并不会随施肥量增大而改变 PAHs 在土壤表层的分布；次峰值集中在 10～30 cm 土层，在施肥量为 0～3 kg/m² 时，次峰值出现在 10～20 cm 土层的概率最大，这与自然条件下（无人工施肥）土壤中 PAHs 的分布状况较为一致，但当施肥量为 4.5～6 kg/m² 时，次峰值出现在 20～30 cm 的概率明显增大，说明施肥量的增加可能会导致 PAHs 向 20～30 cm 土层中迁移。而 30～40 cm 的土壤中并没有 PAHs 达到峰值和次峰值的水平，即高含量的 PAHs 全部出现在 0～30 cm 的土壤深度，这符合自然条件下土壤中 PAHs 分布特点。

综上所述，对于 0～40 cm 深度的土壤，施用不同浓度的污泥堆肥对 PAHs 在土壤中的存在结构没有明显影响，但浓度较高时可能会促使 PAHs 向较深层土壤（20～30 cm）中迁移，增大施肥污染地下水的风险。

从表 4-27 中可以看出，春季 PAHs 峰值集中在 0～10 cm 土层；夏季为 0～10 cm、10～20 cm 土层；秋季除了在 0～10 cm、10～20 cm 土层中出现峰值外，在 20～30 cm 土层中也出现峰值情况；而至冬季峰值又全部出现在 0～10 cm 土层内。由前面介绍可知，北方地区冬季时大气沉降到地表的 PAHs 远高于其他季节，因此峰值很容易出现在 0～10 cm；而在春、夏、秋季 PAHs 有向深层迁移的可能性。对于次峰值，春、夏、秋季主要集中在 10～20 cm 土层，但至冬季时 20～30 cm 土层出现次峰值的概率达 20%，远高于 10～20 cm 土层的情况（5%）。

综上所述，在较短的施肥实验时间（一年）内，PAHs 在 0～40 cm 浅层土壤中迁移速度较快，特别是施肥量较大（4.5～6 kg/m²）时更应引起注意。若在林地长期施用污泥堆肥，应事先进行针对特定品质的污泥堆肥产品、特定性质场地土壤的实验，测定 PAHs 向深层土壤中的迁移速度，以避免施肥过程中 PAHs 对地下水的潜在风险，进而确定合理的施肥频度和施肥量。

表 4-27　PAHs 峰值、次峰值区域概率统计（以时间为标准）

季节	峰值区域概率				次峰值区域概率			
	0～10 cm	10～20 cm	20～30 cm	30～40 cm	0～10 cm	10～20 cm	20～30 cm	30～40 cm
春	25%	0%	0%	0%	0%	20%	5%	0%
夏	20%	5%	0%	0%	5%	20%	0%	0%
秋	15%	10%	5%	0%	10%	10%	5%	0%
冬	25%	0%	0%	0%	0%	5%	20%	0%

2. 多环芳烃在土壤中的迁移转化规律

PAHs 广泛存在于土壤环境中，其浓度范围根据污染情况而有所不同。土壤既可以作为 PAHs 的源，又能够成为 PAHs 的汇。土壤中的 PAHs 多来源于自然条件下的干湿沉降，PAHs 还可能因地表径流、含 PAHs 物质的加入和施用、微生物的合成、富集 PAHs 植被的腐蚀分解而逐渐积累于土壤中。但同时土壤中的 PAHs 也能够被微生物降解、植物吸收、挥发至大气、被光分解，或随降雨径流迁移至地表水、地下水以及下游区域。土壤中的 PAHs 在一定时间内能够保持动态平衡。因此，对 PAHs 迁移转化规律的研究主要分为浓度变化规律的研究和不同介质之间迁移规律的研究。

由于 PAHs 是一类以苯环为基本组成单位的物质，其结构和性质均随苯环数的不同而变化。本研究中的 16 种 PAHs，其苯环数为 2～6 环，分子量介于 128～278 之间不等，性质也不尽相同。因此，可将 PAHs 分为低分子量 PAHs（2～3 环）和高分子量 PAHs（4～6 环）分别进行研究，低分子量 PAHs 包括：萘、苊、苊烯、芴、菲和蒽，高分子量 PAHs 包括：荧蒽、芘、苯并[a]蒽、䓛、苯并[b]荧蒽、苯并[k]荧蒽、苯并[a]芘、二苯并[a,h]蒽、苯并[g,h,i]苝和茚并[1,2,3-cd]芘。以盆栽试验、林地径流模拟试验和人工草坪径流试验结果为依据，研究了 PAHs 在土壤中的浓度变化规律以及从土壤向其他介质迁移的规律。

1）低分子量 PAHs 在盆栽土壤中的变化规律

低分子量 PAHs 在土壤中随时间变化的规律如图 4-70 所示。其中，NP 为未种植物土壤，P 为种植高羊茅的土壤。

由图 4-70 可知，土壤中 2～3 环 PAHs 的初始浓度随着施肥比例的增大而增加。施肥比例为 10%时，土壤中 2～3 环 PAHs 的浓度为不施肥土壤的 1.8 倍左右，而当施肥量继续增大，土壤中 PAHs 的浓度增加显著，施肥量为 25%和 50%时，PAHs 浓度分别为不施肥土壤的 2 倍和 3 倍。

随着施肥以后时间的延长，不同施肥比例下土壤中 PAHs 浓度均出现递减趋势，不施肥土壤中 PAHs 浓度下降较慢，而施用堆肥的土壤中 PAHs 浓度下降较快。这是由于施入堆肥后向土壤中引入了部分 PAHs，加大了初始浓度，使得可被降解的 PAHs 有所增加。同时，堆肥的添加可以向土壤提供一定量的有机质和氮、磷营养元素，为土壤中微生物的增长繁殖提供必要的营养。此外，堆肥与土壤混合能够改善土壤的结构，使其疏松多孔，改善土壤通风状况和供氧条件，有利于微生物的生长，也有助于 PAHs 的挥发。另外，污泥堆肥中可能含有部分能够高效降解 PAHs 的微生物，将土壤和堆肥混合，能够将此类微生物引入土壤，从而提高 PAHs 的降解速度。

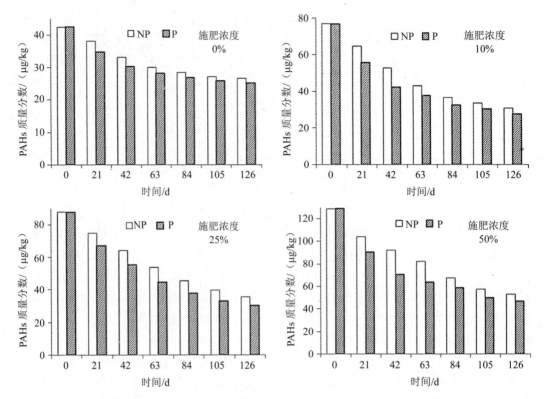

图 4-70 不同施肥比例下土壤中 2～3 环 PAHs 质量分数随时间的变化

实验过程中，种植高羊茅的土壤中 PAHs 的质量分数均低于同一条件下未种植植物的土壤。这是由于植物能够吸收一部分 PAHs，植物的根系发达，根系周围微生物数量较大，有利于根际土壤中 PAHs 的降解，另外，植物根系分泌物能够被微生物所利用，促进微生物数量的增长，进一步促进了 PAHs 的降解。由于高羊茅对 PAHs 有吸收富集的作用，因此土壤中的 PAHs 能够迁移进入植物，进而发生转移。

实验结束后，不同施肥比例下的土壤中 PAHs 质量分数在 25～45 μg/kg 之间。土壤中残留的 PAHs 的浓度随着施肥比例的增大而增大。但不同施肥比例的土壤中残留 PAHs 的差异没有初始 PAHs 浓度的差异显著。四种施肥比例下，土壤中 2～3 环 PAHs 的降解率和一级动力学降解速率常数见表 4-28。

表 4-28　不同施肥比例土壤中 2～3 环 PAHs 的降解率和降解速率常数

施肥比例	降解率/%		降解速率常数 k / $(10^{-3}/d)$	
	NP	P	NP	P
0%	37.24	40.85	3.80	3.90
10%	60.07	64.02	7.50	7.70
25%	59.43	65.33	7.30	8.40
50%	58.86	63.70	7.10	7.50

从表 4-28 中可以看出，种植高羊茅的土壤中，PAHs 降解率高于未种植植物的土壤。添加了不同比例堆肥的土壤中，PAHs 降解率高于未施肥土壤，与前述结论一致。在不同

施肥比例下，未种植植物的土壤中 PAHs 降解率最高的为施肥量 10%的土壤，随着施肥量增加，降解率逐渐下降，但仍高于未施肥土壤；而种植了高羊茅的土壤中，2～3 环 PAHs 降解率最高的为施肥量 25%的土壤，其次为 10%和 50%施肥比例的土壤。这一结果说明，适量使用污泥堆肥能够促进土壤中 PAHs 的降解，当有植物存在时，可适当提高堆肥施用比例。当施肥量过高时，虽然 PAHs 降解率较高，但是由于引入土壤的 PAHs 量大，导致 PAHs 易在土壤中残留，从而需要更长时间才能被土壤中的微生物降解。

　　另外，将不同时间点土壤中 PAHs 的残留浓度进行一级动力学拟合得到，土壤中 2～3 环 PAHs 降解速率 k 值的大小与降解率结果一致，种植高羊茅的土壤中 PAHs 降解速率高于未种植物土壤，添加堆肥土壤中 PAHs 降解速度大于未施肥土壤，而未种植植物和种植植物土壤中 PAHs 降解速率最大的分别是施肥量 10%和 25%的土壤。

　　2）高分子量 PAHs 在盆栽土壤中的变化规律

　　高分子量 PAHs 在土壤中随时间变化的规律如图 4-71 所示。可以看出，土壤中 4～6 环 PAHs 的初始浓度随着施肥比例的增大而增加。施肥比例为 10%时，土壤中 4～6 环 PAHs 的浓度为不施肥土壤的 1.6 倍左右，当施肥量继续增大，土壤中 4～6 环 PAHs 的浓度增加显著，施肥量为 25%和 50%时，4～6 环 PAHs 浓度分别为不施肥土壤的 2.7 倍和 5.3 倍。与低分子量 PAHs 增加情况相比，当施肥比例较小时（10%），土壤中 4～6 环分子量增加量与低分子量 PAHs 增量比例相当，但继续增大施肥比例，在施肥量为 25%和 50%时，土壤中 4～6 环 PAHs 浓度突增，与不施肥土壤中 PAHs 浓度比也显著增加。因此，在较大的施肥比例下，有可能造成高分子量 PAHs 在土壤中的累积。

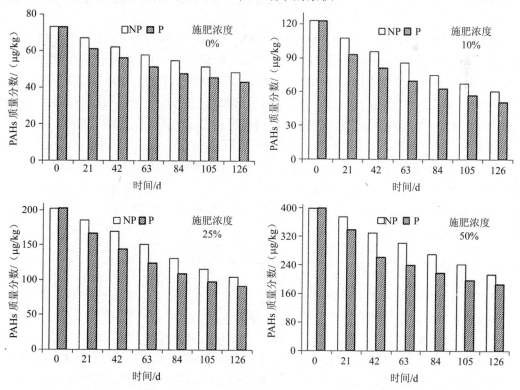

图 4-71　不同施肥比例下土壤中 4～6 环 PAHs 质量分数随时间的变化

　　随着实验时间的延长，不同施肥比例下的 PAHs 浓度均出现递减趋势，不施肥土壤中 PAHs 浓度下降较慢，而施用堆肥的土壤中 PAHs 浓度下降快。种植高羊茅的土壤中 PAHs 的浓度均低于同一条件下未种植植物的土壤。但是与低分子量 PAHs 下降趋势相比，4～6 环 PAHs 的浓度下降速率明显低于 2～3 环 PAHs，这主要是由高分子量 PAHs 的性质所决定的。相较低分子量 PAHs 而言，高分子 PAHs 挥发性较弱，不易于被微生物降解，也不易于被植物所吸收，因而更容易残留于土壤中。

　　实验结束后，不同施肥比例土壤中的 PAHs 质量分数在 45～225 μg/kg 之间，残留的 PAHs 浓度随着施肥比例的增大而增大。高分子量 PAHs 残留浓度比低分子量 PAHs 在土壤中的残留浓度高 2～5 倍，再次证明了土壤中高分子量 PAHs 不易降解而易于残留在土壤中的特点。可见，高分子量 PAHs 将是造成环境风险的重要因子。四种施肥比例下，土壤中 4～6 环 PAHs 的去除率和一级动力学降解速率常数见表 4-29。

表 4-29　不同施肥比例土壤中 4～6 环 PAHs 的降解率

施肥比例	降解率/%		降解速率常数 k /（10^{-3}/d）	
	NP	P	NP	P
0%	33.50	40.82	3.20	4.00
10%	50.92	58.68	5.60	6.60
25%	48.12	54.92	5.40	6.40
50%	46.46	53.38	5.00	6.10

　　从表 4-29 中可以看出，种植高羊茅的土壤中，PAHs 降解率高于未种植植物的土壤，添加了不同比例堆肥的土壤中，PAHs 降解率均高于未施肥土壤。在不同施肥比例下，土壤中 PAHs 降解率最高的为施肥量 10%的土壤，随着施肥量增加，降解率逐渐下降，但仍高于未施肥土壤。当施肥量过高时，虽然 PAHs 降解率也较高，但由于引入土壤中的 PAHs 量较大，导致部分 PAHs 会在土壤中残留，需要更长的时间才能被土壤中的微生物降解。经一级动力学方程拟合，降解速率 k 的趋势与降解率结果一致，即种植高羊茅的土壤中 PAHs 降解速率高于未种植植物土壤，添加堆肥土壤中 PAHs 降解速度大于未施肥土壤，土壤中 PAHs 降解速率最大的是施肥量 10%的土壤。与 2～3 环 PAHs 相比，4～6 环 PAHs 在土壤中的降解速率只有 2～3 环 PAHs 降解速率的 75%左右，这也证明了高分子量 PAHs 的难降解特性。

4.5.2　多环芳烃在土壤—水中的迁移转化规律

1．多环芳烃在地表水中的暴露水平

1）梅花林和银杏林地表径流中 PAHs 的暴露水平

　　为了考察在林地表层土壤施加污泥堆肥后 PAHs 随降水迁移至地表水体中情况，本研究于 2011 年 9 月在梅花林和银杏林各个不同施肥比例的场地，采用人工降雨，对林地地表径流水样进行收集，测定其中的 PAHs 含量。经分析发现，只有萘（NAP）、苊（ANY）、苊烯（ANA）、芴（FLU）、菲（PHE）、荧蒽（FLT）这六种低分子量的 PAHs 在地表径流

中被检出，其余低水溶性、难生物降解的高分子量 PAHs 均未被检出。具体测定结果如表 4-30 所示。

表 4-30　梅花林和银杏林场地径流水样中 PAHs 质量浓度　　　　单位：ng/L

梅花林施肥量	NAP	ANY	ANA	FLU	PHE	FLT	总量
0 kg/m²	11.7	9.0	4.4	9.8	9.4	16.8	61.1
1.5 kg/m²	12.2	9.8	4.3	10.4	9.2	16.3	62.2
3.0 kg/m²	13.5	9.8	4.2	9.9	9.4	16.3	63.1
4.5 kg/m²	15.5	9.8	4.4	10.6	10.6	16.4	67.3
6.0 kg/m²	19.1	9.7	4.3	10.3	9.7	16.2	69.3
银杏林施肥量	NAP	ANY	ANA	FLU	PHE	FLT	总量
0 kg/m²	15.6	9.9	3.6	13.1	12.7	16.8	61.7
1.5 kg/m²	16.4	9.5	3.9	9.2	7.3	16.1	62.4
3.0 kg/m²	16.6	9.1	4.0	10.2	9.4	16.3	65.6
4.5 kg/m²	16.7	9.8	4.1	10.8	9.8	16.2	67.4
6.0 kg/m²	20.2	9.9	4.1	10.5	9.1	16.1	69.9
灌溉水	20.1	9.6	4.2	9.5	7.1	16.1	66.6

从表 4-30 中可以看出，地表径流中的 FLT 浓度与灌溉水中基本一致，而其他五种 PAHs 含量随施肥比例的不同而呈现不同程度的增加。梅花林和银杏林地表径流中 PAHs 质量浓度大多高于灌溉水中 PAHs 质量浓度，说明施用污泥堆肥对土壤中 PAHs 迁移有一定的影响。PAHs 在径流水样中的溶出量与施肥量不成比例，PAHs 迁移量与地形也没有明显的关系。

2）混交林地表径流中 PAHs 的暴露水平

混交林场地面积较大、地势条件高低不平，不适宜进行人工模拟降雨实验，因此，混交林场地径流实验是在天然降雨时进行的，收集混交林径流水样的同时收集天然雨水，对比施用污泥堆肥的混交林与不施肥场地产生地表径流时 PAHs 浓度变化情况。试验时间为 2011 年 7 月。

表 4-31　混交林场地径流水样中 PAHs 质量浓度　　　　单位：ng/L

	NAP	ANY	ANA	FLU	PHE	FLT	总量
*油松槽	24.1	10.1	5	11.2	9.5	16.1	76
侧柏槽	27	10.1	5.2	10.7	10.2	16.6	79.8
灌木槽	28	10.6	5.7	13	11.6	16.5	85.4
雨水	28.2	10.9	5.4	13.3	8.9	20.2	86.9

注：表中标*为施肥场地。

从表 4-31 中可以看到，对于施肥和未施肥场地而言，天然降雨时流经实验场地的地表径流中，PAHs 浓度并未因施用污泥堆肥而增加。除 PHE 外，地表径流中的 PAHs 质量浓度均比天然降雨中浓度低，施肥林地比不施肥林地径流的 PAHs 质量浓度低，说明施用少量污泥堆肥时,其中的 PAHs 不会在天然降雨时随地表径流迁移。

3)人工草坪地表径流中 PAHs 的暴露水平

人工草坪场地分别种植了高羊茅、白三叶和黑麦草三种植物。对不同施肥量条件下三种草坪草产生的地表径流水样进行了收集和分析,测定结果见表 4-32。

表 4-32　人工草坪场地径流水样中 PAHs 质量浓度　　　　　单位:ng/L

高羊茅施肥量	NAP	ANY	ANA	FLU	PHE	FLT	总量
0 kg/m²	22	9.7	5.3	12.9	11.8	16.1	77.8
1.5 kg/m²	24.6	10.1	5.6	13.8	11.9	16.3	82.3
3.0 kg/m²	25.9	10.1	5.6	13.7	12.7	16.3	84.3
4.5 kg/m²	28.1	10.1	5.8	15.7	14.6	17.9	92.2
6.0 kg/m²	16.8	9.8	5.1	11.8	9.4	16	68.9
白三叶施肥量	NAP	ANY	ANA	FLU	PHE	FLT	总量
0 kg/m²	22.2	10	5.3	12.7	10.4	16.2	76.8
1.5 kg/m²	17.1	10.2	11.9	30.8	10.6	16	96.6
3.0 kg/m²	21.6	9.9	5.2	13.4	8.6	16.1	74.8
4.5 kg/m²	35.9	10.4	15.2	43.4	10.1	16.4	131.4
6.0 kg/m²	62.8	10.6	12.7	35.2	11	16.3	148.6
黑麦草施肥量	NAP	ANY	ANA	FLU	PHE	FLT	总量
0 kg/m²	28.7	10.5	5.5	12.6	11.5	16.5	85.3
1.5 kg/m²	25.6	10.3	5.2	12.1	10.1	16.1	79.4
3.0 kg/m²	37.9	10.5	5.3	11.7	9	15.9	90.3
4.5 kg/m²	31.4	10.6	5.3	12.3	9.6	16.1	85.3
6.0 kg/m²	27.4	11.1	5.2	12.3	9.3	16.2	81.5
灌溉水	24.8	9.9	4.1	10.7	9	16.2	74.7

在所有的水样中,蒽(ANT)、芘(PYR)、苯并[a]蒽(BaA)、䓛(CHR)、苯并[b]荧蒽(BbF)、苯并[k]荧蒽(BkF)、苯并[a]芘(BaP)、茚并[1,2,3-cd]芘(IPY)、二苯并[a,h]蒽(DBA)、苯并[g,h,i]苝(BPE)均未检出。PAHs 是一类非极性或弱极性的物质,其分子对称性较好,易溶于非极性溶剂,而难溶于极性溶剂。根据 PAHs 脂溶性的特性,多数 PAHs 在水中的溶解度很低,有些甚至不溶于水。径流水样中未检出的 10 种 PAHs 都是分子量较大且对称性较好的非极性分子,在水中的含量很低而不易被检出,因此只有 6 种分子量小、在水中溶解度较大的 PAHs 被检出。

从表 4-32 中还可以看出,与灌溉水相比,在所有径流水样中检测出的 6 种 PAHs 中,FLT 浓度几乎没有变化,即地表径流中的 FLT 浓度与灌溉水基本一致,说明 FLT 不易随径流迁移。另外,FLT 是四环芳香烃,较大的分子量决定了其易于吸附在固体颗粒表面不易迁移的特性。由于场地土壤施用了污泥堆肥,径流中其他 5 种被检出的 PAHs 质量浓度均不同程度的增加。

对比三种草坪草场地径流水样中 PAHs 的总量(图 4-72)可以看出,人工草坪地表径流中 PAHs 质量浓度几乎均高于灌溉水中 PAHs 质量浓度。种植黑麦草、高羊茅和白三叶的场地，随着施肥量的增大，地表径流中的 PAHs 质量浓度也随之增加。另外，种植高羊茅和黑麦草的场地中径流带走的 PAHs 含量较白三叶场地低，说明白三叶对 PAHs 的持留效果不理想，施肥后 PAHs 相对更容易随地表径流迁移。若将污泥堆肥施用于园林绿化场地，则绿化植物宜选择与高羊茅、黑麦草类似的根系发达，根与土壤接触面积大的植物类型。

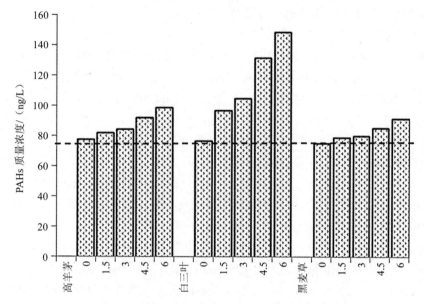

图 4-72　人工草坪场地径流水样中 PAHs 质量浓度

（图中虚线为灌溉水中 PAHs 质量浓度）

2. 多环芳烃在地下水中的暴露水平

在林地现场试验中，采集并监测地下水，考察施用污泥堆肥后 PAHs 向地下水的迁移情况。监测结果见表 4-33。

表 4-33　地下水中 PAHs 质量浓度　　　　　单位：ng/L

	NAP	ANY	ANA	FLU	PHE	FLT	总量
2011 年 4 月	29.0	9.9	4.4	12.0	8.1	16.2	79.6
2011 年 9 月	29.3	10.1	4.5	14.3	7.1	16.0	81.3
2011 年 11 月	28.7	9.7	4.3	9.8	9.1	16.4	78.0
2012 年 5 月	20.9	0.0	6.1	27.3	34.1	6.4	94.8
2012 年 6 月	29.8	0.0	9.2	37.1	52.9	8.8	137.8
2012 年 7 月	25.6	0.0	4.4	20.5	27.5	6.9	84.9
2012 年 8 月	47.5	3.3	7.8	15.3	27.8	2.8	104.5
2012 年 9 月	50.2	4.1	7.5	16.3	29.3	3.6	111.1
2012 年 10 月	59.4	4.9	9.9	20.2	36.5	4.7	135.7
2012 年 11 月	40.9	7.5	0.0	28.0	57.1	9.1	141.7

从表 4-33 中可以看出，只有 NAP、ANY、ANA、FLU、PHE、FLT 这六种低分子量的 PAHs 在地下水中被检出，其余低水溶性、难生物降解的高分子量 PAHs 均未被检出。从 2011 年 4 月—2012 年 11 月，地下水中多环芳烃质量浓度呈波动趋势，在 80～140 ng/L 之间波动。但从 2012 年 7 月以后的监测数据发现，地下水中 PAHs 的质量浓度有逐渐增加的趋势，应引起充分的重视，并应加强后续的连续监测。

3. 多环芳烃在土壤—水中的迁移转化规律

1）PAHs 在草坪土壤—水中的迁移转化规律

通过模拟人工降雨试验，使施用污泥堆肥的人工草坪场地产生地表径流，从而进行 PAHs 在土壤—水系统中的迁移过程研究。图 4-73 为人工草坪场地地表径流和土壤中 PAHs 的质量浓度。由于水样中未检测出高分子量 PAHs，因此径流中 PAHs 质量浓度为检出的六种低分子量 PAHs 之和。从图 4-73 中可以看出，种植高羊茅、白三叶和黑麦草的人工草坪场中，地表径流和土壤中 PAHs 的质量浓度均不相同。不同施肥比例下，土壤中 PAHs 的质量浓度与模拟径流中 PAHs 质量浓度均呈正相关关系，即施肥浓度越大的土壤，产生的地表径流中含有的 PAHs 质量浓度也越高。但是三种草坪草的地表径流中 PAHs 含量不同，种植高羊茅和黑麦草的地表径流中 PAHs 质量浓度较低（78～98 ng/L），而种植白三叶的地表径流中 PAHs 质量浓度较高（79～150 ng/L）。与之相对应的是，种植高羊茅的场地土壤中 PAHs 质量浓度最低（91～117 μg/kg），黑麦草场地次之（220～275 μg/kg），种植白三叶的场地土壤 PAHs 质量浓度最高（175～330 μg/kg）。从促进土壤中 PAHs 生物降解的角度来说，高羊茅是最适合的植物；从减少 PAHs 随径流流失的角度来说，高羊茅和黑麦草是较适合的植物。以上结果说明，高羊茅和黑麦草这类须根系的植物对于土壤中 PAHs 的降解和固定作用比白三叶这类直根系植物强，当施用污泥堆肥作为园林绿化的基肥或追肥时，应优先选择须根系植物作为园林绿化草本植物。

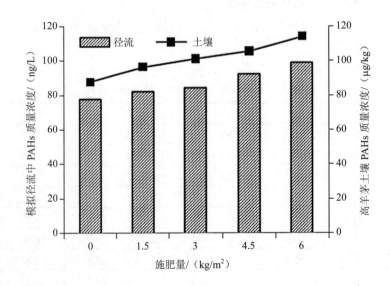

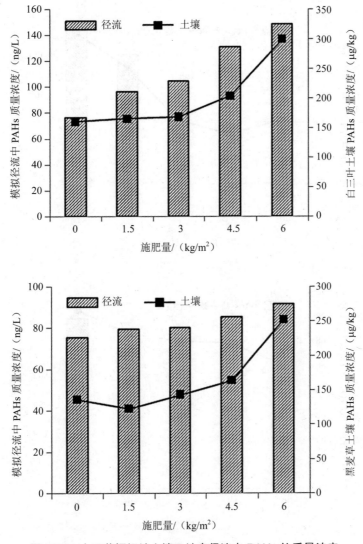

图 4-73　人工草坪场地土壤及地表径流中 PAHs 的质量浓度

2）PAHs 在林地土壤—水系统中的变化规律

PAHs 在土壤—水系统中的迁移规律可以通过模拟径流来进行研究。图 4-74 为梅花林地和银杏林地土壤地表径流中 2～3 环 PAHs 的质量浓度。图中直柱表示地表径流中 PAHs 的质量浓度，折线表示模拟地表径流前土壤中 PAHs 的质量浓度。由图 4-74 可知，地表径流中 PAHs 的质量浓度随土壤施肥浓度增加而升高，土壤中 PAHs 与径流水中 PAHs 的含量呈显著正相关性。梅花林土壤与地表径流中 PAHs 质量浓度的相关系数为 0.933，银杏林土壤与地表径流中 PAHs 质量浓度的相关系数为 0.842。因此，土壤中 PAHs 质量浓度越高，随降雨径流迁移的可能性越高，所带来的环境风险也相应越大。

通过与梅花林地表径流结果比较发现，尽管银杏林土壤中 PAHs 质量浓度较梅花林高，但银杏林地表径流中的 PAHs 质量浓度与梅花林径流浓度相当，说明无论是穴状沟施还是条状沟施，覆土施肥的方式对土壤中 PAHs 随地表径流向水体中迁移的影响不明显。

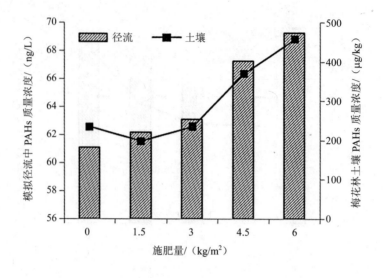

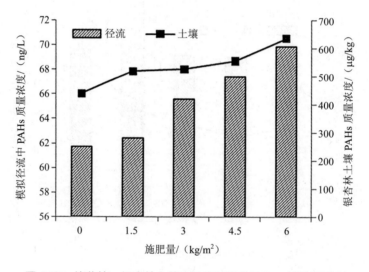

图 4-74　梅花林、银杏林土壤及地表径流中 PAHs 的质量浓度

4.5.3　多环芳烃在土壤—植物中的迁移转化规律

1. 多环芳烃在植物中的积累水平

在现场试验设计中，针对各个施肥比例的梅花林地，分别于 2011 年 8 月 30 日采集梅花的树枝和树叶，作为施肥当年夏季植物样品；于 2011 年 11 月 3 日采集梅花的树枝，作为施肥当年秋季植物样品；于 2012 年 4 月 9 日采集梅花的树枝，作为次年春季植物样品。考察了不同施肥浓度下、不同植物部位 PAHs 的积累情况，以及随时间的变化规律，探讨在土壤中施加污泥堆肥后 PAHs 在土壤—植物体系中的分布规律。对植物中 16 种 PAHs 的总量进行测定分析和数据整理，结果分别如图 4-75 和图 4-76 所示。

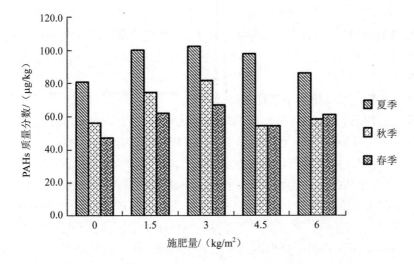

图 4-75　梅花枝中 16 种多环芳烃含量分布特征

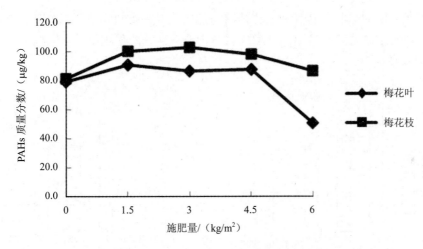

图 4-76　夏季梅花枝与叶中 16 种多环芳烃含量分布特征

由图 4-75 可以看出，在各个施肥比例下，梅花树枝中 16 种 PAHs 总量的分布呈现相似的规律。在施加了污泥堆肥的场地中，植物中 PAHs 的积累水平均比空白场地树枝中的 PAHs 含量高，说明土壤表层施用污泥堆肥对植物体内 PAHs 的含量有一定的影响，但因为实验条件限制，尚不能确定植物体内 PAHs 的增加是完全来自土壤，因为大气沉降中的 PAHs 也能够被植物茎叶吸收，所以施用污泥堆肥对场地植物中 PAHs 含量的影响还需进一步的研究。

梅花树枝中的 PAHs 含量并未随着施肥比例的增加而增加，说明施肥量不是植物中 PAHs 含量变化的主要影响因子；随着时间延续（夏、秋、春），梅花树枝中 PAHs 的含量逐渐减少，这可能与 PAHs 的挥发性有关，而在施肥量为 6 kg/m² 时，次年春季的测定值比当年秋季略高，这种情况应为采样及测定的随机性误差引起，并不能说明施肥量的直接影响。

由图 4-76 可以看出，在施肥比例为 1.5 kg/m²、3 kg/m²、4.5 kg/m² 的场地中，梅花枝与叶中 16 种 PAHs 的含量较为接近，树枝中的含量略高于树叶中的含量，只有在施肥比例为 6 kg/m² 时，梅花树枝中 PAHs 的含量明显高于梅花树叶，说明在土壤表层施用污泥堆肥后，对场地植物中 PAHs 的含量并未产生明显的规律性影响，而梅花枝可能比梅花叶更容易积累 PAHs。

2. 多环芳烃在土壤—植物中的迁移转化规律

1）低分子量 PAHs 在盆栽土壤—植物中的变化规律

通过盆栽试验，考察了在不同的施肥比例下高羊茅对土壤中 2～3 环 PAHs 的吸收富集情况，结果见图 4-77。可以看出，植物地上部分与地下部分对 PAHs 的吸收情况不同，不同施肥比例下植物对 PAHs 的吸收情况也不同。植物地下部分对 PAHs 的吸收富集量比地上部分小，这主要是因为植物地下部分的生物量很小，而且 PAHs 从土壤中转移至植物中，被植物根系吸收，同时植物根系又源源不断地将 PAHs 从地下部分输送至地上部分，最终在植物茎叶中累积，从而使得植物地上部分的 PAHs 吸收量比地下部分大很多。PAHs 在植物地下部分呈现动态变化，试验前期（63 d 前）主要是从土壤中吸收而逐渐累积，试验后期（63 d 后）主要是从地下部分向地上部分的转移而逐渐减少。在不同施肥比例下，植物地下部分对 PAHs 的吸收、转移和富集情况均是如此，并且植物地下部分吸收 PAHs 的总量在 100～470 ng/盆之间，2～3 环 PAHs 在植物地下部分的累积量并未因施肥浓度的增加而有显著的升高。

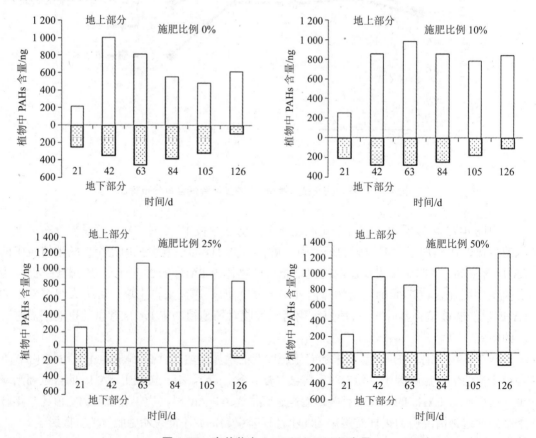

图 4-77　高羊茅中 2～3 环 PAHs 的含量

植物地上部分对 2～3 环 PAHs 的积累情况与地下部分有较明显的差异。首先，植物地上部分对 PAHs 的吸收量远大于植物地下部分。在四个施肥比例条件下，植物茎叶对 PAHs 的吸收量在 200～1 300 ng/盆之间，是植物地下部分的 2～3 倍；地上部分对 PAHs 的累积均在 21～42 d 之间有明显的增加。另外，在低施肥比例下，已吸收富集到植物地上部分的 PAHs 在达到最大值之后又逐渐下降，说明低分子量 PAHs 在进入植物体之后，有可能经植物挥发作用排出植物体外，或者在共代谢作用下被植物分解作为碳源所利用。但是在较大的施肥比例下（50%），植物地上部分对 PAHs 的吸收是持续不断的，试验过程中 PAHs 吸收量大于挥发和分解的 PAHs 量，因此植物茎叶中的 2～3 环 PAHs 也呈现不断上升的趋势。

表 4-34 列出了试验结束时 2～3 环 PAHs 在高羊茅地上及地下部分的生物富集系数（BCF）及转移系数（TF）。生物富集系数是 PAHs 在植物中的浓度与土壤中的浓度之比，表中 BCF-root 指 2～3 环 PAHs 在植物地下部分的富集系数，BCF-shoot 指 2～3 环 PAHs 在植物地上部分的富集系数。转移系数指 PAHs 在植物地上部分与地下部分浓度之比。从表 4-34 中可以看出，随着施肥量的增加，PAHs 的生物富集系数逐渐降低。尽管施肥比例升高时，植物中富集的 PAHs 逐渐增加，但是由于高施肥浓度时土壤中 PAHs 浓度增加明显，因此造成了 PAHs 生物富集系数的降低。PAHs 的转移系数与 PAHs 在植物中的累积结果也不同。虽然植物地上部分累积的 PAHs 总量比地下部分多，但由于地下部分生物量小，PAHs 在植物地下部分的浓度较大，因此转移系数均小于 1。由表 4-34 可知，在低施肥比例时，转移系数随施肥量的增大而减少，说明施肥浓度增加时，PAHs 在植物地下部分的浓度也随之增加，植物对 PAHs 的吸收作用也更加明显。而在高施肥比例（50%）时，转移系数增大，说明此施肥比例下，植物地上部分 PAHs 的质量浓度增加，PAHs 在植物体内从地下往地上转移的作用增强。

表 4-34　2～3 环 PAHs 在高羊茅中的富集系数及转移系数

施肥比例/%	BCF-root	BCF-shoot	BCF	TF
0	5.83	5.05	10.88	0.87
10	3.63	2.72	6.35	0.75
25	4.78	1.71	6.49	0.36
50	2.43	1.62	4.05	0.67

2）高分子量 PAHs 在盆栽土壤—植物中的变化规律

高羊茅中积累的 4～6 环 PAHs 总量见图 4-78。可以看出，植物地下部分对高分子量 PAHs 的吸收与对低分子量 PAHs 的吸收情况相类似，即植物地下部分对 PAHs 的吸收富集量比地上部分小，PAHs 在植物地下部分呈现先逐渐累积后逐渐转移而减少趋势。在不同施肥比例下，植物地下部分吸收 4～6 环 PAHs 的总量在 30～360 ng/盆之间，4～6 环 PAHs 在植物地下部分的累积量有随施肥浓度的增加而升高的趋势。植物地下部分对 4～6 环 PAHs 的吸收量仅为 2～3 环 PAHs 的 10%～70%。由于 4～6 环 PAHs 分子量大，分子尺寸和分子体积也相应增加，这些性质都不利于植物对高分子量 PAHs 的吸收。同时高分子量 PAHs 水溶性相对较差，脂溶性增强，使得 4～6 环 PAHs 更容易固定在土壤有机质表面，不易在蒸腾作用下随着植物对水分和养分的吸收而进入植物体内。

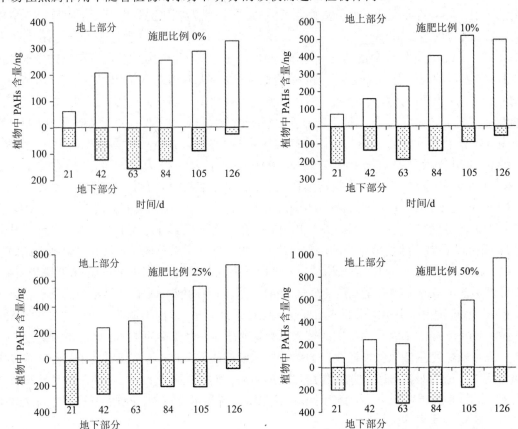

图 4-78 高羊茅中 4～6 环 PAHs 的含量

植物地上部分对 4～6 环 PAHs 的吸收与对 2～3 环 PAHs 的吸收情况不同。由于低分子量 PAHs 与高分子量 PAHs 的性质差异，使得植物对 4～6 环 PAHs 的吸收减弱，向地上部分的转移作用也随之减弱。植物地上部分吸收的 4～6 环 PAHs 的总量仅为 2～3 环 PAHs 总量的 1/2～5/6。同时，随着施肥量的增加，地上部分 4～6 环 PAHs 总量的增加趋势十分明显。在试验过程中，四个施肥比例下植物地上部分的高分子量 PAHs 的总量持续增加，说明 4～6 环 PAHs 不易从植物中挥发或被植物分解利用。

表 4-35 列出了试验结束时 4～6 环 PAHs 在高羊茅地上及地下部分的生物富集系数及转移系数。可以看出，随着施肥量的增加，PAHs 的生物富集系数逐渐降低。说明不同堆肥施用比例下植物吸收 PAHs 的增量远小于土壤中 PAHs 质量浓度的增量。而 4～6 环 PAHs 转移系数的结果与 2～3 环PAHs 的转移系数结果相似，在低施肥比例时随施肥量增加而降低，高施肥比例时升高。另外，对比表 4-34 和表 4-35 发现，高分子量 PAHs 的生物富集系数远小于低分子量 PAHs，说明植物对 4～6 环 PAHs 的吸收富集作用要小于对 2～3 环 PAHs 的吸收。另外，施用污泥堆肥的土壤中 4～6 环 PAHs 与 2～3 环 PAHs 的转移系数相差不大，说明植物吸收 PAHs 后，是按比例转移 PAHs 的，而与 PAHs 的分子量大小关系不大。

表 4-35　4～6 环 PAHs 在高羊茅中的富集系数及转移系数

施肥比例/%	BCF-root	BCF-shoot	BCF	TF
0	0.90	1.57	2.47	1.76
10	1.15	1.00	2.25	0.87
25	1.14	0.62	1.76	0.55
50	0.64	0.40	1.04	0.63

4.6　病原微生物在环境介质中的变化规律

施用城市污泥堆肥一方面能够提高土壤中可供微生物利用的养分含量，同时，由于污泥堆肥本身含有丰富的微生物，因此也能增加土壤中的微生物数量。另一方面施用污泥堆肥改良了土壤的理化性质，为微生物提供有利的生长环境，积极的微生物活动反过来又能促进土壤肥力的进一步提高，二者相辅相成。有研究表明，植物根际土壤中的细菌、真菌、放线菌等微生物的数量随着施用污泥堆肥的浓度增大而显著的增加。邱桃玉等研究了长期连续施用城市污泥土壤中细菌和放线菌的数量，发现在相同施用量的条件下，城市污泥处理的土壤中细菌和放线菌总量是畜粪处理土壤中的 4～7 倍。由于放线菌对病原微生物有一定的抑制作用，因此施用污泥堆肥亦能抑制土壤病原菌的传播。袁耀武等关于土壤中不同微生物类群的研究表明，植物的生长与土壤微生物关系密切，土壤微生物不但能分泌生长激素，并将植物根系周围的有机物转化为对植物有利的营养成分，还可以产生抗生素来抑制病原微生物的生长，进一步促进作物生长。

病原菌并不是污泥堆肥在应用过程中的主要威胁，但施用污泥堆肥可以改变土壤中微生物群落的多样性和稳定性，因此有必要进行定期的监测。罗明等研究发现施肥对地膜棉田土壤微生物有较大影响，可以增加微生物的总数，硝化菌等有益氮素生理群微生物的比例上升，反硝化细菌的数量减少。目前我国开展有关施肥土壤的微生物多样性的研究工作还不多，采用分子生物学方法研究施用城市污泥堆肥对土壤微生物群落结构的影响方面的报道则更少。

4.6.1　城市污泥堆肥林地施用后病原微生物在环境介质中的暴露水平

1. 病原微生物在土壤中的暴露水平

1）城市污泥堆肥林地施用后土壤中细菌总数的暴露水平

（1）梅花林地土壤中细菌总数的暴露水平　在施用了不同浓度污泥堆肥的梅花林地中，测定了不同季节、不同深度的土壤中细菌总数的变化，结果如图 4-79 所示。

从图 4-79 中可以看出，在紧邻施肥时间的首个秋季，施肥土壤中的细菌总数显著增加，相比较未施肥土壤（1.38×10^6 个/g 土）平均增加了一个数量级，其中施肥浓度为 1.5 kg/m^2 场地中每克土壤细菌数量增加到 1.37×10^7 个；3.0 kg/m^2 的场地中每克土壤细菌总数增加到 1.43×10^7 个；4.5 kg/m^2 的场地中土壤细菌总数增至 1.21×10^7 个；6.0 kg/m^2 的场地中土壤细菌总数增至 1.32×10^7 个。不同施肥浓度下的土壤中细菌总数相近，其中施肥浓度为 3.0 kg/m^2

的场地土壤细菌总数稍高，细菌总数的增加与施肥浓度的大小并不成正比关系。从监测数据来看，夏、秋两季的土壤中细菌总数的变化规律相似，施肥土壤的细菌总数比空白土壤高出一个数量级。

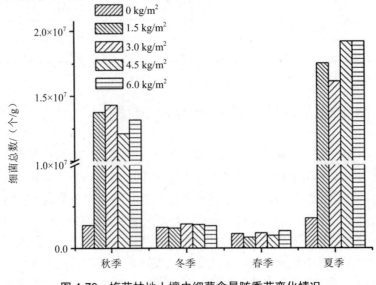

图 4-79　梅花林地土壤中细菌含量随季节变化情况

（2）银杏林地土壤中细菌总数的暴露水平　银杏林场地夏季施肥后，施肥土壤中的细菌总数显著增加，相比较未施肥土壤（$2.03×10^6$ 个/g 土）也是平均增加了一个数量级，其中施肥浓度为 1.5 kg/m² 场地中每克土壤细菌数量增加到 $1.75×10^7$ 个；施肥量为 3.0 kg/m² 的场地中土壤细菌总数增加到 $1.79×10^7$ 个；施肥量为 4.5 kg/m² 的场地中土壤细菌总数增至 $2.03×10^7$ 个；施肥量为 6.0 kg/m² 的场地中土壤细菌总数增至 $2.10×10^7$ 个（图 4-80）。不同施肥浓度下的土壤中细菌总数较为相近，随施肥浓度的提高有较小幅度的增加，这一点与梅花林的规律有所不同。

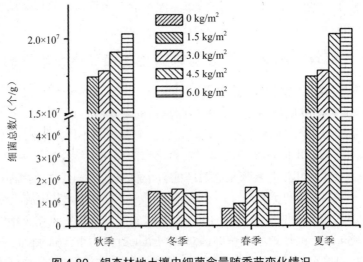

图 4-80　银杏林地土壤中细菌含量随季节变化情况

（3）混交林地土壤中细菌总数的暴露水平　　混交林未施肥场地土壤中每克土壤细菌数量为 $1.35×10^6$ 个，施肥场地土壤细菌总数为 $1.33×10^6$ 个。从四季数据来看，夏、秋两季土壤中的细菌总数值较为接近，冬季稍低为 $1.23×10^6$ 个/g 土，春季最低为 $7.13×10^5$ 个/g 土。从细菌在土壤中的分布情况来看，天然混交林与银杏林、梅花林地的规律也不同，土壤中的细菌比较集中在土壤的表层（图 4-81）。

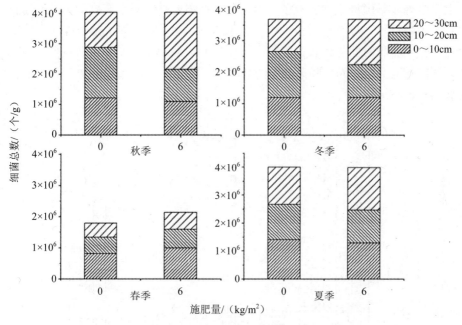

图 4-81　不同季节混交林地土壤中细菌含量及分布情况

2）城市污泥堆肥林地施用后土壤中粪大肠菌群数的暴露水平

（1）梅花林地土壤中粪大肠菌群数的暴露水平　　梅花林地土壤中粪大肠菌群含量随季节变化如图 4-82 所示。

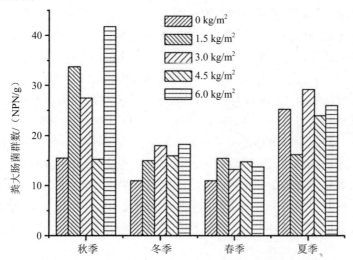

图 4-82　梅花林土壤中粪大肠菌群含量随季节变化情况

秋季监测结果显示：每克未施肥土壤中粪大肠菌群数平均为 16 个，施肥浓度为 1.5 kg/m² 的场地中每克土壤中含粪大肠菌群数平均为 34 个，施肥浓度为 3.0 kg/m² 的场地中每克土壤含粪大肠菌群数平均为 28 个，施肥浓度为 4.5 kg/m² 的场地中每克土壤含粪大肠菌群数平均为 15 个，施肥浓度为 6.0 kg/m² 的场地中每 g 土壤含粪大肠菌群数平均为 41 个。可见，施肥土壤中粪大肠菌群的数量较未施肥土壤有一定程度的增加，其中施肥浓度最高的土壤中粪大肠菌群值增加最多。但是冬、春和夏季监测结果显示，经过施肥处理的土壤中粪大肠菌群数并没有与空白土壤有显著差别，这是由于粪大肠菌群在土壤中的存活时间较短，随着施肥时间的延长，施肥土壤中的粪大肠菌群回归土壤背景值。

（2）银杏林地土壤中粪大肠菌群数的暴露水平　银杏林地土壤中粪大肠菌群含量随季节变化如图 4-83 所示。

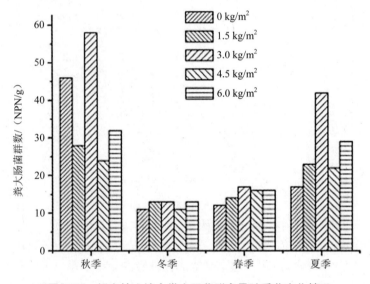

图 4-83　银杏林土壤中粪大肠菌群含量随季节变化情况

秋季监测结果显示：银杏林施肥土壤中粪大肠菌群的数量较未施肥土壤有增加亦有减少，除了施肥浓度为 3.0 kg/m² 的场地土壤中粪大肠菌群数比未施肥土壤高以外，其他施肥处理的场地中粪大肠菌群数都要比空白低。分析出现这种情况的原因为：采样的时间距离施肥时间较长，而粪大肠菌群在土壤中的存活时间较短，故污泥堆肥对林地土壤中粪大肠菌群数量的影响时间较短，一段时间以后，施肥土壤中粪大肠菌群值基本回归土壤背景值，然后随环境气候条件动态变化。这一规律与孙玉焕等关于对污泥中粪大肠菌群的研究结果相似。整体上看，秋、夏两季林地土壤中粪大肠菌群含量比冬、春两季要高。

（3）混交林地土壤中粪大肠菌群数的暴露水平　混交林地中施用污泥堆肥产品后，秋季土壤中的粪大肠菌群的数量反而减少了，只有春季有较少的增加（图 4-84），可见污泥堆肥并没有对混交林土壤的粪大肠菌群带来较明显的影响。由于土壤环境条件、可利用的营养物质分布等原因，混交林土壤中粪大肠菌群的分布较为明显，比较集中在土壤表层。

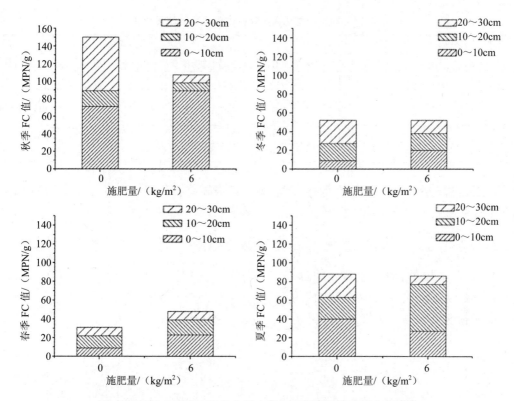

图 4-84　混交林不同季节土壤中粪大肠菌群的分布和含量变化

2．病原微生物在地表径流中的检出情况

1）病原微生物在人工草坪地表径流中的检出情况

人工草坪试验中以黑麦草为例，设计试验测定径流水样中病原微生物的暴露水平。在不同施肥量下，黑麦草场地径流水样中粪大肠菌群数及细菌总数的暴露水平，如表 4-36 所示。

表 4-36　病原微生物在黑麦草场地地表径流中的检出情况

施肥量/（kg/m²）	黑麦草场地径流水样	
	粪大肠菌群/（MPN/mL）	细菌总数/（CFU/mL）
0	4	$2.10×10^4$
1.5	4	$4.50×10^4$
3.0	2	$7.60×10^4$
4.5	2	$5.85×10^4$
6.0	4	$6.75×10^4$

在不同施肥量下，黑麦草场地径流水样中粪大肠菌群和细菌总数的含量较低，低于地表水Ⅲ类标准，说明在草地施用污泥堆肥不会对地表径流产生卫生学风险。

2）病原微生物在梅花林和银杏林地表径流中检出情况

病原微生物在梅花林和银杏林地表径流中的检出情况见表 4-37。

表 4-37 病原微生物在风景林地表水中的暴露水平

施用量/	梅花林径流水样		银杏林径流水样	
(kg/m²)	粪大肠菌群数/(MPN/mL)	细菌总数/(CFU/mL)	粪大肠菌群/(MPN/mL)	细菌总数/(CFU/mL)
0	3	2.3×10^4	2	3.1×10^4
1.5	3	4.3×10^4	3	4.4×10^4
3.0	2	6.6×10^4	3	4.6×10^4
4.5	2	5.8×10^4	2	3.3×10^4
6.0	4	5.7×10^4	3	6.5×10^4

由表 4-37 可见，在不同施肥量下，梅花林和银杏林地表径流水样中粪大肠菌群和细菌的含量较低，低于地表水Ⅲ类标准，也不会对地表径流产生卫生风险。

4.6.2 城市污泥堆肥林地施用后病原微生物在环境介质中的变化规律

1. 细菌总数在土壤中的变化规律

1）梅花林地土壤中细菌总数的变化规律

梅花林地土壤中细菌总数的变化规律，如图 4-85 所示。

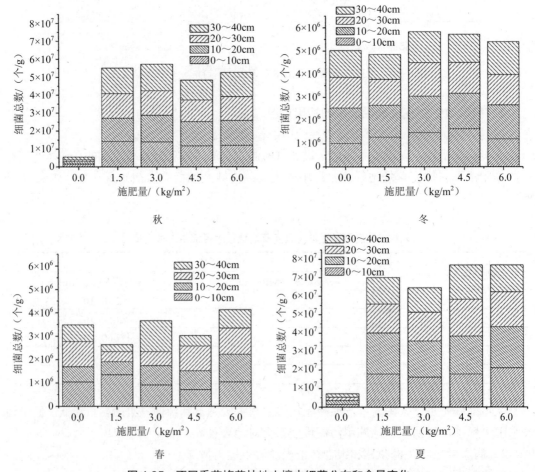

图 4-85 不同季节梅花林地土壤中细菌分布和含量变化

　　观察春、冬两季的数据发现，土壤中的细菌总数比夏、秋两季都要低，冬季时未施肥土壤中细菌总数由秋季的 1.38×10^6 个/g 土降低至 1.26×10^6 个/g 土，并且随着施肥时间的延长，至春季时每克未施肥土壤中细菌数量减少到 8.73×10^5 个。总体上来说，冬季土壤比秋季土壤中细菌总数含量低，比春季土壤高出一个数量级，春、冬两季施肥土壤的细菌总数与未施肥土壤基本相近。

　　从细菌在林地土壤中的分布情况来看，较为均匀，夏、秋两季表层土壤中（0～20 cm）细菌含量比深层土壤稍多，春、冬两季则刚好相反，深层土壤细菌较集中。城市污泥堆肥中含有大量的微生物，当其施入土壤后，必定会增加土壤中微生物的数量，但是施肥浓度的大小不是影响土壤中细菌总数的决定性因素，夏、秋两季施肥土壤中的细菌总数明显比空白土壤高，春、冬两季施肥土壤与空白土壤中差不多。分析认为，夏、秋两季的气温较高，土壤环境比较适合微生物的生长繁殖，冬、春两季时北京气温较低，由于土壤表层结冰、雨雪覆盖等不利条件使土壤中的微生物死亡或进入休眠状态，施肥土壤中细菌总数回归土壤背景值。

　2）银杏林地土壤中细菌总数的变化规律

　　银杏林地土壤中细菌总数的变化规律，如图 4-86 所示。

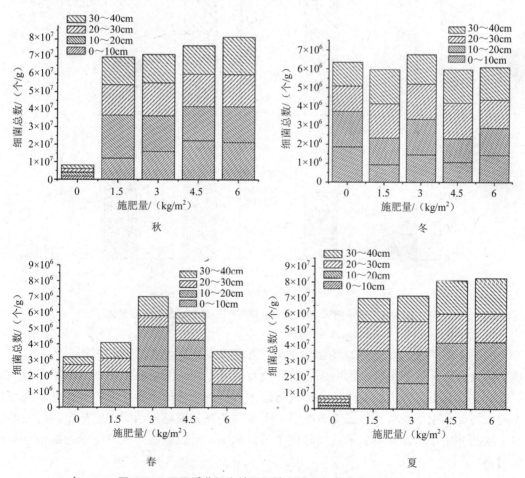

图 4-86　不同季节银杏林地土壤中细菌分布和含量变化

从监测数据来看，夏、秋两季林地土壤中细菌总数的变化规律相似，施肥土壤中细菌总数比空白土壤高出一个数量级。观察春、冬两季的数据发现，土壤中的细菌总数比夏、秋两季的值都要低，冬季时未施肥土壤中细菌的数量由秋季的 $2.03×10^6$ 个/g 土降低至 $1.59×10^6$ 个/g 土，并且随着施肥时间的延长，春季时每克未施肥土壤中细菌数量减少到 $7.98×10^5$ 个。这种变化规律与梅花林非常相似，冬季土壤比秋季土壤中细菌数量低，比春季土壤高出一个数量级，春、冬两季施肥土壤中细菌总数与未施肥土壤总体相近。

从细菌在土壤中的分布情况来看，银杏林与梅花林土壤中细菌总数的分布规律相似。城市污泥堆肥施入土壤后会增加其中微生物的数量，对比两种施肥方式，发现在不同施肥方式条件下，施肥量对土壤中细菌数量的影响并不明显。土壤环境和气候条件是影响土壤中细菌总数的主要因素。夏、秋两季施肥土壤中的细菌总数明显比空白土壤高，春、冬两季施肥土壤与空白土壤中差不多，原因与梅花林相同。

3）混交林地土壤中细菌总数的变化规律

混交林地土壤中细菌总数的变化规律，如图 4-87 所示。

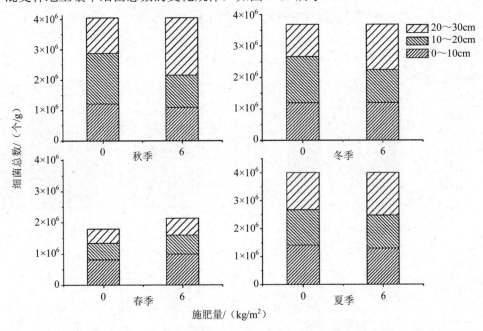

图 4-87　不同季节混交林地土壤中细菌总数含量及分布变化

由图 4-87 可见，混交林地土壤中细菌总数的变化规律与梅花林和银杏林不同，夏季施肥后，混交林施肥土壤中的细菌总数并没有显著增加。混交林土壤中的细菌总数在施肥前后并没有出现较大的变化，分析认为，主要是混交林的土壤环境与梅花林和银杏林不同，混交林土壤表面常年覆盖落叶层，土壤中的微生物群落结构丰富稳定，污泥堆肥对土壤的冲击作用显得不明显。同时由于气候原因，夏、秋与春、冬两季的细菌总数变化明显。

4）盆栽土壤中细菌总数的变化规律

由图 4-88 可以看出，在温室条件下，未施肥土壤中的细菌数量比较稳定，随时间变化不大，但是施肥土壤中细菌总数发生了较大的变化，第一周开始的时候，由于污泥堆肥中大量的微生物被带进土壤，使得土壤中的细菌总数增加了近 5 倍，然后逐渐降低，至第三周时施肥土壤的细菌总数回归土壤背景值，随后施肥土壤细菌数量又随时间逐渐增加，直到第 10 周左右才趋于稳定，保持在 $2×10^7$ 个/g 土的水平。

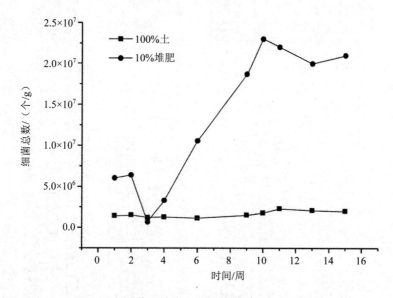

图 4-88 盆栽土壤中细菌总数随时间的变化规律

城市污泥堆肥在发酵过程中产生了大量的微生物，施入土壤中必定会使土壤的细菌总数增加，而且污泥堆肥施入土壤后，改变了土壤的理化结构，增加了土壤的有机养分、孔隙率与透气性，有利的土壤环境促使了其中微生物的大量繁殖，直到土壤养分含量减少，微生物进入生长稳定期。前三周出现的细菌总数减少的现象，可能是由于堆肥中的细菌进入新的土壤环境后，与土著微生物产生竞争，或者需要一个逐渐适应的过程。

2. 粪大肠菌在土壤中的变化规律

1）梅花林地土壤中粪大肠菌群数的变化规律

由图 4-89 可知：秋、夏两季林地土壤中粪大肠菌群含量比冬、春两季要高，同时冬、春两季施肥土壤中的粪大肠菌群数与空白土壤的粪大肠菌群值相近。从土壤中粪大肠菌群分布来看，夏、秋两季林地土壤中的粪大肠菌群主要集中在 0～20 cm 的土壤表层，而春、冬两季分布特点相反。分析认为，施肥时肥料大部分施在土壤表层，土壤表层供微生物生长利用的营养物质较多，加之夏、秋季节土壤表层温度较高，更适合粪大肠菌群生长，故比较集中在土壤表层。春、冬时节地表温度较低，表层土壤中粪大肠菌群难以存活甚至死亡，含量较少。

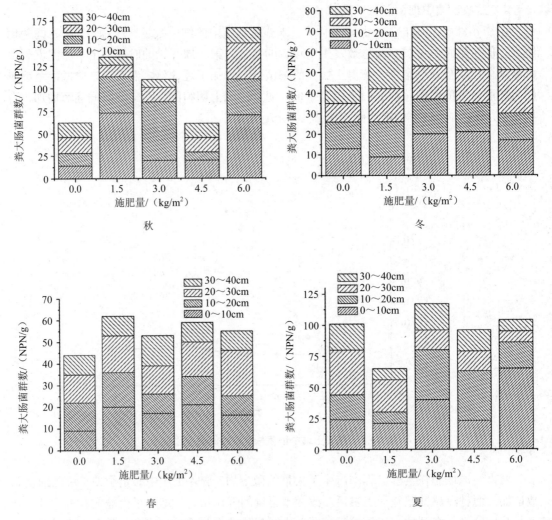

图 4-89　梅花林地土壤中粪大肠菌群在不同季节的分布与含量变化

2）银杏林地土壤中粪大肠菌群数的变化规律

由图 4-90 可见，夏、秋两季银杏林地土壤中的粪大肠菌群主要集中在 0～20 cm 的土壤表层，低温季节分布没有出现较明显的分布特点。

3）混交林地土壤中粪大肠菌群数的变化规律

由图 4-91 可见，混交林土壤施用污泥堆肥后，土壤中的粪大肠菌群数没有出现显著变化，说明天然混交林的生态结构较稳定，对施用城市污泥堆肥的抗冲击性较好，污泥堆肥对天然混交林地土壤的影响作用较小。但粪大肠菌群的含量随季节变化明显：夏、秋两季土壤中粪大肠菌群的含量比冬、春两季要高，说明土壤中粪大肠菌群数受土壤环境和场地气候等自然条件影响更明显。

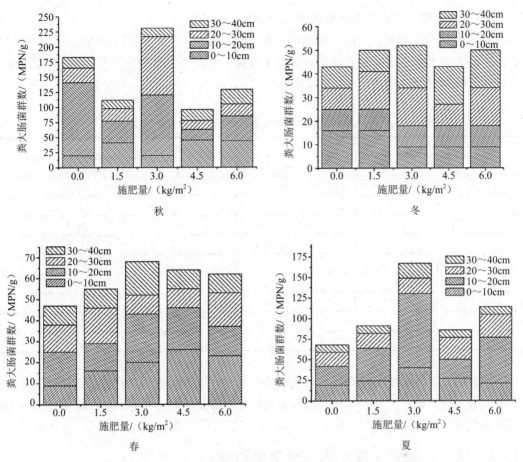

图 4-90　银杏林地土壤中粪大肠菌群在不同季节的分布与含量变化

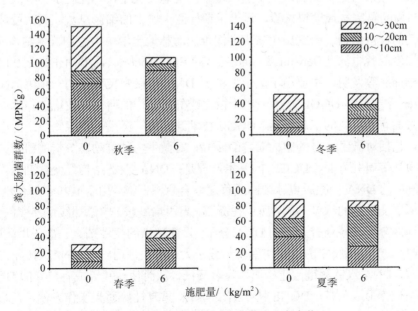

图 4-91　混交林土壤细菌含量及分布变化

4）盆栽土壤中粪大肠菌群数的变化规律

从表 4-38 中可以看出，施用污泥堆肥后，盆栽土壤中的粪大肠菌群数有一定程度的增加，在前 3 周内有逐渐增加的趋势，到第 4 周时，粪大肠菌群的含量下降至土壤背景值。之后粪大肠菌群没有增加，保持较低的水平。

表 4-38   土壤中粪大肠菌群数随时间的变化规律

时间/周	粪大肠菌群数/（MNP/g)	
	不施肥土壤	施肥土壤
1	≤9	13
2	≤9	16
3	≤9	24
4	≤9	≤9
6	≤9	≤9
8	≤9	≤9
10	≤9	≤9
13	≤9	≤9
16	≤9	≤9

粪大肠菌群在土壤中存在着自身消解的作用，并且粪大肠菌群对环境的生长要求相对于其他微生物来说要更高，在与其他微生物进行营养基质的竞争过程中，土壤中的粪大肠菌群逐渐消亡。

4.6.3 堆肥产品对土壤中生态群落的影响

为了模拟城市污泥堆肥施入土壤后微生物的动态变化情况，在北京林业大学温室进行了为期 15 周的温室盆栽模拟试验，通过定期检测土壤中的细菌总数、粪大肠菌群数以及细菌、真菌的群落结构，研究施用城市污泥堆肥对林地土壤中微生物群落结构的影响。

变性梯度凝胶电泳（Denatured Gradient Gel Electrophoresis，DGGE）是 20 世纪 80 年代初由 Lerman 等发明，主要用于医学上检测 DNA 片段中突变点的一种电泳技术。1993 年，Muyzer 等首次将 DGGE 技术应用于微生物群落结构的研究，发现该技术在研究微生物多样性方面有着巨大的优越性后，DGGE 技术开始被广泛用于微生物分子生态学的各个研究领域，包括对微生物群落结构演替的研究，对微生物种群动态分析的研究，以及对基因定位与表达等研究方面。DGGE 的基本原理是：DNA 双链结构经变性剂处理后会部分解链，解链后的 DNA 在凝胶电泳中的迁移速率会急剧下降。由于碱基序列有差别的 DNA 分子解链所需变性剂的浓度不同，所以在凝胶（聚丙烯酰胺）中添加线性梯度的变性剂后，可以有效地区分碱基序列有差别的 DNA 分子，目前常用的变性剂有去离子甲酰胺和尿素。电泳开始时，DNA 在胶中的迁移速率仅与分子大小有关，而一旦 DNA 到达该 DNA 变性浓度位置时，DNA 双链解链，迁移速率显著降低，从而使碱基组成有差异的 DNA 片段在凝胶的不同位置形成条带。DGGE 技术结果可靠、重复性好而且操作方便，是目前微生物群落结构研究的重要分子生物学手段之一，同时也成为研究土壤微生物多样性及种群演替的重要方法之一。

DGGE 技术在土壤微生物群落结构的研究方面应用广泛。该技术可以用于研究污染土壤的微生物群落，通过分析污染物对土壤微生物群落结构的变化影响，得出土壤的污染程度，为后续的污染土壤改良提供一定的理论支持。贾建丽等利用 PCR-DGGE 技术研究油田石油污染的土壤微生物群落多样性，综合分析后表明，土壤中的含油率是土壤微生物数量、活性以及总 DNA 产率的主要制约因素。PCR-DGGE 技术还可以用于分析植物根际微生物的变化规律，为改善耕地土壤环境促进农作物生长提供技术支持。孙晓棠等利用该技术研究番茄不同生长阶段根际微生物种群的变化规律，结果表明在番茄生长的初花期，根际细菌种群变化显著，到初果期的时候根际微生物群落多样性与稳定性达到最高，此时筛选拮抗菌较好。当然 PCR-DGGE 技术也存在一定的局限性，首先 DGGE 只能分离比较短的片段，较长的片段分离效果不好，从而限制了用于系统发育分析的序列信息量；其次 DGGE 只能检测出占群落总数 1%以上的优势种群，由于许多非优势菌群检测不出导致群落结构分析的误差等。但是随着分子生物学的技术发展，PCR-DGGE 技术也将会不断地补充和完善。土壤微生物群落结构及其变化在一定程度上影响着土壤的质量，对土壤中微生物群落的研究有利于土壤生态的保护和土壤可持续利用，PCR-DGGE 等分子生物学技术的发展在这些方面将起到重要的作用。

DGGE 分析在 D-code 基因突变检测系统（Bio-Rad）上进行，聚丙烯酰胺凝胶浓度为 8%，对于细菌，变性剂浓度范围为 35%～65%，对于真菌，变性剂浓度范围为 20%～40%，进样量 20 μL。在 1×TAE 缓冲液中，以 90 V 电压，60℃恒温电泳 14～16 h。电泳后，以 1×SYBR Green 染色剂染色 30 min，用 Alpha HP 紫外成像系统观察和照相。用 Quantity One 软件（Bio-rad）对 DGGE 图谱进行分析，获得不同土壤样品之间细菌和真菌的相似性指数和多样性指数。

1. 施肥后土壤样品的 DGGE 分析

对第 1、7、15 周空白样品的 DGGE 结果（图 4-92）分析可知，土壤中的细菌和真菌的相似性指数均达到 95%以上，说明未施肥土壤中的微生物种群结构较为稳定，细菌和真菌的群落结构均未随时间发生明显的变化。

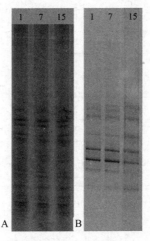

图 4-92　未施肥土壤样品的 DGGE 图谱（A：细菌，B：真菌）

　　施用污泥堆肥后土壤样品中微生物 DNA 的 PCR 产物的 DGGE 图谱，如图 4-93 所示。条带 1 和 2 有逐渐变暗的趋势，条带 3 和 9 保持比较亮的趋势，而条带 4、5、6 有变亮的趋势。对于细菌，各土壤样品间细菌相似性指数（表 4-39）随着施肥时间呈现逐渐降低的趋势，但整体上各样品间的相似度较高，说明细菌的菌群结构随堆肥时间的变化较小。对于真菌（表 4-40），施肥 1 周的样品与施肥 2 周的样品相似度均很低，说明施肥 1 周后真菌的群落结构就开始发生了明显的变化；施肥 5～15 周的样品相似度较高，说明施肥 5 周后真菌的群落结构趋于稳定。

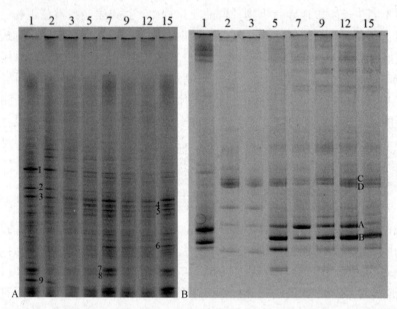

图 4-93　施肥后不同采样时间的土壤样品 DGGE 图谱（A：细菌，B：真菌）

表 4-39　施肥后不同采样时间的土壤样品中细菌相似性指数

堆肥时间/周	1	2	3	5	7	9	12	15
1	100	85.5	58.5	56.7	54.2	51.4	50.7	45.9
2		100	65.9	64	58.9	54.4	54.8	48.4
3			100	69.2	67.4	76.2	68.1	65.9
5				100	72.5	70.5	73.4	68.5
7					100	84.1	88.8	80.6
9						100	89.2	83.0
12							100	83.1
15								100

表 4-40　施肥后不同采样时间的土壤样品中真菌相似性指数

堆肥时间/周	1	2	3	5	7	9	12	15
1	100	7.5	11.3	12.8	5.0	6.5	5.9	7.7
2		100	44.1	20.0	15.4	21.0	23.7	22.9
3			100	41.8	27.0	38.7	35.8	47.7
5				100	26.0	35.4	31.4	44.6
7					100	68.6	66.4	56.2
9						100	91.1	85.3
12							100	78.2
15								100

　　由多样性指数分析（表 4-41）可见，细菌的多样性指数在堆肥 1 周时较小，在第 2～5 周时逐渐升高，并在第 5～9 周呈现相对稳定趋势，在第 9 周之后小幅度降低。发生上述变化主要是由于：施肥 1 周时，土壤中的细菌主要是由污泥堆肥带来的，随着施肥时间的延长，土壤中细菌群落发生较明显的变化，大量细菌在富含有机质及氮磷等养分的土壤环境下大量生长，细菌多样性提高，同时有机质及总氮含量在微生物作用下迅速降低，之后随着有机质的消耗，细菌的生长活性受到抑制，最终由于有机质等养分的缺乏，细菌种群多样性呈现小幅度的降低；对于真菌，其多样性指数在施肥前 3 周逐渐提高，并在第 3～12 周呈现相对稳定的变化趋势，说明施肥后的土壤环境让更多种类的真菌生长，并在较短的时间内达到相对稳定。

表 4-41　细菌及真菌多样性指数

SDI	1	2	3	5	7	9	12	15
细菌	2.87	3.10	3.34	3.43	3.47	3.54	3.43	3.22
真菌	1.57	1.48	2.22	2.24	2.08	2.12	2.18	2.03

2. 堆肥产品对土壤中细菌群落的影响

　　对细菌的 DGGE 图谱中主要条带进行切胶回收、二次 PCR、克隆测序、比对分析，并将结果整理于表 4-42。可以发现，对于细菌，条带 1、2、3、7、9 所代表的菌种在施肥 1 周时的土壤样品中是优势菌，随着施肥时间的延长，条带 1、2 的亮度逐渐变暗，说明条带 1、2 所代表的细菌含量逐渐减少，到施肥 15 周时，条带 1、2 所代表的细菌已不是优势菌，条带 3、9 一直维持它的优势地位，同时条带 4、5、6 所代表的细菌成为了新的优势菌。系统发育树如图 4-94 所示。

表 4-42 DGGE 图谱中主要条带的 NCBI 序列比对结果

Band	Phylum，class，or order	Closest species or taxon（accession number）	Similarity/%
1	γ-proteobacteria	*Psychrobacter faecalis*（JN642258）	100
2	α-proteobacteria	*Novosphingobium* sp. FNE08-86（JN399173）	100
3	*Gemmatimonadetes*	uncultured *Gemmatimonadetes* bacterium（AM935787）	95
4	*Chloroflexi*	uncultured *Chloroflexi* bacterium（AM934855）	99
5	γ-proteobacteria	*Lysobacter* sp. KSA20（GU048937）	99
6	*Chloroflexi*	uncultured *Thermomicrobium* sp.（EU375221）	99
7	*Actinobacteria*	*Blastococcus saxobsidens*（FR865885）	99
8	*Bacteroidetes*	*Chryseobacterium* sp. WTPout_67（JQ595496）	100
9	*Firmicutes*	uncultured *Trichococcus sp.*（GU356322）	100
A	Dothideomycetes	*Alternaria alternate*（AF218791）	100
B	Dothideomycetes	*Pleospora herbarum*（U43458）	100
C	Eurotiomycetes	*Penicillium* sp. enrichment culture clone NJ-F4（GU190185）	89
D	Eurotiomycetes	*Coccidioides immitis*（M55627）	97

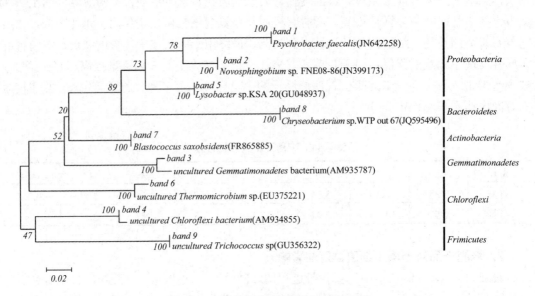

图 4-94 土壤中主要细菌的系统发育树

条带 1 所代表的细菌与 *Psychrobacter faecalis*（JN642258）相似性高达 100%，*Psychrobacter* 属于 γ 变形菌，它是一种无鞭毛、不能形成芽孢的革兰氏阴性菌，可以利用一些中小分子量的有机物作为碳源。条带 2 所代表的细菌与 *Novosphingobium* sp. FNE08-86（JN399173）相似性达 100%，*Novosphingobium* 属于 α 变形菌，有研究表明它是一种能降解芳香族化合物（如苯酚、苯胺等）的革兰氏阴性菌。这两种细菌相对含量随施肥时间的推移逐渐减少，原因可能是由于土壤中有机质的含量逐渐减少，它们的生长受到抑制。条带 3 所代表的细菌属于一个独立的菌门 Gemmatimonadetes，对于它的生物功能在科学界尚不清楚。条带 4

和条带 6 所代表的菌属于绿弯菌门（Chloroflexi），为丝状菌，具有降解大分子有机物的能力，绿弯菌门的细菌在土壤及很多微生物反应器中均比较常见，它在施肥后期（15 周）成为优势菌，主要是因为此时土壤中容易被生物降解的有机质基本被利用完全，但仍存在部分难以生物降解的有机质，因而有利于它的竞争生存。条带 5 所代表的菌与 *Lysobacter* sp. KSA20（GU048937）相似度达到 99%，Lysobacter 是一种 γ 变形菌，它具有无鞭毛却能在土壤中滑行运动的特点，因此引起了国际上的广泛关注，同时此类菌可以在多种植物根际固定繁殖，还能分泌多种抗生素、胞外水解酶和生物表面活性物质来抑制病菌生长，从而起到控制植物病害的效果，对土壤性质的改善具有很重要的作用。条带 7、8 所代表的细菌在施肥后的 15 周时间内含量变化幅度较大，说明它们的生长受环境影响较明显，它们分别属于放线菌门（Actinobacteria）和拟杆菌门（Bacteroidetes）；条带 9 一直维持着它的优势地位，属于厚壁菌门（Firmicutes）。大类细菌均是土壤及生物反应器常见的细菌，能利用大分子或中小分子有机物作为碳源。

3. 堆肥产品对土壤中真菌群落的影响

对真菌的 DGGE 图谱中主要条带进行分析（见表 4-42），施用污泥堆肥的土壤在前 3 周优势菌种发生了明显的变化，但是从第 5 周开始优势菌条带变化趋于稳定，主要集中在条带 A 和条带 B。条带 A 和条带 B 所代表的真菌属于座囊菌纲（Dothideomycetes），它们与 *Alternaria alternate*（AF218791）和 *Pleospora herbarum*（U43458）的相似度均达到了 100%。Alternaria alternata 是一种植物致病菌，导致植物出现叶斑，腐烂，枯萎病等，在土壤中广泛存在。Pleospora herbarum 也是一种植物病原体，常见于温带和亚热带地区，首次发现于 1801 年。条带 A 与条带 B 并没有出现在施肥后的前 3 周的土壤样品中，说明这两种植物致病菌不是由于施肥所带来的。条带 C 和条带 D 从第 2 周起就稳定存在，属于散囊菌纲（Eurotiomycetes），但是其含量在接下来 14 周的培养过程中并未发生明显的变化，且处于非优势菌的地位，其中条带 C 所代表的菌与 *Penicillium* sp. enrichment culture clone NJ-F4（GU190185）相似度为 89%，青霉（*Penicillium*）是一种常见的真菌，可以产生青霉素来杀死或停止身体内部的细菌生长。这些真菌的系统发育树，如图 4-95 所示。

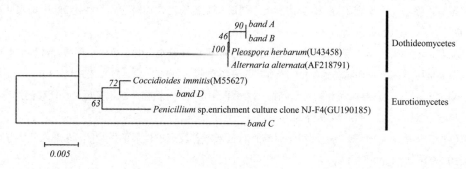

图 4-95　土壤中主要真菌的系统发育树

通过以上分析可知，土壤中并未发现具有硝化及反硝化功能的优势细菌，因此土壤中总氮的降低速率也相对较慢，7 周时间降低了（N/土壤）2 g/kg。施用污泥堆肥的土壤在第 5 周后的培养中，真菌的优势菌群逐渐变为两类植物致病菌，说明施肥后的土壤由于其有机质等营养成分的提高，导致一些致病菌的繁殖。可见，污泥堆肥如果应用于农林作物的种植，需要进行一定的灭菌处理，或者种植一些具有抗致病能力的植物来调节土壤中真菌的种群结构。

参考文献

[1] 蔡全英，莫测辉. 水稻土施用城市污泥盆栽作物后土壤中多环芳烃（PAHs）的残留[J]. 土壤学报，2002，39（6）：887-891.

[2] 陈春田，张顺合，王林，等. 细菌快速检测与传统培养方法结果比较[J]. 检验检疫学刊，2009（6）：18-20.

[3] 陈静，王学军，胡俊栋，等. 多环芳烃（PAHs）在砂质土壤中的吸附行为[J]. 农业环境科学学报，2005，24（1）：69-73.

[4] 陈世军，祝贤凌，冯秀珍，等. 多环芳烃对植物的影响[J]. 生物学通报，2010（2）：9-11.

[5] 陈宇云，朱利中. 杭州市多环芳烃的干、湿沉降[J]. 生态环境学报，2010，19（7）：1720-1723.

[6] 崔学慧，李炳华，陈鸿汉. 太湖平原城近郊区浅层地下水中多环芳烃污染特征及污染源分析[J]. 环境科学，2008，29（7）：1806-1810.

[7] 邓小红，任海芳. PCR 技术详解及分析[J]. 重庆工商大学学报：自然科学版，2007（1）：33-37.

[8] 范淑秀，李培军，何娜，等. 多环芳烃污染土壤的植物修复研究进展[J]. 农业环境科学学报，2008，26（6）：2007-2013.

[9] 傅以钢，王峰，何培松，等. DGGE 污泥堆肥工艺微生物种群结构分析[J]. 中国环境科学，2005（S1）：98-101.

[10] 高定，刘洪涛，陈同斌，等. 城市污泥堆肥用于草坪基质的生物与环境效应[J]. 中国给水排水，2009（15）：119-121.

[11] 辜运富，张小平，涂仕华. 变性梯度凝胶电泳（DGGE）技术在土壤微生物多样性研究中的应用[J]. 土壤，2008（3）：18-24.

[12] 郭智芬，涂书新，李晓华等. 石灰性土壤不同形态无机磷对作物磷营养的贡献[J]. 中国农业科学，1997，30（1）：26-32.

[13] 韩晓君，潘根兴，李恋卿. 长期不同施肥处理下有机质含量变化对土壤中多环芳烃降解的影响——以太湖地区黄泥土长期试验为例[J]. 农业环境科学学报，2009，28（12）：2533-2539.

[14] 花莉，陈英旭，吴伟祥，等. 生物质炭输入对污泥施用土壤—植物系统中多环芳烃迁移的影响[J]. 环境科学，2009，30（8）：2419-2424.

[15] 黄雅曦，李季，李国学，等. 施用污泥堆肥对玉米产量及土壤性质的影响[J]. 东北农业大学学报，2010（9）：43-49.

[16] 黄游，陈玲，李宇庆，等. 模拟酸雨对污泥堆肥中重金属形态转化及其环境影响的行为[J]. 生态学杂志，2006，25（11）：1352-1357.

[17] 贾建丽，李广贺，张旭，等. 基于 PCR-DGGE 技术的石油污染土壤微生物多态性[J]. 清华大学学报（自然科学版），2005（9）：67-70.

[18] 姜华，吴波，李国学. 添加不同钝化剂降低污泥堆肥的植物毒性研究[J]. 环境工程学报，2008，2（10）：

43-45.

[19] 蒋柏藩，顾益初. 石灰性土壤无机磷分级的测定方法[J]. 土壤通报，1990，22（2）：101-102.

[20] 李春萍，蒋建国，殷闽，等. 添加石灰对污泥干化和重金属钝化效果的影响[J]. 中国给水排水，2010，26（23）：28-31.

[21] 李贵才，韩兴国，黄建辉，等. 森林生态系统土壤氮矿化影响因素研究进展[J]. 生态学报，2001，21（7）：1187-1195.

[22] 李菊梅，王朝辉，李生秀. 有机质、全氮和可矿化氮在反映土壤供氮能力方面的意义[J]. 土壤学报，2003，40（2）：232-248.

[23] 李玲玲，李书田. 有机肥氮素矿化及影响因素研究进展[J]. 植物营养与肥料学报，2012，18（3）：749-757.

[24] 李双喜，吕卫光，郑宪清，等. 不同螯合剂处理下黑麦草对重金属 Pb、Cr、Hg 的吸收作用研究[J]. 上海农业科技，2010（2）：20-22.

[25] 李恬，肖素琴，吴燕飞，等. 重金属汞对植物生理活动的影响和钙离子的拮抗作用[J]. 中山大学学报（自然科学版），2008，47（增刊）：111-113.

[26] 李文学，陈同斌. 超富集植物吸收富集重金属的生理和分子生物学机制[J]. 应用生态学报，2003，14（4）：627-631.

[27] 梁存珍，刘卫国，於俊杰，等. 气相色谱与质谱联用测定淮安某县乡镇饮用水中的多环芳烃[J]. 光谱实验室，2012，29（5）：2777-2782.

[28] 梁晶，彭喜玲，方海兰，等. 污泥堆腐过程中多环芳烃（PAHs）的降解[J]. 环境科学与技术，2011，34（1）：114-116.

[29] 林琦，陈英旭，陈怀满，等. 有机酸对 Pb、Cd 的土壤化学行为和植株效应的影响[J]. 应用生态学报，2001，12（4）：619-622.

[30] 凌婉婷，朱利中，高彦征，等. 植物根对土壤中 PAHs 的吸收及预测[J]. 生态学报，2005，25（9）：2320-2325.

[31] 刘金泉，黄君礼，季颖，等. 环境中多环芳烃（PAHs）去除方法的研究[J]. 哈尔滨商业大学学报：自然科学版，2007，23（2）：162-167.

[32] 刘丽，王玉军，杨林，等. 不同改良剂对铬污染土壤中小白菜生理生化特性的影响[J]. 水土保持学报，2011，25（1）：96-100.

[33] 刘新春，吴成强，张昱，等. PCR-DGGE 法用于活性污泥系统中微生物群落结构变化的解析[J]. 生态学报，2005（4）：186-191.

[34] 鲁如坤. 土壤—植物营养学原理和施肥[M]. 北京：化学工业出版社，1998：433-443.

[35] 罗明，文启凯，周抑强，等. 有机、无机肥料配合施用对地膜棉田土壤微生物及生化特性的影响[J]. 新疆农业大学学报，1997（4）：47-50.

[36] 罗庆，孙丽娜，张耀华. 细河流域地下水中多环芳烃污染健康风险评价[J]. 农业环境科学学报，2011，30（5）：959-964.

[37] 马力，杨林章. 长期施肥水稻土氮素剖面分布及温度对土壤氮素矿化特性的影响[J]. 土壤学报，2010，47（2）：286-294.

[38] 马悦欣. 变性梯度凝胶电泳（DGGE）在微生物生态学中的应用[J]. 生态学报，2003（8）：103-111.

[39] 毛健，骆永明，滕应，等. 高分子量多环芳烃污染土壤的菌群修复研究术[J]. 土壤学报，2010，47（1）：163-167.

[40] 莫测辉，王伯光. 城市污泥及其堆肥施用对通菜中有机污染物的累积效应[J]. 环境科学，2002，23（5）：52-56.

[41] 牛秋雅，曾光明，牛一乐，等. 生物强化堆肥降解菲[J]. 湖南大学学报：自然科学版，2009，36（2）：85-88.

[42] 邱桃玉，刘德江，饶晓娟，等. 施用沼肥对蔬菜产量、品质及土壤性状的影响[J]. 中国沼气，2010（6）：46-49.

[43] 沈源源，滕应，骆永明，等. 几种豆科，禾本科植物对多环芳烃复合污染土壤的修复[J]. 土壤，2011，43（2）：253-257.

[44] 宋洋，李柱刚. DGGE 技术在土壤微生物群落研究中的应用[J]. 黑龙江农业科学，2010（7）：11-14.

[45] 孙晓棠，王燕，龙良鲲，等. 番茄根际微生物种群动态变化及多样性[J]. 微生物学通报，2008（11）：72-77.

[46] 孙玉焕，骆永明，吴龙华，等. 长江三角洲地区污水污泥与健康安全风险研究 I. 粪大肠菌群数及其潜在环境风险[J]. 土壤学报，2005，42（3）：397-403.

[47] 孙玉焕，骆永明，滕应，等. 长江三角洲地区污水污泥与健康安全风险研究V. 污泥施用对土壤微生物群落功能多样性的影响[J]. 土壤学报，2009（3）：36-41.

[48] 孙玉焕，骆永明，杨志海. 污泥施用对土壤微生物群落结构多样性的影响[J]. 安徽农业科学，2008（12）：331-332.

[49] 孙玉焕，杨志海. 施污泥土壤中粪大肠菌群的动态变化及其环境卫生风险[J]. 青岛科技大学学报：自然科学版，2008（4）：32-35.

[50] 王菲，苏振成，杨辉，等. 土壤中多环芳烃的微生物降解及土壤细菌种群多样性[J]. 应用生态学报，2009，20（12）：3020-3026.

[51] 王帘里，孙波. 温度和土壤类型对氮素矿化的影响[J]. 植物营养与肥料学报，2011，17（3）：583-591.

[52] 王新，周启星，陈涛，等. 污泥土地利用对草坪草及土壤的影响[J]. 环境科学，2003，24（2）：50-53.

[53] 王新，周启星. 污泥堆肥土地利用对树木生长和土壤环境的影响[J]. 农业环境科学学报，2005（1）：174-177.

[54] 谢林花. 长期不同施肥对石灰性土壤磷形态转化及剖面分布的影响[D]. 西北农林科技大学，2001.

[55] 邢薇，左剑恶，孙寓姣，等. 利用 FISH 和 DGGE 对产甲烷颗粒污泥中微生物种群的研究[J]. 环境科学，2006，27（11）：2268-2272.

[56] 邢维芹，骆永明，李立平. 影响土壤中 PAHs 降解的环境因素及促进降解的措施[J]. 土壤通报，2007，38（1）：173-178.

[57] 徐胜，王慧，陈玮，等. 土壤中多环芳烃污染对植物生理生态的影响[J]. 应用生态学报，2013，24（5）：1284-1290.

[58] 徐卫红，刘吉振，黄河，等. 高锌胁迫下不同大白菜品种生长、Zn 吸收及根系分泌物的研究[J]. 中国农学通报，2006（8）：458-463.

[59] 许晓伟，黄岁樑. 地表水中多环芳烃迁移转化研究进展[J]. 环境科学与技术，2011（1）：26-33.

[60] 薛澄泽. 污泥制作堆肥及复合肥料的研究[J]. 农业环境保护，1997，16（1）：11-15.

[61] 闫双堆，卜玉山，刘利军，等. 不同腐殖酸物质对土壤中汞的固定作用及植物吸收的影响[J]. 环境科学学报，2007，27（1）：101-105.

[62] 杨莉琳，胡春胜. 施肥对华北高产区土壤 NO_3-N 淋失与作物 NO_3-N 含量及产量的影响[J]. 应用与环境生物学报，2003，9（5）：501-505.

[63] 杨艳，凌婉婷，高彦征，等. 几种多环芳烃的植物吸收作用及其对根系分泌物的影响[J]. 环境科学学报，2010，30（3）：593-599.

[64] 姚爱军，青长乐，牟树生. 腐殖酸对矿物结合汞活性的影响 I. 腐殖酸对矿物结合汞挥发活性的影响[J]. 土壤学报，1999，36（4）：477-483.

[65] 姚爱军，青长乐，牟树生. 腐殖酸对矿物结合汞植物活性的影响[J]. 中国环境科学，2000，20（3）：215-219.

[66] 姚岚，王成端. 不同钝化剂对污泥堆肥过程中重金属形态的影响研究[J]. 环境卫生工程，2008，16（2）：8-10.

[67] 于洁，冯炘，解玉红，等. PCR-DGGE 技术及其在环境微生物领域中的应用[J]. 西北农林科技大学学报：自然科学版，2010（6）：235-242.

[68] 袁馨. 植物对 PAHs 污染土壤修复效果的种间差异研究[J]. 后勤工程学院学报，2010，26（6）：50-54.

[69] 袁耀武，张伟，李英军，等. 污水灌溉对土壤中不同微生物类群数量的影响[J]. 节水灌溉，2003（6）：17-19.

[70] 占新华，周立祥. 多环芳烃（PAHs）在土壤-植物系统中的环境行为[J]. 生态环境，2003，12（4）：487-492.

[71] 张宝涛，王立群，伍宁丰，等. PCR-DGGE 技术及其在微生物生态学中的应用[J]. 生物信息学，2006（3）：38-40.

[72] 张迪，赵牧秋，牛明芬. 有机肥对设施菜地土壤硝酸盐累积的影响[J]. 环境科学与技术，2010，33（6E）：115-119.

[73] 张晶，汪勇，林先贵，等. 植物间作系统在多环芳烃污染农田修复中的应用[J]. 安全与环境学报，2009，9（5）：76-80.

[74] 张晶. 北京野鸭湖湿地土壤中磷的形态分布和转化行为研究[D]. 北京林业大学，2012.

[75] 张泉清. 黑土和淡黑钙土的有效磷测定方法的研究[J]. 土壤学报，1986，23（3）：262-267.

[76] 张瑞福，崔中利，李顺鹏. 土壤微生物群落结构研究方法进展[J]. 土壤，2004（5）：21-25.

[77] 张若萍，何静安，等. 土壤磷素形态与磷肥固定强度效应研究[J]. 土壤肥料，1990，4：24-27.

[78] 张守敬. 水稻土中磷的有效性及其测定[J]. 土壤通报，1982，14（4）：152-154.

[79] 张卫，林匡飞，张巍，等. 菲在土壤中的微生物降解研究[J]. 生态环境学报，2010，19（2）：330-333.

[80] 张西科，张福锁，毛达如. 根系铁氧化物胶膜对水稻吸收 Zn 的影响[J]. 应用生态学报，1996，7（3）：262-266.

[81] 张翼，凌婉婷，陈冬升，等. 蒽在黑麦草体内的代谢作用[J]. 中国环境科学，2010（4）：544-547.

[82] 赵长盛，胡承孝. 温度和水分对华中地区菜地土壤氮素矿化的影响[J]. 中国生态农业学报，2012，20（7）：861-866.

[83] 赵京音，姚政. 施用鸡粪堆肥对尿素氮在土壤中转化的影响[J]. 上海农业学报，1994，10（增刊）：47-50.

[84] 赵明，蔡葵，赵征宇，等. 不同有机肥料中氮素的矿化特性研究[J]. 农业环境科学学报，2007，26（S1）：146-149.

[85] 赵云英，马永安. 天然环境中多环芳烃的迁移转化及其对生态环境的影响[J]. 海洋环境科学，1998，17（2）：68-72.

[86] 甄泉，严密，杨红飞，等. 铜污染对野艾蒿生长发育的胁迫及伤害[J]. 应用生态学报，2006，17（8）：1505-1510.

[87] 郑景生，吕蓓. PCR 技术及实用方法[J]. 分子植物育种，2003（3）：99-112.

[88] 郑蕾，谭文捷，丁爱中，等. 微生物作用下多环芳烃在土壤中的迁移特征[J]. 化工学报，2010，61（1）：200-207.

[89] 郑向群，郑顺安，李晓辰. 叶菜类蔬菜土壤铬（III）污染阈值研究[J]. 环境科学学报，2012，32（12）：3039-3044.

[90] 中国科学院南京土壤研究所. 土壤理化分析[M]. 上海：上海科学技术出版社，1987.

[91] 中国农业科学院土壤肥料研究所. 中国肥料[M]. 上海：上海科学技术出版社，1994.

[92] 钟文辉，蔡祖聪，尹力初，等. 用 PCR-DGGE 研究长期施用无机肥对种稻红壤微生物群落多样性的影响[J]. 生态学报，2007（10）：69-76.

[93] 周鸣铮. 土壤速效磷化学提取测定法探讨[J]. 土壤通报，1980（4）：47-48；（5）：42-45.

[94] Agehara S，Warncke D D. Soil moisture and temperature effects on nitrogen release from organic nitrogen sources [J]. Soil Science Society of America，2005，69（6）：1844-1855.

[95] Albiacha R.，Caneta R.，Pomaresa F.，et al.. Organic matter components and aggregate stability after the application of different amendments to a horticultural soil [J]. Bioresource Technology，2001，76（2）：125-129.

[96] Amir S.，Hafidi M.，Merlina G.，et al.. Sequential extraction of heavy metals during composting of sewage sludge[J]. Chemosphere，2005，59（6）：801-810.

[97] Arabinda K. Das，Ruma Chakraborty，M. Luisa Cervera，et al.. Metal speciation in solid matrices[J]. Talanta，1995，42（8）：1007-1030.

[98] Aulakh M S，Doran J W，Walters D T，et al.. Legume residue and soil water effects on denitrification in soils of different textures[J]. Soil Biology and Biochemistry，1991，23（12）：1161-1167.

[99] Baker A. J. M.，Brooks R. R.，Pease A. J.，et al.. Studies on copper and cobalt tolerance in three closely related taxa within the genusSilene L.（Caryophyllaceae）from Zaïre[J]. Plant and Soil，1983，73（3）：377-385.

[100] Baker A. J. M.，McGrath S. P.，Sidoli C. M. D.，et al.. The possibility of in situ heavy metal decontamination of polluted soils using crops of metal-accumulating plants[J]. Resources，Conservation and Recycling，1994，11（1-4）：41-49.

[101] Binet P，Portal JM，Leyval C. Dissipation of 3–6-ring polycyclic aromatic hydrocarbons in the rhizosphere of ryegrass[J]. Soil Biology and Biochemistry，2000，32（14）：2011-2017.

[102] Binet P，Portal JM，Leyval C. Fate of polycyclic aromatic hydrocarbons（PAH）in the rhizosphere and mycorrhizosphere of ryegrass[J]. Plant and Soil，2000，227（1-2）：207-213.

[103] Bowman R A，Cole C V. An exploratory method for fractionation of organic phosphorus from grassland

soils[J]. Soil Scinece，1978，125：95-101.

[104] Breuer L，Kiese R，Butterbach-Bahl K，Temperature and moisture effects on nitrification rates in tropical rainforest soils[J]. Soil Science Society of America，2002，66（3）：834-844.

[105] Cai QY，Mo CH，Wu QT，et al.. Polycyclic aromatic hydrocarbons and phthalic acid esters in the soil–radish（Raphanus sativus）system with sewage sludge and compost application[J]. Bioresource Technology，2008，99（6）：1830-1836.

[106] Carpi A.. Methyl mercury contamination and emission to the atmosphere from soil amended with municipal sewage sludge [J]. Journal of Environment Quality，1997，26（6）：1650-1654.

[107] Cerniglia CE. Fungal metabolism of polycyclic aromatic hydrocarbons：past，present and future applications in bioremediation[J]. Journal of industrial microbiology & biotechnology，1997，19（5）：324-333.

[108] Chaney R. L.，Malik M.，Li Y. M. Phytoremediation of soil metals[J]. Current Opinions in Biotechnology，1997，8（3）：279-284.

[109] Chang S C，Jackson M L. Fractionation of soil phosphorus[J]. Soil Scinece，1957，84（2）：133-144.

[110] Chardon W J，Oenema O，Del Castiho P，et al.. Organic phosphorus in solutions and leachates from soil treated with animals slurries[J]. Environ Quai. 1997，26：372-378.

[111] Cheema SA，Khan MI，Tang X，et al.. Enhancement of phenanthrene and pyrene degradation in rhizosphere of tall fescue（Festuca arundinacea）[J]. Journal of Hazardous materials，2009，166（2-3）：1226-1231.

[112] Chen G. Q.，Zeng G. M.，Du C. Y.. Transfer of heavy metals from compost to red soil and groundwater under simulated rainfall conditions[J]. Journal of Hazardous Materials，2010，181（1-3）：211-216.

[113] Chen YC，Banks MK，Schwab AP. Pyrene degradation in the rhizosphere of tall fescue（Festuca arundinacea）and switchgrass（Panicum virgatum L.）[J]. Environmental Science & Technology，2003，37（24）：5778-5782.

[114] Debosz K.，Petersen S. O.，Kure L. K.，et al.. Evaluating effects of sewage sludge and household compost on soil physical，chemical and microbiological properties[J]. Applied Soil Ecology，2002，19（3）：237-248.

[115] Dittmar H.，Mary P.，Lechevalier，et al. Evidence for a Close Phylogenetic Relationship Between Members of the Genera Frankia，Geodermatophilus，and "Blastococcus" and Emdendation of the Family Frankiaceae[J]. Systematic and Applied Microbiology. 1989，11（3）：236-242.

[116] D'Orazio V，Ghanem A，Senesi N. Phytoremediation of Pyrene Contaminated Soils by Different Plant Species[J]. CLEAN–Soil，Air，Water，2013，41（4）：377-382.

[117] Eschenbach A，Wienberg R，Mahro B. Fate and stability of nonextractable residues of [14C] PAH in contaminated soils under environmental stress conditions[J]. Environmental Science & Technology，1998，32（17）：2585-2590.

[118] Esteller M. V.，Martínez-Valdés H.，Garrido S.，et al.. Nitrate and phosphate leaching in a Phaeozem soil treated with biosolids，composted biosolids and inorganic fertilizers[J]. Waste Management，2009，29（6）：1936-1944.

[119] Fu DQ，Teng Y，Shen YY，et al.. Dissipation of polycyclic aromatic hydrocarbons and microbial activity in a field soil planted with perennial ryegrass[J]. Frontiers of Environmental Science & Engineering，2012，6（3）：330-335.

[120] Gandolfi I，Sicolo M，Franzetti A，et al.. Influence of compost amendment on microbial community and ecotoxicity of hydrocarbon-contaminated soils[J]. Bioresource Technology，2010，101（2）：568-575.

[121] Gao YZ，Zhang Y，Liu J，et al.. Metabolism and subcellular distribution of anthracene in tall fescue（Festuca arundinacea Schreb.）[J]. Plant and Soil，2013，365（1-2）：171-182.

[122] Gao YZ，Zhu LZ. Plant uptake，accumulation and translocation of phenanthrene and pyrene in soils[J]. Chemosphere，2004，55（9）：1169-1178.

[123] Gilmv，Carballomt，Calvolf. Modelling N mineralization from bovine manure and sewage sludge composts[J]. Bioresource Technology，2011，102（1）：863-871.

[124] Grosser RJ，Warshawsky D，Vestal JR. Indigenous and enhanced mineralization of pyrene，benzo [a] pyrene，and carbazole in soils[J]. Applied and Environmental Microbiology，1991，57（12）：3462-3469.

[125] Guerrero F.，Gascó J.，Hernández-Apaolaza L. Use of pine bark and sewage sludge compost as components of substrates for Pinus pinea and Cupressus arizonica production[J]. Journal of Plant Nutrition，2002，25（1）：129-141.

[126] Hamdi H，Benzarti S，Aoyama I，et al.. Rehabilitation of degraded soils containing aged PAHs based on phytoremediation with alfalfa（Medicago sativa L.）[J]. International Biodeterioration & Biodegradation，2012，67：40-47.

[127] Haritash AK，Kaushik CP. Biodegradation aspects of polycyclic aromatic hydrocarbons（PAHs）: a review[J]. Journal of Hazardous materials，2009，169（1）：1-15.

[128] Haynes R J. Labile organic matter fractions and aggregate stability under short-term，grass-based leys [J]. Soil Biology and Biochemistry，1999，31（13）：1821-1830.

[129] Hedley M J，Stewart J W B，Chauhan B S. Changes in inorganic and organic soil phosphorus fractions induced by cultivation practices and by laboratory incubations[J]. Soil Science American，1982，46：970-976.

[130] Hua L，Wu WX，Liu YX，et al.. Effect of composting on polycyclic aromatic hydrocarbons removal in sewage sludge[J]. Water Air and Soil Pollution，2008，193（1-4）：259-267.

[131] Jiang C. H.，Wu D.，Hu J. W.，et al.. Application of chemical fractionation and X-ray powder diffraction to study phosphorus speciation in sediments from Lake Hongfeng，China[J]. Chinese Science Bulletin，2011，56（20）：2098-2108.

[132] John Pichtel，Mary Anderson. Trace metal bioavailability in municipal solidwaste and sewage sludge composts[J]. Bioresource Technology，1997，60：223-229.

[133] Kaiserli. A，Voutsa D，Samara C. Phosphorus fractionation in lake sediments-Lakes Volvi and Koronia. N. Greece[J]. Chemosphere，2002，46（8）：1147-1155.

[134] Kawasaki A，Watson ER，Kertesz MA. Indirect effects of polycyclic aromatic hydrocarbon contamination on microbial communities in legume and grass rhizospheres[J]. Plant and Soil，2012，358（1-2）：169-182.

[135] Kirk P. M.，Cannon P. F.，Minter D. W.，et al.. Dictionary of the Fungi（10 th ed.）[M]. Wallingford，

UK，CABI，2008：505.

[136] Küppe H.，Zhao F. J.，McGrath S. P.. Cellular compartmentation of zinc in leaves of the hyperaccumulator Thlaspi Caerulescens[J]. Plant Physiology，1999，119（1）：305-311.

[137] Lee E.，Song U.，Environmental and economical assessment of sewage sludge compost application on soil and plants in a landfill[J]. Resources，Conservation and Recycling，2010，54（12）：1109-1116.

[138] Lee SH，Lee WS，Lee CH，*et al.*. Degradation of phenanthrene and pyrene in rhizosphere of grasses and legumes[J]. Journal of Hazardous materials，2008，153（1-2）：892-898.

[139] Leita L.，Nobili M. D.. Water-soluble fractions of heavy metals during composting of municipal solid waste[J]. Journal of Environment Quality，1991，20（1）：73-78.

[140] Li Ling-ling，Li Shu-tian. A review on nitrogen mineralization of organic manure and affecting factors [J]. Plant Nutrition and Fertilizer Science，2012，18（3）：749-757.

[141] Li XJ，Li PJ，Lin X，*et al.*. Biodegradation of aged polycyclic aromatic hydrocarbons（PAHs）by microbial consortia in soil and slurry phases[J]. Journal of Hazardous materials，2008，150（1）：21-26.

[142] Lichtfouse E，Sappin-Didier V，Denaix L，*et al.*. A 25-year record of polycyclic aromatic hydrocarbons in soils amended with sewage sludges[J]. Environmental Chemistry Letters，2005，3（3）：140-144.

[143] Ling WT，Gao YZ. Promoted dissipation of phenanthrene and pyrene in soils by amaranth（Amaranthus tricolor L.）[J]. Environmental Geology，2004，46（5）：553-560.

[144] Liu X，Liu S Q，Wang S A. Distribution of cadmium and lead forms and its affecting factors in Soil of Hebei Province[J]. Acta Pedol Sin，2003，40（3）：393-400.

[145] Liu Z. P.，Wang B. J.，Liu Y. H.，*et al.*. Novosphingobium taihuense sp nov.，a novel aromatic compound degrading bacterium isolated from Taihu Lake，China[J]. International Journal of Systematic and Evolutionary Microbiology，2005，55（3）：1229–1232.

[146] Lourdes Hernández-Apaolaza，Antonio M. Gascó，Iosé M. Gascó，*et al.* Reuse of waste materials as growing media for ornamental plants[J]. Bioresour Technol，2005，96（1）：125-131.

[147] Lovisa B.，Philip H.，Gene W. T.，*et al.*. Filamentous Chloroflexi（green non-sulfur bacteria）are abundant in wastewater treatment processes with biological nutrient removal [J]. Microbiology，2002，148：2309-2318.

[148] Lu M，Zhang ZZ，Sun SS，*et al.*. The use of goosegrass（Eleusine indica）to remediate soil contaminated with petroleum[J]. Water，Air，& Soil Pollution，2010，209（1-4）：181-189.

[149] MacFarlane G. R.，Burchett M. D.. Zinc distribution and excretion in the leaves of the grey mangrove Avicennia marina（Forsk.）Vierh [J]. Environmental and Experimental Botany，1999，41（2）：167-175.

[150] MacLean A A，McRae K B. Rate of hydrolysis and nitrification of urea and implications of its use in potato production[J]. Can. J. Soil Sci.，1987，67：679-686.

[151] Malhi S S，McGill W B. Nitrification in three Alberta soils：Effect of temperature，moisture and substrate concentration[J]. Soil Biology and Biochemistry，1982. 14（4）：393-399.

[152] McBride M. J. Bacterial gliding motility：Multiple mechanisms for cell movement over surfaces [J]. Annual Review of Microbiology，2001，55：49-75.

[153] Monika J.，Jacek C.. Chromium and nickel speciation during composting process of different biosolids[J].

Fresenius Environmental Bulletin，2010，19（2）：289-299.

[154] Muyzer G. DGGE/TGGE a method for identifying genes from natural ecosystems [J]. Current Opinion in Microbiology，1999，2：317-322.

[155] Narconi D J，Nelson P V. Leaching of applied P in container media[J]. Scientia Horticulturae，1984，22（3）：275-285.

[156] Nishi B.，Singh R. P.，Sinha S. K.. Effect of calcium chloride on heavy metal induced alteration in growth and nitrate assimilation of Sesamum indicum seedlings[J]. Phytochemistry，1996，41（1）：105-109.

[157] Oleszczuk P. Persistence of polycyclic aromatic hydrocarbons（PAHs）in sewage sludge-amended soil[J]. Chemosphere，2006，65（9）：1616-1626.

[158] Ovreas L.，Forney L.，Daae F. L. Distribution of bacterioplankton in meromictic Lake Saelevanner，as determined by denaturing gradient gel electrophoresis of PCR-amplified gene fragments coding for 16 srRNA[J]. Applied and Environmental Microbiology，1997，63：3367-3373.

[159] Paraíba LC，Queiroz SCN，Maia AdHN，et al.. Bioconcentration factor estimates of polycyclic aromatic hydrocarbons in grains of corn plants cultivated in soils treated with sewage sludge[J]. Science of the Total Environment，2010，408（16）：3270-3276.

[160] Pengxin Wang，Erfu Qu，Zhenbin Li，et al.. Fractions and availability of nickel in Loessial soil amended with sewage sludge or sewage[J]. Eviron Qual，1997，26：795-800.

[161] Persoon C. H. Synopsis Methodica Fungorum [M]. 180 1，（p）：78.

[162] Pikuta E. V.，Hoover R. B.，Bej A. K.，et al.. Trichococcus patagoniensis sp. nov.，a facultative anaerobe that grows at -5 degrees C，isolated from penguin guano in Chilean Patagonia [J]. International Journal of Systematic and Evolutionary Microbiology，2006，56（9）：2055-62.

[163] Pinamonti F. Compost mulch effects on soil fertility，nutritional status and performance of grapevine[J]. Nutrient Cycling in Agroecosystems，1998，51（3）：239-248.

[164] Reilley KA，Banks MK，Schwab AP. Dissipation of polycyclic aromatic hydrocarbons in the rhizosphere[J]. Journal of Environmental Quality，1996，25（2）：212-219.

[165] Sadeghi A M，Kissel D E，Cabrera M L. Estimating molecular diffusion coefficients of urea in unsaturated soil[J]. Soil Science Society of America，1989，53（1）：15-18.

[166] Sahrawat K L. Effects of temperature and moisture on urease activity in semiarid tropical soils[J]. Plant and Soil，1984，78：401-408.

[167] Schjonning P，Thomsen I K，Moldrup Per，et al.. Linking soil microbial activity to water- and air-phase contents and diffusivities[J]. Soil Science Society of America，2003，67（1）：56-165.

[168] Schmidt T. M.，DeLong E. F.，Pace N. R. Analysis of a marine picoplankton community by 16 s rRNA gene cloning and sequencing [J]. Bacteriol，1991，173：4371-4378.

[169] Shaw LJ，Burns RG. Biodegradation of organic pollutants in the rhizosphere[J]. Advances in Applied Microbiology，2003，53：1-60.

[170] Shuman L. M.，Wang J.. Effect of rice variety on zinc，cadmium，iron，and manganese content in rhizosphere and non‐rhizosphere soil fractions[J]. Communications in Soil Science and Plant Analysis，1997，28（1-2）：23-36.

[171] Singh R. P. and Agrawal M. Potential benefits and risks of land application of sewage sludge[J]. Waste Management, 2008, 28（2）: 347-358.

[172] Singh R. P., Agrawal M.. Effects of sewage sludge amendment on heavy metal accumulation and consequent responses of Beta vulgaris plants[J]. Chemosphere, 2007, 67（1）: 2229-2240.

[173] Skoog F.. Relationship between zinc and auxin in the growth of higher plants[J]. American Journal of Botany, 1940, 27（10）: 939-950.

[174] Smith S. R. A critical review of the bioavailability and impacts of heavy metals in municipal solid waste composts compared to sewage sludge [J]. Environment International, 2009, 35（1）: 142-156.

[175] Sofia D., Claudia P., Artur A., et al.. Assessing the dynamic of microbial communities during leaf decomposition in a low-order stream by microscopic and molecular techniques[J]. Microbiological Research, 2010, 165（5）: 351-362 .

[176] Stanislaw D., Anna C.. Effect of solid-phase speciation on metal mobility and phytoavailability in sludge-amended soil[J]. Water, Air, and Soil Pollution, 1990, 5（1-2）: 153-160.

[177] Sun L, Yan XL, Liao XY, et al.. Interactions of arsenic and phenanthrene on their uptake and antioxidative response in Pteris vittata [J]. Environmental Pollution, 2011, 159（12）: 3398-3405.

[178] Tessier A., Campbell P. G. C., Bisson M.. Sequential extraction procedure for the speciation of particulate trace metals[J]. Analytical Chemistry, 1979, 51（7）: 844-851.

[179] Tiessen H, Stewart J W B, Moir J Q. Changes in organic and inorganic phosphorus composition of two grassland soils and their Particle size fractions during 40-90 years of cultivation[J]. Soil Science, 1983, 34: 815-823.

[180] Vaca-Paulin R., Esteller-Alberich M., Lugo-De La Fuente J., et al.. Effect of sewage sludge or compost on the sorption and distribution of copper and cadmium in soil[J]. Waste Management, 2006, 26（1）: 71-81.

[181] Van-Assche F., Clijsters H.. Effects of metals on enzyme activity in plants[J]. Plant, Cell& Environment, 1990, 13（3）: 195-206.

[182] Vlek P L G, Carter M F, The effect of soil environment and fertilizer modification on the rate of urea hydrolysis[J]. Soil Science, 1983, 136（1）: 56-63.

[183] Wagner D J, Bacon G D, Knocke W R, et al.. Changes and variability in concentration of heavy metals in sewage sludge during composting [J]. Environ Technol, 1990, 11: 949-960.

[184] Walsh G. E., Rigby R.. Resistance of the mangrove（Rhizpohora mangle（L.））seedlings to Pb, cadmium and mercury[J]. Biotropica, 1979, 11（1）: 22-27.

[185] Wang Lian-li, Sun Bo. Temperature and soil type on nitrogen mineralization[J]. Plant Nutrition and Fertilizer Science, 2011, 17（3）: 583-591.

[186] Wiest, P., Kurt W, . Alternaria Infection in a Patient with Acquired Immunodeficiency Syndrome: Case Report and Review of Invasive Alternaria Infections [J]. Reviews of Infectious Diseases, 1987, 9（4）: 799-803.

[187] Wu J. H., Liu W. T., Tseng I. C., et al.. Characterization of microbial consortia in a terephthalate 2 degrading anaerobic granular sludge system [J]. Microbiology, 2001, 147: 373-382.

[188] Xu SY，Chen YX，Lin KF，*et al*.. Removal of pyrene from contaminated soils by white clover[J]. Pedosphere，2009，19（2）：265-272.

[189] Yang ZY，Zhu LZ. Performance of the partition-limited model on predicting ryegrass uptake of polycyclic aromatic hydrocarbons[J]. Chemosphere，2007，67（2）：402-409.

[190] Yoon J. H.，Kang K. H.，Park Y. H. Psychrobacter jeotgali sp. nov.，isolated from jeotgal，a traditional Korean fermented seafood [J]. International Journal of Systematic and Evolutionary Microbiology，2003，53（2）：449-54.

[191] Zeng XY，Lin Z，Gui HY，*et al*.. Occurrence and distribution of polycyclic aromatic carbons in sludges from wastewater treatment plants in Guangdong，China[J]. Environmental Monitoring and Assessment，2010，169（1-4）：89-100.

[192] Zhang J，Lin XG，Liu WW，*et al*.. Effect of organic wastes on the plant-microbe remediation for removal of aged PAHs in soils[J]. Journal of Environmental Sciences，2012，24（8）：1476-1482.

[193] Zorpas A. A.，Inglezakis V. J.，Loizidou M.. Heavy metals fractionation before，during and after composting of sewage sludge with natural zeolite[J]. Waste Management，2008，28（11）：2054-2060.

[194] Zorpas A. A.. Heavy metals leachability before，during and after composting of sewage sludge with natural clinoptilolite[J]. Desalination and Water Treatment，2009，8（1-3）：256-262.

第5章 城市污泥堆肥林地利用环境生态风险评价方法

5.1 环境生态风险概述

5.1.1 环境风险

环境风险（Environment Risk，ER）是指人类活动或突发性事故对环境的危害程度，其定义为事故发生概率 P（即风险度）与事故造成的环境后果 C 的乘积，用风险值 R 表征。

环境风险评价（Environment Risk Assessment，ERA）是指人类的各种开发行动所引发的或面临的危害（包括自然灾害），对人体健康、社会经济发展、生态系统等所造成的风险可能带来的损失进行评估，并据此进行管理和决策的过程。狭义上讲，是指对有毒化学物质危害人体健康的影响程度进行概率估计，并提出减小环境风险的方案和对策。

5.1.2 环境风险评价的发展进程

西方国家经历了 19 世纪工业革命之后，在区域经济持续发展的同时，人类活动也引发了一系列生态环境问题，如大量物种灭绝、土地退化和全球变暖等，致使环境质量急剧下降，严重影响了人类的生活质量，并制约着社会和经济的可持续发展。为了抑制区域生态环境的进一步恶化，改善人类的生存环境，世界各国已开展了大量有关环境生态风险评价的研究工作。

20 世纪 70 年代开始，一些发达国家开始进行了环境风险评价的研究工作，美国是研究最早且发展最为成熟的国家之一，并形成了环境风险评价体系的基本框架。20 世纪 80 年代，美国国家环保局颁布了一系列技术性文件、准则和指南。20 世纪 90 年代以后，风险评价处于不断发展和完善阶段，生态风险评价逐渐成为新的研究热点。随着相关基础学科的发展，风险评价技术也不断完善。同时，美国又出台了一些新的指南和手册对之前的指南进行补充，并正式出台了《生态风险评价指南》。加拿大、英国、澳大利亚等国也在20 世纪 90 年代中期提出并开展了生态风险评价的研究工作。

生态风险评价在我国刚刚处于发展阶段，在方法和技术上还不成熟和完善。基于国外的生态风险评价研究和实践，我国学者对生态风险评价的方法进行了研究和探讨，从 20世纪 80 年代也开始了对环境风险的重视与基础研究工作，1990 年原国家环保局颁布了《要求对重大环境污染事故隐患进行环境风险评价》的 057 号文件，此后我国重大项目的环境影响报告中也普遍开展了环境风险评价。但是，对于生态风险评价的研究起步较缓慢，还只是对水环境生态风险评价和区域生态风险评价等领域的基础理论和技术方法进行了探讨。

5.1.3 我国环境风险评价存在的问题

目前，我国环境风险评价存在的主要问题有：①风险评价中模型应用不多。生态风险评价技术是一门综合性的应用技术，它需要采用各种模型，如生物效应模型、迁移转化模型、暴露分析模型等，要综合利用数学、系统学和计算机技术（如模糊数学理论、灰色系统理论和 GIS 技术等）等，建立群落、生态系统水平上的风险评价预测模型。我国的环保科技人员也曾进行了模型的开发及应用，但仍缺乏有效的、广泛应用的模型。如张宇和李忠明采用回归分析方法，根据发光细菌半致死量 EC_{50}、有机化合物的折光率 n_{D20} 和辛醇—水分配系数 K_{ow}，建立了有机化学品对黑头呆鱼半致死量 LC_{50} 的数学模型，并对模型进行了假设检验，最后利用该模型对 19 种化学品的毒性进行了估算。②评价终点的选择。人体健康风险评价的终点只有一个物种（受体为人），而生态风险评价的终点却不止一个，终点选择就成了生态风险评价过程的关键。对任何不同组织等级都有终点选择问题，终点选择原则上根据所关注的生态系统和污染物特性来进行，对生态系统和污染物特性了解得愈深刻，终点选择就愈准确。由于生态系统复杂性，不同评价人员可以选择不同的终点，因此目前迫切需要有一个统一的方法来确定生态风险评价的终点。③不确定性处理一直是风险评价中的主要问题。不确定性来源于各种外推过程，例如，物种间外推、不同等级生物组织间外推、由实验室向野外情况外推、由高剂量向低剂量外推等。因此对不确定性的定量化处理是风险评价必须解决的关键技术问题。要发展各种外推理论，建立合适的外推模型。

5.1.4 污泥林地利用环境生态风险评价研究现状

1. 国外污泥土地利用环境生态风险评价

1）美国

美国的污泥土地利用风险评价最早开始于 20 世纪 70 年代，直到 1982 年，才开始得到广泛的关注，美国国家环保局（USEPA）成立了专门的污泥小组来制定与污泥标准和管理相关的法规。在 1984 年和 1985 年间，USEPA 在分析 40 个城市的 40 多座污水处理厂构筑物的产物时收集评价了污泥中存在的重金属、有机污染物、农药以及多氯联苯的毒性、持久性、运输以及环境归宿的数据，之后，依据美国国家科学研究会推荐的风险评价方法，通过模拟 14 种暴露途径，对污泥中的 23 种污染物做了完整、系统的风险评价，该风险评价方法可分为危害鉴定、剂量响应评价、接触评价和风险特性四个阶段。1989 年 2 月，美国公布了第一个与污泥标准和管理相关的 503 法规（试行）。此后，又对原有的风险评价方法进行了改进，1993 年 2 月正式公布 503 法规（40CFR Part503），该法规中对污泥施用、地表处置和焚烧等处置方法中的污染物浓度做了规定，并制定了相关的管理要求、污泥处置工艺运行标准、监测频率、报告制度、记录要求和其他常规要求。

2）欧盟

欧盟的成员国对于污泥处理的要求有不同的规定。由于成员国间的情况不同，制定的标准也存在差异。如荷兰、丹麦等国污泥重金属浓度的限值较欧盟标准严格得多，这是由荷兰、丹麦等国沙质土壤具有较高的渗透性所决定的。1986 年 6 月 12 日，欧盟通过了"欧洲议会关于环境保护，特别是在污泥农用中的土地保护准则"。

3）德国

1972 年 6 月，德国通过了第一部废物处置法（AbfG）。在德国，污泥问题是介于污水和废物之间，在立法方面被归类于废物。这部废物处置法制定之后，德国政府于 1982 年 1 月 15 日通过了一项关于在农业、林业及园艺用地上使用污泥的法律条件（AbfKlaeV）。有学者在德国进行了长达 25 年的试验，在耕地试验中施用了源于城市垃圾的不同肥料（污泥和堆肥），并以重金属含量为基准做了土壤分析，试验结果表明，除了过度超量、超标（指污泥农用条例中的规定）的施用污泥会导致重金属在土壤中高出平均值的积累外，在其他情况下重金属的积累量在规定范围之内。德国农业中目前不存在重金属问题，当然这个问题在不符合规定的污泥农用中有可能会出现。德国污泥法分类详细，不但对污泥土地利用时的允许条件、约束条件、土地利用时污泥量的要求、土地利用日程安排等做了详细的阐述，而且还给出了污泥和土壤的样品采集、预处理和样品分析测定的具体方法。

2. 国内污泥土地利用环境生态风险评价

我国对城市污泥或污泥堆肥产品在土地利用过程中的环境风险评价所开展的研究工作还较为有限，所采用的风险评价方法也比较简单，仍缺乏长期的定位试验研究。从开展的研究工作看，大多是针对重金属对土壤造成的风险进行评价。

国内大部分学者以各城市的土壤背景值为参比值，使用地累积指数法（Igeo）和内梅罗综合指数法、潜在生态风险评价法（RI）直接对城市污泥或污泥堆肥产品进行评价，来评估堆肥产品的农业风险水平。

涂剑成等通过对东北地区哈尔滨、佳木斯、长春、松原、吉林、齐齐哈尔、牡丹江等城市 7 个污水处理厂污泥中的重金属含量、化学形态进行试验研究，并利用地累积指数法和内梅罗综合指数法对污泥中重金属进行生态风险评价，结果表明，Cu、Zn 和 Mn 是污泥土地利用过程中潜在的污染元素。内梅罗综合指数法的评价结果显示，7 种脱水污泥均对耕地黑土环境存在严重的潜在生态风险。孙敬勇等分析了广州 7 种城市污泥中 Zn、Cu、Pb、Cr、Mn、Ni 的含量，研究了其中 5 种重金属的形态特征，并利用地累积指数和潜在生态危害指数法对污泥农用过程中重金属的潜在生态风险进行了综合性评价。污泥中 Cu、Zn、Mn 是潜在的强生态风险元素，污泥在农用过程中具有一定生态风险性。张蓉等测定了合肥市及周边蚌埠、阜阳、黄山、宿州等城市 7 个污水处理厂污泥、生物反应器活性污泥及污水中 5 种重金属 Pb、Cr、Cu、Zn、Cd 的含量，参比安徽省土壤重金属元素背景值和全球土壤沉积物重金属元素平均值，用潜在生态危害指数法对污泥中重金属作毒性分析、污染程度评价和潜在生态风险评价。

直接对城市污泥或污泥堆肥产品进行风险评价，不能完整地表征污泥施入不同类型土壤造成的环境风险结果。有学者则以场地实验为主，进行后续研究。铁梅将城市污泥以不同质量比施于土壤中构成污泥混合土壤，研究各污泥配比土壤中重金属的生物活性，并采用三种重金属评价方法（地累积指数法、潜在生态风险指数法、综合毒性指数模型），以黑麦草为目标植物，考察了其对重金属的吸收富集效果，进而对施肥土壤中重金属具有的生态风险性进行评价，结果表明：污泥的添加使土壤中 Pb 呈现无污染和低生态风险；Cu 和 Zn 呈现中度污染和低生态风险；Cd 达到强度污染和重度生态风险，重金属潜在生态风险（RI）总体处于强度生态风险水平。李琼以北京市污水处理厂污泥进行了为期五年的田间试验，通过对污泥农用的痕量元素在土壤—植物间的转移系数的采集及数据库的建立，探讨了物种敏感性分布法在农用污泥中 Cd 的阈值与风险评价研究中的应用，为城市污泥安全合理农用和我国污泥农用标准的制定提供理论依据和数据基础。该研究中发现，北京城市污泥中的风险元素是 Zn 和 Hg，北京市污泥农用要注意 Hg 的污染。按照农用泥质标准（CJ/T 309—2009），每年施用污泥 7.5 t/hm^2 的情况下，土壤中 Hg 含量超过土壤环境质量二级标准（GB 15618—1995）所需要的最短年限为 18 年，其次是 Zn 约为 30 年，其他痕量元素所需年限相对较长，要大于 30 年。

与城市污泥堆肥产品相类似，刘旭以湖泊底泥为堆肥产品施用于农田，通过对施用量与土壤中重金属的线性分析，给出施用湖泊底泥的土壤重金属的累积模型。同时，利用内梅罗综合指数法和潜在生态风险评价法对乌梁素海湖泊底泥不同施用量投放到农田后，由重金属引起的环境生态风险进行了评价。黄丹丹分别采用地累积指数法和生态风险指数法对研究区进行重金属污染评价和潜在生态风险评价，评估猪场沼液还田后的重金属累积风险。

5.2 城市污泥堆肥林业利用环境生态风险评价方法

本书中的城市污泥堆肥林业利用中的环境生态风险主要是指城市污泥林业利用过程中产生的对环境介质、生态系统以及周围敏感人群健康的影响或危害。本书的城市污泥堆肥利用环境生态评价方法也是在这一前提下，分别建立了基于环境现状的环境质量评价、基于生态系统的生态风险评价以及基于人体的人体健康风险评价方法。

使用该风险评价方法的流程为：

第一步确定风险评价因子；

第二步根据现场监测数据或模型预测结果，得到环境中各风险因子的暴露水平；

第三步根据不同的评价要求筛选不同的评价方法（如基于对环境介质的影响，则选用环境质量评价方法；如考察对生态系统的影响，则选用生态风险评价方法；如考察对人体健康的影响，则选用人体健康风险评价方法）；

第四步得到相应的评价结果。

5.2.1 环境生态风险评价指标的确定

环境生态风险指标确定的依据。

1. 依据课题研究结果

1）土壤

氮、磷作为土壤中植物生长不可或缺的营养物质，不作为土壤风险评价指标。依据课题研究结果，土壤中的蛔虫卵死亡率为 100%，细菌总数与粪大肠菌群值与土壤背景值基本相当，因此微生物监测指标也不选作土壤风险的评价指标。土壤中施加不同比例的城市污泥堆肥后，土壤的理化性质会发生变化，由于土壤具有一定的缓冲作用，施用污泥堆肥对土壤 pH 影响不大；但电导率值呈现一定的上升趋势，有研究表明土壤的电导率超过 1 500 μS/cm，会有一定的盐度风险。在林地施用污泥堆肥后，污泥堆肥本底和土壤本底中重金属的含量直接影响施肥的风险性，污泥堆肥中含量较土壤本底高出较多的金属（如 Hg）应引起特别关注，随着施肥比例增加，土壤中 Zn、Cu、Cr 和 Hg 含量显著增加，而 Pb 和 Ni 含量无明显变化规律。但各重金属在林地土壤均匀分布，没有向深度迁移的趋势。林地施用污泥堆肥后，土壤中 PAHs 的含量明显增加，且随施肥比例增加 PAHs 有增加趋势；高分子量 PAHs 在堆肥和土壤中所占比例较大，污泥堆肥施用于盆栽土壤中，8 种 PAHs 变化较大，分别为萘、芴、菲、荧蒽、芘、苯并[a]蒽、䓛、苯并[a]芘。

2）地表水

地表径流试验表明，夏季施肥氮、磷元素进入地表水的风险较大，径流中的铵态氮、硝态氮、总氮、无机磷和总磷浓度均有显著的增加。施肥比例控制在 3 kg/m^2 以下，能够降低营养元素大量流失的风险。人工草坪和林地场地的径流试验表明，施用污泥堆肥不会产生卫生风险。在土壤表层施用污泥堆肥后，堆肥中的重金属有可能进入地表径流，对地表受纳水体构成威胁。金属 Zn、Cu、Hg 的含量随施肥比例增加而增大，需要重点关注。重金属在土壤本底中的含量是其在地表径流中是否超标的重要原因。施用污泥堆肥的梅花林和银杏林地地表径流中低分子量 PAHs 少量增加，与施肥比例无相关关系；天然混交林地试验中，施用少量堆肥时 PAHs 不会在天然降雨时随地表径流迁移。

3）地下水

土壤淋溶试验证明，污泥堆肥施用会增加淋溶液中硝态氮、铵态氮、无机磷的含量。现场林地试验证明，土壤表层施肥在短时间内不会对地下水水质产生影响。施肥后地下水中的重金属含量没有比施肥前升高，且未随时间明显增加。重金属 Zn 和 Cu 的含量相对较高，但波动范围小。在地下水监测中只有低水溶性的六种低分子量 PAHs 有被检出，含量较低但有随时间增加趋势，需引起重视并应进行连续监测。在不同施肥浓度下，地下水样中粪大肠菌未检出，细菌总数很低，达到地下水 I 类水质标准，说明施肥对地下水中病原微生物含量无明显影响。

2. 依据国内相关环境质量标准

1）土壤质量标准

选用《土壤环境质量标准》（GB 15618—1995）、《土壤环境质量标准（修订）》（GB 15618—2008），详见表 5-1～表 5-3。

表 5-1　《土壤环境质量标准》（GB 15618—1995）重金属质量分数　　单位：mg/kg

级别\项目		一级 自然背景	二级			三级
			<6.5	6.5～7.5	>7.5	>6.5
镉（Cd）	≤	0.20	0.30	0.30	0.60	1.0
汞（Hg）	≤	0.15	0.30	0.50	1.0	1.5
砷（As）水田	≤	15	30	25	20	30
旱地	≤	15	40	30	25	40
铜（Cu）农田等	≤	35	50	100	100	400
果园	≤	-	150	200	200	400
铅（Pb）	≤	35	250	300	350	500
铬（Cr）水田	≤	90	250	300	350	400
旱地	≤	90	150	200	250	300
锌（Zn）	≤	100	200	250	300	500
镍（Ni）	≤	40	40	50	60	200

表 5-2　《土壤环境质量标准（修订稿）》（GB 15618—2008）二级重金属质量分数　　单位：mg/kg

级别\项目	农业用地				居住用地	商业用地	工业用地
	≤5.5	5.5～6.5	6.5～7.5	>7.5	—	—	—
总镉（Cd）					10	20	20
水田	0.25	0.30	0.50	1.0			
旱地	0.25	0.30	0.45	0.80			
菜地	0.25	0.30	0.40	0.60			
总汞（Hg）					4.0	20	20
水田	0.20	0.30	0.50	1.0			
旱地	0. 25	0.35	0.70	1.5			
菜地	0.20	0.30	0.40	0.80			
总砷（As）					50	70	70
水田	35	30	25	20			
旱地	45	40	30	25			
菜地	35	30	25	20			
总铅（Pb）					300	600	600
水田、旱地	80	80	80	80			
菜地	50	50	50	50			
总铬（Cr）					400	800	1000
水田	220	250	300	350			
旱地	120	150	200	250			
总铜（Cu）					300	500	500
水田、旱地、菜地	50	50	100	100			
果园	150	150	200	200			
总镍（Ni）					150	200	200
水田	60	80	90	100			
旱地	60	70	80	90			

注：土壤无机污染物的环境质量第一级标准值，由各省、直辖市、自治区政府依据《土壤环境质量标准（修订稿）》（GB 15618—2008）附录 A《土壤无机污染物环境质量第一级标准值编制方法要点》自行制定。第三级标准值因不同场地土壤、污染物、受体和环境条件等的差别而具有特定性，其制订工作需依据《土壤污染风险评估技术导则》，在稳步推进场地土壤污染风险评估工作的基础上逐步展开。

农业用地土壤：种植粮食作物、蔬菜等地土壤；

居住用地土壤：城乡居住区、学校、宾馆、游乐场所、公园、绿化用地等地土壤。

表 5-3　《土壤环境质量标准（修订稿）》（GB 15618—2008）多环芳烃质量分数　　单位：mg/kg

级别 项目	一级	二级				
		农业用地		居住用地	商业用地	工业用地
		≤20 g/kg	>20 g/kg			
苯并[a]蒽 ca	0.005	0.10	0.20	1.0	5.0	10
苯并[a]芘 ca	0.010	0.10	0.10	0.50	1.0	1.0
苯并[b]荧蒽 ca	0.010	0.10	0.30	1.0	5.0	10
苯并[k]荧蒽 ca	0.010	0.20	0.50	1.0	5.0	10
二苯并[a,h]蒽 ca	0.005	0.10	0.20	0.50	1.0	1.0
茚并[1,2,3-cd]芘 ca	0.005	0.10	0.30	0.50	5.0	10
蒀 ca	0.010	0.10	0.20	0.50	3.0	3.0
萘 nc	0.015	0.10	0.30	5.0	30	50
菲 nc	0.020	0.50	1.0	5.0	30	50
芘 nc	0.005	0.50	1.0	5.0	30	50
蒽 nc	0.010	0.50	1.0	5.0	5.0	5.0
荧蒽 nc	0.015	0.50	1.0	5.0	30	50
芴 nc	0.005	0.50	1.0	5.0	30	50
芘 nc	0.010	0.50	1.0	5.0	30	50
苯并[g,h,i]芘 nc	0.008	0.50	1.0	5.0	30	50
苊烯（二氢苊）nc	0.005	0.50	1.0	5.0	30	50

注：nc：表示非致癌性，ca：表示致癌性；第三级标准值因不同场地土壤、污染物、受体和环境条件等的差别而具有特定性，其制订工作需依据《土壤污染风险评估技术导则》，在稳步推进场地土壤污染风险评估工作的基础上逐步展开。

2）地表水环境质量标准

选用《地表水环境质量标准》（GB 3838—2002），部分指标见表 5-4。

表 5-4　《地表水环境质量标准》（GB 3838—2002）部分指标规定　　单位：mg/L

类别 项目		I 类	II 类	III 类	IV 类	V 类
氨氮	≤	0.15	0.5	1.0	1.5	2.0
总磷（以 P 计）	≤	0.2	0.1	0.2	0.3	0.4
湖库	≤	0.01	0.025	0.05	0.1	0.2
总氮（湖、库，以 N 计）≤		0.2	0.5	1.0	1.5	2.0
铜 Cu	≤	0.01	1.0	1.0	1.0	1.0
锌 Zn	≤	0.05	1.0	1.0	2.0	2.0
砷 As	≤	0.05	0.05	0.05	0.1	0.1
汞 Hg	≤	0.000 05	0.000 05	0.000 1	0.001	0.001
镉 Cd	≤	0.001	0.005	0.005	0.005	0.01
铬 Cr（六价）	≤	0.01	0.05	0.05	0.05	0.1
铅 Pb	≤	0.01	0.01	0.05	0.05	0.1

3）地下水环境质量标准

选用《地下水质量标准》（GB/T 14848—93），部分指标见表 5-5。

表 5-5 《地下水质量标准》（GB/T 14848—93）部分指标规定

项目 \ 类别	I 类	II 类	III类	IV 类	V 类
铁 Fe/（mg/L）	≤0.1	≤0.2	≤0.3	≤1.5	＞1.5
铜 Cu/（mg/L）	≤0.01	≤0.05	≤1.0	≤1.5	＞1.5
锌 Zn/（mg/L）	≤0.05	≤0.5	≤1.0	≤5.0	＞5.0
汞 Hg/（mg/L）	≤0.000 05	≤0.000 5	≤0.001	≤0.001	＞0.001
砷 As/（mg/L）	≤0.005	≤0.01	≤0.05	≤0.05	＞0.05
镉 Cd/（mg/L）	≤0.000 1	≤0.001	≤0.01	≤0.01	＞0.01
铬（Cr^{6+}）/（mg/L）	≤0.005	≤0.01	≤0.05	≤0.1	＞0.1
铅 Pb/（mg/L）	≤0.005	≤0.01	≤0.05	≤0.1	＞0.1
硝酸盐（以 N 计）/（mg/L）	≤2.0	≤5.0	≤20	≤30	＞30
亚硝酸盐（以 N 计）/（mg/L）	≤0.001	≤0.01	≤0.02	≤0.1	＞0.1
氨氮/（mg/L）	≤0.02	≤0.02	≤0.2	≤0.5	＞0.5

4）城镇污水处理厂污泥处置的污泥土地利用标准

借鉴《城镇污水处理厂污泥处置　林地用泥质》（CJ/T 362—2011），部分指标见表 5-6。

表 5-6 《城镇污水处理厂污泥处置　林地用泥质》（CJ/T 362—2011）部分指标规定

序号	控制指标	限值
1	氮磷钾养分（$N+P_2O_5+K_2O$）/（g/kg 干污泥）	≥25
2	蛔虫卵死亡率/%	≥95
3	粪大肠菌群值	≥0.01
4	总镉/（mg/kg 干污泥）	＜20
5	总汞/（mg/kg 干污泥）	＜15
6	总铅/（mg/kg 干污泥）	＜1 000
7	总铬/（mg/kg 干污泥）	＜1 000
8	总砷/（mg/kg 干污泥）	＜75
9	总镍/（mg/kg 干污泥）	＜200
10	总锌/（mg/kg 干污泥）	＜3 000
11	总铜/（mg/kg 干污泥）	＜1 500
12	苯并[a]芘/（mg/kg 干污泥）	＜3
13	多环芳烃（PAHs）/（mg/kg 干污泥）	＜6

注：林地年施用污泥量累计不应超过 30 t/hm²。林地连续施用不应超过 15 年。湖泊、水库等封闭水体及敏感性水体周围 1 000 m 范围内和洪水泛滥区禁止施用污泥。施用场地的坡度大于 9%时，应采取防止雨水冲刷、径流等措施。施用场地的坡度大于 18%时，不应施用污泥。

借鉴《城镇污水处理厂污泥处置　园林绿化用泥质》（GB/T 23486—2009）标准，部分指标数据见表 5-7 和表 5-8。

表 5-7　《城镇污水处理厂污泥处置　园林绿化用泥质》（GB/T 23486—2009）部分指标规定

序号	控制指标	限值
1	总养分[总氮（以 N 计）+总磷（以 P_2O_5 计）+总钾（以 K_2O 计）]（%）	≥25
2	蛔虫卵死亡率%	≥95
3	粪大肠菌群值	≥0.01

表 5-8　《城镇污水处理厂污泥处置　园林绿化用泥质》（GB/T 23486—2009）部分指标规定

序号	污染物指标	限值	
		酸性土壤（pH<6.5）	中性和碱性土壤（pH≥6.5）
1	总镉/（mg/kg 干污泥）	<5	<20
2	总汞/（mg/kg 干污泥）	<5	<15
3	总铅/（mg/kg 干污泥）	<300	<1 000
4	总铬/（mg/kg 干污泥）	<600	<1 000
5	总砷/（mg/kg 干污泥）	<75	<75
6	总镍/（mg/kg 干污泥）	<100	<200
7	总锌/（mg/kg 干污泥）	<2 000	<4 000
8	总铜/（mg/kg 干污泥）	<800	<1 500
9	苯并[a]芘/（mg/kg 干污泥）	<3	<3

3. 依据国外权威毒理学数据库数据

欧美一些国家已经建立了化学物质的毒性数据库，我国在这方面处于发展阶段，因此可以借鉴国外的这些权威数据库作为评价依据。主要毒性数据库有：

（1）国际癌症研究署（IARC）隶属于联合国的研究机构，该机构将化学物质的致癌性分为四类：第一类（G1）：具有充足的人类致癌性的证据；第二类（G2）：具有有限的人类致癌性的证据（又分为两种情况，G2A：为人类可能致癌物，其流行病学资料有限，但有充分的实验资料。G2B：也许是人类致癌物，其流行病学资料有限，动物资料不足）；第三类（G3）：具有的致癌证据不足；第四类（G4）：具有对人类无致癌性证据。

（2）美国环境保护局综合风险信息系统（IRIS）。该系统将化学物质的致癌性分为五类。第一类（A）：人类致癌物；第二类（B）：很可能的人类致癌物质（又分为两种情况，B1：根据有限的人体毒性资料与充分的动物实验资料，极可能为人类致癌物质。B2：根据充分的动物实验资料，极可能为人类致癌物质）；第三类（C）：可能的人类致癌物质；第四类（D）：不能划分为人类致癌物质；第五类（E）：对人类无致癌性物质。

（3）其他的组织机构，如美国研究和发展办公室、国家环境评估中心和超级基金健康风险技术中心发展的临时的同行审查数据库（即 PPRT）、加利福尼亚环境保护局的毒性数据、有毒物质和疾病登记处（ATSDR）的最低风险水平和健康影响评估概要表格（即HEAST）等。

在进行污染物毒性鉴定时，优先选用国际癌症研究署（IARC），其次为美国环境保护局综合风险信息系统（IRIS），当上述两者系统没有数据时选用其他组织机构获得。

本研究选择了美国国家环境保护局综合风险信息系统（IRIS）的数据，风险评价数据见表 5-9 和表 5-10。

表 5-9　8 种重金属的风险评价数据

重金属	USEPA 风险评价系统		致癌性评价结果	证据时间
	经消化	经呼吸		
砷	A	A	阳性	1997-08-29
镉	—	B1	阳性	1997-08-29
铬	—	A	阳性	1997-08-29
铜	D		未知	1997-08-29
铅	B2		阳性	1997-10-31
汞	C		阳性	1998-02-13
镍	B2		阳性	1998-02-13
锌	D		未知	1997-08-29

注：美国国家环境保护局，A 类：人类致癌物；B 类：可能人类致癌物；C 类：可疑人类致癌物；D 类：未分类人类致癌物。

表 5-10　16 种 PAHs 的致癌性评价

组分	国际癌症研究机构（1987）	美国环境保护局（1993）	致癌性评价结果
萘 Nap		D^C/C	未知
苊 ANA		D	未知
苊烯 ANY		D^C	未知
芴 FLU	3	D^C	阴性
菲 PHE	3	D^C	未知
蒽 ANT	3	D^C	阴性
荧蒽 FLT	3	D^C	未知
芘 PYR		D^C	未知
苯并[a]蒽 BaA	2A	$B2^C$	阳性
䓛 CHR	3	$B2^C$	阳性
苯并[b]荧蒽 BbF	2B	$B2^C$	阳性
苯并[k]荧蒽 BkF	2B	$B2^C$	阳性
苯并[a]芘 BaP	2A	$B2^C$	阳性
二苯并[a,h]蒽 DBA		$B2^C$	阳性
苯并[g,h,i]芘 BPE	3	D^C	阴性
茚并[1,2,3-cd]芘 IPY		D	未知

注：国际癌症研究机构中，2A 类：可能人类致癌物；2B 类：可疑人类致癌物；3 类：未分类的人类致癌物。美国国家环境保护局，A 类：人类致癌物；B 类：可能人类致癌物；C 类：可疑人类致癌物；D 类：未分类人类致癌物。

5.2.2　确定暴露水平

1．依据实验监测结果

根据本书前面所列的采样与监测方法对各风险评价指标暴露水平进行监测，监测结果作为后续环境生态评价的重要依据。

2．利用预测评价模型

在现状监测的基础上还可以使用模型预测长期施用城市污泥堆肥产品对土壤可能的污染情况。本书使用的预测模型为土壤中常见污染物残留量预测模型。污染物在土壤中的年残留量（年积累量）计算公式如（5-1）所示：

$$W_n = BK^n + RK\frac{1-K^n}{1-K} \tag{5-1}$$

式中，W_n——n 年后污染物在土壤中的残留量，mg/kg；

　　B——区域土壤背景值，mg/kg；

　　K——土壤污染物的残留率（年累积率，%）；

　　n——施肥年限，a；

　　R——土壤污染物对单位质量土壤（kg）的年输入量（mg/kg），公式如（5-2）所示：

$$R = \frac{XM}{G} \tag{5-2}$$

式中：X——污泥中污染物含量，mg/kg；

　　G——单位面积耕作层的土壤质量，kg/m^2；

　　M——单位面积污泥的年施用量，kg/（m^2·a）。

耕作层容重一般为 1.10～1.30 g/cm^3，每公顷土地的表层质量大约为 2 250 t，表层土壤取 30 cm，干基密度取 1 250 kg/m^3。年残留率 K 值的大小因土壤特性而异，如果无法计算，则以 0.9 计。残留率的计算一般是通过盆栽实验进行的。在盆中加入某区域土壤 m kg，厚度为 20 cm 左右，先测定出土壤中实验污染物的背景值，然后向土壤中加入该污染物 n mg，其输入量即为 n/m（mg/kg）。栽上作物，以人工淋灌模拟天然降雨，灌溉用水及施用的肥料均不应含该污染物，倘若含有须测定其含量。经过 1 年时间，抽样测定土壤中该污染物的残留含量（实测值减背景值），该区域土壤的年残留率按式（5-3）计算：

$$K = \frac{残留含量}{年输入量} \times 100\% \tag{5-3}$$

在预测模型的基础上，预测出施肥多年后土壤中各污染因子的浓度，再根据现状评价方法进行评价，确定可能造成的环境生态风险。

5.2.3　城市污泥堆肥林业利用的环境生态风险评价方法

1．环境质量评价方法

1）单因子评价方法

（1）方法概述　单因子评价法是环境影响评价中最常用的一种方法。这种方法是将实际监测数据与表征该物质危害程度的毒性数据或标准值相比较，从而计算得到环境影响商值的方法。

（2）评价方法　单因子评价法如式（5-4）所示：

$$P_i = \frac{C_i}{S_i} \tag{5-4}$$

式中，S_i——单项污染指标 i 的环境质量标准；

　　　C_i——单项指标在不同环境介质中的监测数据或模型预测值。

当 P_i 值大于或等于 1 时，则认为存在一定的环境影响；当 P_i 值小于 1 时，则认为在该指标方面不存在环境污染（表 5-11）。

表 5-11　风险判别依据

单项 P_i 值	<1	≥1
污染等级	无污染	有污染

（3）方法特点　单因子评价法的优点在于简单、直观、可操作性强，能让风险评价者很快地判断出所评价对象风险的高低，这种方法在新化学品登记中起到了很好的筛选作用。但是，该方法存在的问题在于它仅仅是对风险的粗略估计，计算存在着很多不确定性。

2）综合指数评价法——内梅罗综合指数法

内梅罗综合指数法是一种兼顾极值或称突出最大值的计权型多因子环境质量评价方法，可以用于评价多种指标的综合环境效应。

内梅罗综合指数法评价公式如式（5-5）：

$$PI = \sqrt{\frac{P_{j \cdot ave}^2 + P_{j \cdot max}^2}{2}} \tag{5-5}$$

式中，$P_{j \cdot ave}$——j 种污染因子 P_i 的平均值；

　　　$P_{j \cdot max}$——j 种污染因子 P_i 的最大值。

风险等级的判别依据参考表 5-12。

表 5-12　内梅罗综合指数评价法风险判别依据

PI 值	PI≤0.7	0.7<PI≤1	1<PI≤2	2<PI≤3	PI>3
污染等级	无	低	中	较重	严重

内梅罗综合指数法中的评价参数指出了造成环境污染的最大元素的同时，也指明了其较大的影响作用，但是缺少对土壤中各污染物对作物毒害差别的考虑。因此，仅根据内梅罗指数法所推演计算出来的综合污染指数，就能较好地反映污染程度而难以体现污染质变的特征。

3）环境风险指数法

Rapant 等于 2003 年提出环境风险指数法对环境风险进行表征，这种方法规定了环境的划分标准，可以定量分析重金属污染土壤的环境污染程度。

计算公式为（5-6）：

$$I_{ERi} = \frac{AC_i}{RC_i} - 1$$

$$I_{ER} = \sum I_{ERi} \tag{5-6}$$

式中，I_{ERi}——超临界限量的第 i 种元素环境风险指数，如果 $AC_i < RC_i$，则定义 I_{ERi} 的数值为 0；

　　　　AC_i——第 i 种元素的分析含量，mg/kg；

　　　　RC_i——第 i 种元素的临界限量，mg/kg；

　　　　I_{ER}——待测样品的环境风险。

其中：$I_{ER} = 0$，则认为不存在风险；

　　　　$0 < I_{ER} \leqslant 1$，则认为存在低风险；

　　　　$1 < I_{ER} \leqslant 3$，则认为存在中等风险；

　　　　$3 < I_{ER} \leqslant 5$，则认为存在较高风险；

　　　　$I_{ER} > 5$ 时，则认为存在很高的风险。

Rapant 等给出的 7 种重金属的临界限量分别为，砷的临界限量为 29 mg/kg，镉为 0.8 mg/kg，铬为 130 mg/kg，汞为 0.3 mg/kg，镍为 35 mg/kg，铅为 85 mg/kg，而锌为 140 mg/kg。

Rapant 等应用环境风险指数法对斯洛伐克共和国的环境进行了风险分级，分析了各种重金属对环境污染的贡献程度和环境污染贡献最大的重金属元素。环境风险指数法能定量反映重金属污染风险程度的大小，但该方法不能反映出重金属污染在时间和空间的变化特征。

上述各种评价方法都只是通过简单的数字和表格体现区域内的污染状况，各种评价方法都有局限和不足之处，没有绝对最佳的方法，只有在特定的条件下针对不同研究区的实际情况，对实测数据样本点进行充分分析，反复比较，并结合评价的侧重点来选择适宜的评价方法。

2. 生态风险评价

生态风险评价是伴随着环境管理目标和环境观念的转变而逐渐兴起并得到发展的一个新的研究领域。生态风险评价的最初目标是预测环境中污染物对生态系统或其中某些组分产生有害影响的可能性，它以生态毒理学研究为技术手段，运用环境化学、生物学等多学科的综合知识预测和评估污染造成某一程度的损害发生的可能性。美国环境保护局给出的生态风险评价是指评价因暴露于一个或多个胁迫性刺激而发生不利生态效应的风险。生态风险评价与人体健康风险评价不同，它不仅可以针对某一生物个体，也可针对特定种群、群落以及生态系统。

1）生态风险评价的发展趋势

生态风险评价在我国处于刚刚发展阶段，在方法和技术上还不成熟。殷浩文对水环境的生态风险评价程序进行了研究，认为生态风险评价可分为 5 个部分：源项分析、受体评价、暴露评价、危害评价和风险表征。马德毅等采用单因子指数法和生态风险指数法，对中国主要河口沉积物的潜在生态风险进行了评价。石漩和杨宇等分析了天津地区土壤、水体中持久性有机污染物的生态风险，表明我国大城市中也存在着较为严重的生态风险。乔敏等利用离体生物标记物的方法对太湖地区的风险源进行定性筛选，并利用多介质模型和概率风险模型对太湖梅梁湾沉积物中 PAHs 的生态风险进行了定量评价，为系统开展我国区域水体生态风险评价提供了一条有效途径。智昕等利用商值法和概率风险法对长江水系武汉段典型有机氯农药的生态风险进行了评价，并对这两种评价方法进行了比较分析。

总之，国内生态风险评价经历了 20 多年的发展，评价范围已经扩展到景观和区域评价，评价内容也更加全面：多风险因子（化学污染、生态事件、人类活动等）、多风险受体、多评价端点成为风险评价的一个特点。评价过程中注重对复杂生态系统特征的了解，并且将其贯穿于区域生态风险评价的各个环节，景观、区域尺度的风险评价模型框架已经搭建起来，用于大尺度评价的数学方法已经发展起来，并在很多区域得到应用。尽管如此，目前我国尚无权威机构发布的诸如生态风险评价技术指南或指导性文件。

2）生态风险评价的一般步骤

生态风险评价一般分为以下过程：

第一步，问题表述，是确定评价范围和制订计划的过程，评价者描述目标污染物的特征和可能会受到风险的生态系统范围，进行终点选择和有关评价中假设的提出，需要进行数据的收集、分析和风险识别以及评价终点、概念模型和分析方案的确定。

第二步，风险的识别，判断分析可能存在的危害和范围。

第三步，暴露评价和生态影响表征，是检验生态风险、暴露水平、生态影响，以及它们之间的相互关系，目标是确定和预测生态系统在暴露条件下对胁迫因子的生态反应。

第四步，风险评价结果表征，是计划编制、问题阐述以及分析预测和观测到的有害生态效应和评价终点之间联系的总结，包括风险估算、风险描述和风险报告。风险估算是整合暴露和效应的数据以及评估其中不确定性的一个过程，估算方法包括实地观测、直接分级、单一点的暴露和效应的比较，比较综合暴露和效应的可变性及其过程模拟。生态风险评价框架见图 5-1。

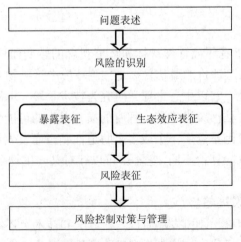

图 5-1　生态风险评估框架

3）生态风险评价方法

（1）商值法　是一种简单的生态风险表征方法，生态风险商值（HQ）的计算方法：

$$HQ = \frac{暴露}{TRV} \qquad (5\text{-}7)$$

式中，暴露是指测定或估计的暴露浓度；TRV 指毒性参考值，即生态基准值。得到风险商值（HQ）后，根据欧共体的风险评价技术指南，当 HQ＞1 时，认为在目前的污染水平下，有可能产生环境风险，有必要进行长期监视；当 0.1＜HQ＜1 时，虽然处于安全水平，但是需要长期观测评估对象的环境动态变化，避免高风险的发生；当 HQ＜0.1 时，被认为是安全的，没有必要对评估对象实施管理措施。

商值法的优点在于简单、直观、可操作性强，能让风险评价者很快地判断出评估对象的风险高低。商值法存在的问题在于它仅仅是对风险的粗略估计，其计算存在着很多不确定性。

（2）概率风险评价方法　就是通过分析暴露浓度与毒性数据的概率分布曲线，考察污染物对生物的毒害程度，从而确定污染物对于生态系统的风险。概率风险评价方法多应用于单一污染物的生态风险评价，主要有概率风险表征和概率密度函数重叠面积表征两种表达方式。

概率风险表征是将化合物暴露浓度和毒性参数的概率密度曲线置于同一坐标系下，位于最大暴露浓度和对该化合物最敏感生物的 LC_{50} 之间，曲线的重叠部分即反映了以概率表示的生态风险。

概率密度函数重叠面积表征法是要通过联合概率曲线来表达，即将表征化合物暴露浓度和毒性浓度的概率密度曲线置于同一坐标系下，计算其重叠部分的面积，据此来估计污染物的潜在生态风险，预测保护一定比例生物的概率。

慢性毒性数据能较准确地反映生态风险评价的结果，因此通常选用慢性毒性数据作为评价依据。但是，慢性数据较为缺乏且难以获得，研究中可用急/慢性数据比率（ACR）来实现急慢性数据的转换。对于不同的物种、不同的污染物，ACR 值是不同的，通常可从文献中获取。具体操作步骤为：①通过实测或模型模拟等方法获得污染物的暴露浓度；从毒性数据库或实验中获得污染物对所评价地区代表性生物的急慢性毒性数据；②用数学概率论的方法分别获得污染物暴露浓度和生物毒性浓度的概率分布曲线方程；③分别绘制污染物暴露浓度分布曲线图和生物毒性浓度分布曲线图，将两条曲线放在同一坐标系中，计算重叠部分的面积，即表征了生物受不利影响的概率。

概率风险评价方法的优点是：可同时考虑生物耐受性和污染物浓度两方面的变异，可以对污染的生态风险作一个整体的评价，故逐渐为研究人员所采用。但是要运用数学的手段进行分布检验和获取概率分布函数，过程操作比较复杂。

①常规的概率风险评价　可以在商值法的基础上，对存在高风险的评价指标进行更高一层次的评价。

概率密度曲线法的步骤：先对暴露数据以及收集到的毒性数据进行对数正态分布检验，若满足对数正态分布，得到相对应的平均值 μ 及标准差 σ，即可得到相对应的概率密度函数。

概率密度函数公式：

$$f_{\mu,\sigma}(y) = \frac{1}{\sigma\sqrt{2\pi}}\exp\left[-\frac{(y-\mu)^2}{2\sigma^2}\right] \tag{5-8}$$

使用概率风险评价方法时应注意，当毒性数据分布中心大于暴露数据分布中心时，反而呈现出暴露浓度越大，重叠面积越小的趋势，失去了判断的意义。

②联合概率曲线法　是以毒性响应累积概率作为横坐标，以暴露浓度超过相应影响边界浓度的概率作为纵坐标，以该图表征特定化合物的生态风险。曲线下部的面积代表了化学物质潜在的生态风险的大小，曲线越靠近左下方，则表明风险越小，见图5-2。

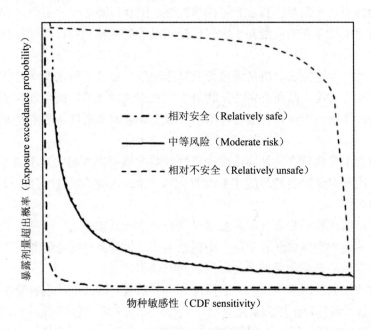

图5-2　联合概率曲线示意图

③多层次的风险评价方法　是将商值法和概率风险评价法整合到一起进行从简单到复杂、从定性到定量的风险评价方法。

多层次风险评价方法实际是由低层次逐渐过渡到高层次的风险评价方法。首先进行低层次的评价（亦称筛选水平的评价），以保守假设和简单模型为基础来评价风险因子对目标对象的风险。筛选水平的评价结果通常比较保守，预测的浓度往往比实际浓度偏高，目的是不漏掉任何有问题的指标。如果筛选水平的评价结果显示有不可接受的高风险，就要接着进行更高层次的评价。更高层次的评价需要的数据更多，使用的模型更复杂，必要时还要进行实际监测，以最大限度地接近实际环境条件，从而进一步确认筛选评价过程所预测的风险是否仍然存在。它一般包括初步筛选风险、进一步确认风险、精确估计风险及其不确定性、进一步对风险进行有效性研究4个层次。欧盟和美国普遍应用多层次评价方法评价常规的生态风险。

（3）潜在危害指数法：

①方法概述　为了定量评价沉积物中重金属污染物的潜在危害，1980 年瑞典科学家 Lars Hakanson 应用沉积学原理，提出了潜在危害指数（RI）评价方法。目前，该方法已经成为评价土壤（沉积物）重金属污染的应用广泛、影响较大的评价方法之一，既可以反映土壤中各种重金属的单一影响，也可以反映多种重金属的综合影响。兰天水、林健等利用该法评价了龙岩市公路旁土壤中重金属的分布及其潜在生态危害，该路段土壤重金属以 Cd、Pb 污染为主，属于中等生态危害。僮祥英等选取百里杜鹃矿区附近的土壤为研究对象，测定其重金属含量，采用潜在危害指数和环境指数法评价了矿区土壤的生态风险，表明该矿区土壤已造成不同程度的生态危害。

潜在危害指数表征了沉积污染物对生态环境的潜在危害。Hakanson 认为，潜在生态危害指数以下面四个条件为基础：

含量条件：表层沉积物的金属浓度。RI 值应随表层金属污染程度的加重而增大。

数量条件：金属污染物的种类数。受多种金属污染的沉积物的 RI 值应高于只受少数几种金属污染的沉积物的 RI 值。

毒性条件：金属的毒性水平。毒性条件是根据"丰度原则"来区分各种污染物，由于重金属的沉积作用及其对固体的亲和作用使得毒性和稀有性之间存在着一种比例关系。毒性高的金属应比毒性低的金属对 RI 值有较大贡献。

敏感性条件：沉积物对某种重金属的敏感性高，则应该其 RI 值也应相对较高。评价方法

潜在危害指数 RI：

$$RI = \sum EI_r^i = \sum T_r^i \frac{C_r^i}{S_r^i} \tag{5-9}$$

式中，EI_r——重金属 i 的潜在生态风险指数；

　　　T_r——重金属 i 的生物毒性响应系数，通过计算或查阅文献得到该值；

　　　C_r——表层土壤重金属 i 的环境暴露值；

　　　S_r——重金属 i 的参比值。

②各参数的确定：

a. 参比值的确定。一般在土壤重金属风险评价体系中，以全球沉积物重金属的平均背景值、当地土壤重金属背景值或国家土壤质量标准为参比值。在不同考察要求的条件下选用不同的参比值。

b. 生物毒性响应系数的确定。由于重金属的沉积作用和对固体物质的亲和作用，使重金属和其稀少性之间存在着一定的比例关系，根据 Hakanson 的"元素丰度原则"和"元素释放度原则"（即某种重金属元素的潜在生态危害与其丰度成反比，或与其稀少度成正比，且易于释放的对固体物质潜在危害较大）这两点来确定重金属的生物毒性响应系数。根据徐争启的研究，计算出的潜在生态危害指数法评价中重金属毒性系数为：

$$Zn = 1 < Cr = 2 < Cu = Ni = Pb = 5 < As = 10 < Cd = 30 < Hg = 40$$

潜在生态风险评价标准见表 5-13。

表 5-13 潜在危害指数法评价标准

	低	中等	可接受	高风险	非常高
EI	≤40	40～80	80～160	160～320	＞320
RI	≤150	150～300	300～600	600～1 200	＞1 200

③方法特点　该方法不但考虑了土壤重金属含量，而且将重金属的生态效应、环境效应和毒理学联系起来，综合考虑了重金属的毒性在土壤沉积物中普遍的迁移转化规律，以及重金属对评价区域的敏感性和重金属区域背景值的差异性，消除了区域差异的影响，划分出潜在危害的程度，体现了生物有效性、相对贡献、地理空间差异等特点，是综合反映重金属对生态环境影响潜力的指标，适合于大区域范围沉积物和土壤进行评价比较，但这种方法的毒性和加权带有主观性。

3. 人体健康风险评价

借鉴美国国家科学院关于风险评价的基本步骤，可将城市污泥林业利用人体健康风险评价分为四个步骤：危害鉴定、剂量—反应评价、暴露评价、风险表征。

1）危害鉴定

调查城市污泥经过堆肥之后污染物的种类，确定城市污泥堆肥林业利用后对周边居民和生态环境造成潜在影响的污染物种类，从中筛选出风险评价因子，给出每种风险因子的毒性，分为致癌物、非致癌物。鉴别致癌物和非致癌物的依据，可以依据动物和人类资料致癌证据的程度分组，也可以查阅国外风险评价网站，如美国 EPA 建立的风险评价信息系统（RAIS）网站，该网站给出了大部分环境污染物的致癌效应。根据表 5-14 判定污染物的致癌性。

表 5-14 判别依据致癌物判定

人类证据	动物证据				
	足够的	有限	不充分	无资料	无证据
足够的	A	A	A	A	A
有限	B1	B1	B1	B1	B1
不充分	B2	C	D	D	D
无资料	B2	C	D	D	E
无证据	B2	C	D	D	E

注：将动物和人类证据结合进行证据权重分类。A 组：人类致癌物；B 组：可能的人类致癌物；C 组：可疑的人类致癌物；D 组：不能划为人类致癌物；E 组：对人类无致癌性证据。

根据判定结果或查阅文献给出各污染物的致癌性评价结果。根据致癌性评价结果，将各参评风险评价因子分为致癌因子和非致癌因子，如表 5-15 所示。

表 5-15　参评风险评价因子致癌评价

重金属	USEPA 风险评价系统		致癌性评价结果	证据时间
	经消化	经呼吸		
砷（As）	A	A	阳性	1997-08-29
镉（Cd）	—	B1	阳性	1997-08-29
铬（Cr）	—	A	阳性	1997-08-29
铜（Cu）	D		未知	1997-08-29
铅（Pb）	B2		阳性	1997-10-31
汞（Hg）	C		阳性	1998-02-13
镍（Ni）	B2		阳性	1998-02-13
锌（Zn）	D		未知	1997-08-29

2）剂量—反应评价

剂量—反应评价是指对有害因子暴露水平与暴露人群或生物种群中不良健康反应发生率之间关系进行定量估算的过程，是后续风险评价的定量依据。生物体暴露一定剂量的化学物质与其所产生反应之间存在一定的关系，称为剂量—反应关系。不同的化学物质，根据毒性终点不同，有不同的剂量—反应关系。

通常有两种剂量反应评估方法：无阈效应评估和有阈效应评估。传统上前者用于非致癌效应终点的剂量—反应评估，后者则用来评估化学致癌效应的剂量—反应关系。无阈效应是利用低剂量外推模型评价人群暴露水平上所致危害的概率。有阈效应通常计算参考剂量（RfD），低于 RfD 时，期望不会发生有害效应。

（1）主要步骤：

- 收集资料。调研、收集与评价有关暴露—反应的资料，了解是否有现成的可以被利用的数据和资料。
- 方案设计。设计实验方案，实验内容：剂量—效应、浓度—效应、效应—时间死亡率、繁殖率影响等。
- 实施方案。根据前一个步骤设计的方案进行实施。
- 结果分析。分析实验结果，提供可接受的生态效应相应的有害剂量或浓度阈值（LD_{50}、LC_{50} 等）或剂量—效应、浓度—效应、效应—时间等相关关系。
- 外推分析。一共包括三种外推方法：根据同类有害物质已有的实验资料和已建立的外推关系，包括结构—活性关系外推，不用再分析实验；有实验室分析建立的关系外推到自然环境或生态系统中；一类终点外推到另一类终点。

（2）分类　一般情况下，剂量—反应分为两种：一种是致癌物的剂量—反应，另一种是非致癌物的剂量—反应。

致癌物的剂量—反应通常是对无阈化学物质，尤其是对致癌物的低剂量外推的具体方法，是随着化学致癌定量毒理学研究的深入发展，人们对化学致癌机制、致癌物代谢动力学和毒物效应动力学规律的逐步深入了解而不断发展的。目前，主要采用数学外推模型法，即由于难以从实验资料中确定实验剂量范围以下的剂量—反应关系的真实曲线图形，就必须靠假设来确定在所要推测的亚实验剂量范围内剂量—反应关系的曲线特征，并用数学模型表示。一般认为，致癌物低剂量范围内的剂量—反应关系的曲线特征可能有 3 种：线性、超线性和次线性（或称亚线性）。常用的致癌物低剂量—反应外推模型包括：对数—正态模型、威尔布模型、单击模型、多阶段模型、线性多阶段模型等。美国 EPA 的致癌物剂量—反应关系评定过程中重要的参数是斜率因子，是指一个个体终生（70 年）暴露于某一致癌物后发生癌症的概率的 95%上限的估计值，单位为 mg/（kg·d），这个值越大，则单位剂量—效应致癌物的致癌概率越高，也称为致癌强度系数。可以直接选择 USRAIS 中的致癌强度系数作为评价依据。

非致癌物的剂量—反应通常计算参考剂量，也称为预测无作用浓度（PNEC），即低于此剂量时，期望不会发生有害效应的危险。一般通过以下方法进行剂量—反应评估：通过文献确定最高无作用效应水平（NOAEL），将 NOAEL 除以不确定因子，不确定因子的范围在 10～1 000 之间，由一系列因子组成，每种因子代表一种与现有资料有关的内在的不确定性。

计算公式如下：

$$RfD = \frac{NOAEL}{UF} \tag{5-10}$$

式中，RfD——某种学物质的参考剂量，mg/（kg·d）；

NOAEL——最高无作用效应水平，mg/（kg·d）；

UF——总的不确定系数，无量纲，$UF = F_1 \times F_2 \times F_3 \times F_4 \times MF$，各不确定系数如表 5-16 所示。

表 5-16　确定参考剂量时典型的不确定系数（UF）和修饰系数（MF）

不确定因素	系数
人个体间差异 F_1	使用正常健康人作为实验对象时，其合理结果的外推通常采用不确定系数 10
实验到人的差异 F_2	这个系用于解决动物资料向人外推时的不确定性。当人群暴露研究不可得或不充分时，从实验动物外推到人需采用不确定系数 10
亚慢性到慢性的推断 F_3	当从亚慢性动物或人实验推导时，通常采用 10 倍的安全系数，这个数值考虑了从亚慢性的 NOAEL 到慢性的 NOAEL 推断的不确定性
数据库的完整性 F_4	当资料不完整时，从有限的动物实验结果外推时，通常使用 10 倍的不确定系数，这个系数考虑单个实验结果不能充分阐述各种可能的不良效应
修饰系数 MF	使用专业判断以决定额外的不确定系数，也就是修饰系数（MF）。MF 一般大于 0 小于或等于 10，MF 的大小取决于对实验和数据库科学上不确定性的专业分析，这种不确定性在上述外推中未加以明确解决（如实验的动物数，反应严重性）。默认的 MF 一般为 1

注：对任何不确定系数，都需要进行专业判断以给出合适的数值。

然而参考剂量的安全可靠性是有限的，这是由于它所依据的关键数据存在固有的缺陷：NOAEL 取决于样本的大小，由于观察例数不同，其毒理和统计学意义也不同。关键数据都只是剂量—反应关系的一个点值，在推导参考剂量时未考虑该曲线的斜率，因此剂量—反应关系曲线的形状对评价所采用的不确定系数（UD）是否合适可提供重要信息。

目前对非致癌物的大部分已经推导出了参考剂量值,可以直接采用美国 EPA 公布的参考剂量值作为风险评价的依据。

一般低于参考剂量的暴露剂量产生有害效应的可能性很小,而超过参考剂量值时,在人群中产生有害效应的概率就会增大。

3）暴露评价

识别污染物的暴露类型和暴露量,调查施肥场地的植被类型、气候、水文地质、是否存在地表水及其位置,以及受暴露人群与施肥场地的距离、生活习惯、是否存在敏感人群（幼儿园、小学、医院）。

（1）各环境风险评价因子的环境行为分析　可以根据实际监测、文献以及相关资料得到,本课题的研究结果见第 4 章。

（2）暴露途径调查　通常认为,人的暴露途径有三种:摄入（包括食入途径与饮水途径）、吸入与皮肤接触。完整的健康风险评价应包括对大气、土壤、水和食物链 4 种介质携带的污染物通过食入、吸入和皮肤接触 3 种暴露途径进入人体并对人体健康产生危害的评价。但是本次研究只考虑各风险评价指标在土壤、地表水、地下水介质携带的污染物通过食入、吸入和皮肤接触 3 种暴露途径对人体健康产生危害的评价。根据调查,将鹫峰国家森林公园常年工作人员以及周边生活人员的情况填入（表 5-17）。

表 5-17　工作人员情况登记表

序号	年龄	性别	工作年限/生活年限	其他

在得到接触人群基本情况之后,结合相关文献中查阅的数据,按照式（5-11）来估算暴露量:

$$CDI = \frac{\rho \times I \times EF \times ED}{BW \times AT} \tag{5-11}$$

式中,CDI——吸收量,mg/（kg·d）;

ρ ——介质中化学物含量（大气:mg/m^3;土壤:mg/kg;水 mg/L）;

I ——接触频率;

AT——评价时间,a;

BW——体重,kg;

ED——暴露期,a/生命期;

EF——暴露频率,d/a。

总吸收量的计算公式为:

$$CDI_T = \sum CDI_{各介质} \tag{5-12}$$

式（5-11）中各指标的详细说明如下:

暴露的化学物质的含量:由于暴露时期始终接触介质最大化学物质含量的假设实际上

不尽合理，因此通常选择暴露时期所有接触到化学物质含量的平均值作为暴露的介质化学物含量。

接触频率：反映每次暴露或每个暴露事件接触到污染介质的数量，包括每天空气吸入量（m³/d），土壤摄入量（mg/d）和饮水量（L/d）。假如有足够多的调查数据进行接触频率统计时，则选择统计 95%的分位数作为接触频率。当数据无法满足统计需求时，则需根据专业和经验判断接触频率值。

暴露频率和暴露期：假如有足够多的调查数据进行暴露频率统计时，则选择统计 95%的分位数作为暴露频率。

体重：通常取所有暴露时期暴露人群的平均体重，但假如暴露仅发生在儿童时期，则应选择儿童的平均体重作为吸收量的计算值。我国男性的体重 35 岁后趋于稳定，40～69岁达到最大，平均为 67.7 kg；女性体重 40 岁后趋于稳定，50～54 岁达到最大，平均为 59.6 kg。

评价时间：根据化学物毒性对人体健康危害程度确定进行风险评价时所选取的时间；对非致癌有毒物质，则选择整个暴露时期；对致癌物质，则选择人均寿命作为评价时间。

4）风险表征

风险表征是风险评价的最后一步，要将前面的资料进行总结，并综合进行风险的定量和定性表达。为了要表征非致癌效应，应进行摄入量与毒性之间的比较；而表征致癌效应，应根据摄入量和特定化学物剂量反应资料估算个体终生暴露产生癌症的概率，还应提出估算中主要的假设、科学判断以及评价中的不确定性问题。

致癌性物质的风险表征如式（5-13）：

$$R = \text{CDI} \times \text{SF} \tag{5-13}$$

式中，CDI——吸收量；

　　　SF——致癌斜率系数，可查阅相关数据库。

美国环境保护局认为，致癌物质的可接受风险值在 $1 \times 10^{-6} \sim 1 \times 10^{-4}$ 之间。

非致癌物质的风险表征如式（5-14）：

$$HQ = \text{CDI} / \text{RfD} \tag{5-14}$$

式中，CDI——吸收量；

　　　RfD——参考剂量。

多种物质同时作用的综合风险可按下面方法进行计算和评价。

致癌效应：可用式（5-15）估算同时暴露几种致癌物增加的个体终生致癌风险：

$$\text{风险}_{\text{T}} = \sum \text{风险}_i \tag{5-15}$$

式中，风险$_\text{T}$——总癌症风险；

　　　风险$_i$——第 i 种物质的风险估算值。

非致癌效应：评价一种以上化学物所产生的非致癌效应的总能力，利用风险指数方法[式（5-16）]，此方法假定同时低于阈值暴露的几种化学物可能导致有害健康的效应，同时假定有害效应的大小与低于阈值暴露量比之和成正比。

$$风险指数=CDI_1/RfD_1+CDI_2/RfD_2+\cdots+CDI_i/RfD_i \quad\quad (5\text{-}16)$$

式中，CDI_i——第 i 种毒物吸收量；

RfD_i——第 i 种毒物的参考剂量。

美国环境保护局（EPA）对致癌物质可接受风险水平 $10^{-6}\sim10^{-4}$，小于表示风险不明显，大于表示有显著风险。根据风险指数确定有无人体健康。

参考文献

[1]　城镇污水处理厂污泥处置　林地用泥质（CJ/T 362—2011）[S]. 北京：住房和城乡建设部，2011：2-5.

[2]　土壤环境质量标准（GB 15618—1995）[S]. 北京：中国标准出版社，1995.

[3]　地表水环境质量标准（GB 3838—2002）[S]. 北京：国家环境保护总局，2002：1-3.

[4]　地下水质量标准（GB/T 14848—93）[S]. 北京：中国标准出版社，1993.

[5]　城镇污水处理厂污泥处置园林绿化用泥质（GB/T 23486—2009）[S]. 北京：中国标准出版社，2009：2-3.

[6]　城镇污水处理厂污泥泥质（GB/T 24188—2009）[S]. 北京：中国标准出版社，2009：1.

[7]　土壤环境质量标准（修订）（GB 15618—2008）[S]. 北京：环境保护部，2008：4-6.

[8]　环境影响评价技术导则人体健康（征求意见稿）[S]. 北京：国家环境保护总局，2005：3-5.

[9]　陈怀满. 环境土壤学[M]. 北京：科学出版社，2005.

[10]　程燕，周军英，单正军，等. 国内外农药生态风险评价研究综述[J]. 农村生态环境，2005，21（3）：62-66.

[11]　杜静. 生态风险评价的数学模型及应用研究[D]. 兰州：兰州大学，2009：13-15.

[12]　杜锁军. 国内外环境风险评价研究进展[J]. 环境科学与管理，2006，31（5）：193-194.

[13]　范拴喜. 土壤重金属污染与控制[M]. 北京：中国环境科学出版社，2011：190-191.

[14]　韩冰，何江涛，陈鸿汉，等. 地下水有机污染人体健康风险评价初探[J]. 地学前缘（中国地质大学；北京大学），2006，13（1）：224-229.

[15]　胡二邦. 环境风险评价实用技术和方法[M]. 北京：科学出版社，2000.

[16]　黄丹丹. 猪场沼液施用跟踪监测与生态风险评估[A] //生态环境与畜牧业可持续发展学术研讨会暨中国畜牧兽医学会2012年学术年会和第七届全国畜牧兽医青年科技工作者学术研讨会会议——T05 畜牧业减排与废弃物资源化利用专题[C]. 北京：中国畜牧兽医学会、中国农业工程学会，2012：1.

[17]　黄瑞农，环境土壤学[M]. 北京：高等教育出版社，1988：103-159.

[18]　李春兰，徐谦. 北京土壤中汞的背景值及其区域差异[J]. 环境科学丛刊，1984，5（9）：49-55.

[19]　李广贺，李发生，等. 污染场地环境风险评价与修复技术体系[M]. 北京：中国环境科学出版社，2010.

[20]　李琼. 城市污泥农用的可行性及风险评价研究[D]. 北京：首都师范大学，2012：86-99.

[21]　李新荣，赵同科，于艳新，等. 北京地区人群对多环芳烃的暴露及健康风险评价[J]. 农业环境科学

学报，2009，28（8）：1758-1765.

[22] 李宇庆，黄游，董建威．污泥土地利用生态风险评价初探[J]．中国环保产业，2006（9）：29-31.

[23] 林玉锁．国外环境风险评价的现状与趋势[J]．环境科学动态，1993，1：8-10.

[24] 刘常青，黄游，张江山，赵由才.污泥土地利用的风险评价探讨[J].环境科学与管理，2006，31（4）：188-191.

[25] 刘敬勇，孙水裕，许燕滨，等．广州城市污泥中重金属的存在特征及其农用生态风险评价[J]．环境科学学报，2009，29（12）：2545-2556.

[26] 刘新，王东红，马梅，等．中国饮用水中多环芳烃的分布和健康风险评价[J]．生态毒理学报，2011，6（2）：207-214.

[27] 刘旭．乌梁素海底泥农田利用可行性分析及其环境风险评价[D]．呼和浩特：内蒙古农业大学，2013：92-98.

[28] 罗庆，孙丽娜，张耀华．细河流域地下水中多环芳烃污染健康风险评价[J]．农业环境科学学报，2011，30（5）：959-964.

[29] 马士禹，唐建国，陈邦林．欧盟的污泥处置和利用[J]．中国给水排水，2006，22（4）：102-105.

[30] 泥客庄主．污水灌溉与污泥土地利用之比较——土壤污染物控制与安全标准的数量化解读[EB/OL]．http://blog.sina.com.cn/s/blog_6e4fedaf010161fp.html，2013-03-21.

[31] 彭驰，王美娥，廖晓兰．城市土壤中多环芳烃分布和风险评价研究进展[J]．应用生态学报，2010，21（2）：514-522.

[32] 孙颖，桂长华．污泥堆肥化对重金属生物可利用性的影响[J]．重庆建筑大学学报，2007，29（3）：110-114.

[33] 孙玉焕，骆永明，滕应，等．长江三角洲地区污水污泥与健康安全风险研究 V．污泥施用对土壤微生物群落功能多样性的影响[J]．土壤学报，2009（3）：406-411.

[34] 孙玉焕，骆永明，吴龙华，等．长江三角洲地区污水污泥与健康安全风险研究 I．粪大肠菌群数及其潜在环境风险[J]．土壤学报，2005，42（3）：397-403.

[35] 铁梅，宋琳琳，惠秀娟，等.污泥与施污土壤重金属生物活性及生态风险评价[J].土壤通报，2013，44（1）：215-221.

[36] 僮祥英，杨玉琼，刘红．百里杜鹃矿区附近土壤重金属潜在生态风险及环境容量研究[J]．安徽农业科学，2011，39（4）：2146-2148.

[37] 涂剑成，赵庆良，杨倩倩．东北地区城市污水处理厂污泥中重金属的形态分布及其潜在生态风险评价[J]．环境科学学报，2012，32（3）：689-695.

[38] 王燕枫，钱春龙．美国污泥管理体系风险评价方法[J]．环境科学研究，2008，21（1）：218-222.

[39] 王永杰，贾东红，孟庆宝，等．健康风险评价中的不确定分析[J]．环境工程，2003，21（6）：66-69.

[40] 徐争启，倪师军，庹先国，张成江．潜在生态危害指数法评价中重金属毒性系数计算[J]．环境科学与技术，2008，2（31）：112-115.

[41] 许妍，周启星.土壤中多环芳烃的含量及风险评价方法[A]//"十一五"农业环境研究回顾与展望——第四届全国农业环境科学学术研讨会论文集[C].2011，386-390.

[42] 杨宇，石萱，徐福留，等．天津地区土壤中萘的生态风险分析[J]．环境科学，2004，25（2）：115-118.

[43] 姚刚．德国的污泥利用和处置.城市环境与城市生态[J]．城市环境与城市生态，2000，13（1）：43-47.

[44]　尹军，谭学军. 污水污泥处理处置与资源化利用[M]. 北京：化学工业出版社，2005.

[45]　尹守东，王凤友，李玉文. 城市污泥堆肥林地应用研究进展[J]. 东北林业大学学报，2004，32（5）：58-60.

[46]　张会兴，张征，宋莹. 地下水污染健康风险评价理论体系研究[J]. 环境保护科学，2013，39（3）：59-63.

[47]　张蓉，谢贻兵，花日茂，等. 合肥及周边城市污水污泥重金属含量和农田潜在生态风险评价[J]. 安徽农业大学学报，2011，39（2）：280-285.

[48]　章海波，骆永明，李志博，等. 土壤环境质量指导值与标准研究Ⅲ. 污染土壤的生态风险评价[J].土壤学报，2007，44（2）：338-349.

[49]　赵维娜，陈怀满. 环境土壤学[M]. 北京：科学出版社，2005.

[50]　中投信德. 2012—2013 年中国污泥处理行业投资分析预测报告[R].2013，9：1-4.

[51]　40CFR Part503．Standards for the use or disposal of sewage sludge[S].US EPA，1992：4-10.

[52]　Bindesbol，A. M，Mark. B. Impacts of heavy metals，polyaromatic hydrocarbons，and pesticides on freeze tolerance of earthworm Dendrobaenaoctaedra[J]. Environment Toxicology Chemistry，2009，28（11）：2341-2347.

[53]　Canadian Soil Quality Guidelines for the Protection of Environmental and Human Health[S]．Canada：Canadian Council of Ministers of the Environment，2007.

[54]　Carpi A，Lindberg S. Sunlight-Mediated Emission of Elemental Mercury from Soil Amended with Municipal Sewage Sludge [J]. Environmental Science Technology，1997，31（7）：2085-2091.

[55]　EEA．Sludge treatment and disposal management approaches and experience[R].

[56]　European：European Environment Agency，1997：15-18.

[57]　Femandes SAP，Bettiol W，Cerri C C. Effect of sewage sludge on microbial biomass，basal respiration metabolic quotient and soil enzymatic activity [J]．Applied Soil Ecology，2005，30（1）：65-77.

[58]　Frampton G K，Jansch S，Scott-Fordsmand J J，Rombke J，Vanden Brink P J. Effects of pesticides on soil invertebrates in laboratory studies: a review and analysis using species sensitivity distribution[J]. Environmental Toxicology and Chemistry，2006，25（9）：280-2489.

[59]　Lars Hakanson. An ecological risk index for aquatic pollution control. A sedimentologicalapproach[J]. Water Research，1980（14）：975-1001.

[60]　Las Hakanson．An ecological risk index for aquatic pollution control. A sedimentological approach[J]. Water Research，1979，14（8）：975-1001.

[61]　Ma By，Zhang XL．Regional ecological risk assessment of selenium in Jilin Province China[J]．Science Total Environment，2000，262（1-2）：103-110.

[62]　Maltby L，Blake N，Brook T C M，et al. Insecticide species sensitivity distributions：Importance of test species selection and relevance to aquatic ecosystems[J]. Environmental Toxicolgoy and Chemistry，2005，24（2）：379-388.

[63]　NAS．Risk Assessment in the Federal Government：Managing the Process．U.S. National Academy of Science，National Academy Press，Washington D.C.．1983.

[64]　NisbetC，Lagoy P. Toxic equivalency factors（TEFs）for polycyclic aromatic hydrocarbons（PAH）

[J]. Regulatory Toxicology and Pharmacology，1992，16（3）：290-300.

[65] Oregon Department of Environmental Quality. Guidance for ecological risk assessment levels Ⅰ，Ⅱ，Ⅲ，Ⅳ，Ⅴ[EB/OL]. http：//www.deqstate.or.us/lq/pubs/docs/cu/GuidanceEcological Risk.pdf. 2014-3-20.

[66] Power M，Mc Carty LS. Trends in the development of ecological risk assessment and management frameworks [J]. Human and Ecological Risk Assessment，2002，8（1）：7-18.

[67] Rapant S.，Kordik J. An environmental risk assessment map of the Slovak Republic application of data from geochemical atlases[J]. Environmental Geology，2003，44（4）：400-407.

[68] Shoham-Frider E，Shelef G，Kress N. Mercury speciation in sediments at a municipal sewage sludge marine disposal site[J]. Marine Environmental Research，2007，64（5）：601-615.

[69] Staples C A，Davis J W. An examination of the physical properties，fate，ecotoxicity and potential environmental risks for a series of propylene glycol ethers[J]. Chemosphere，2002，49（1）：61-73.

[70] Suter II GW. Ecologicail Risk Assessment [M]. Boca Raton FL：Lewis Publisher，1993：538.

[71] U.S. Environmental Protection Agency. Framework for Ecological Risk Assessment [R]. Risk Assessment Forum，Washington，D.C，EPA / 630 / R - 92 / 001，1992.

[72] US EPA.The Risk Assessment Guidelines of 1986[R].Washingtion DC：Office of Emergency and Remedial Response：55-58.

[73] US EPA. Basic Information for Arsenic，Inorganic[EB/OL]. http：//rais.ornl.gov/tools/profile.php，2013-09-22.

[74] Wheeler J R，Grist E P M，Leung K M Y，et al. Species sensitivity distributions：data and model choice[J]. Marine Pollution Bulletin，2002，45（1-2）：192-202.

[75] Zhman M，Di H J，Sakamoto K. Effects of Sewage Sludge Compost and Chemical Fertilizer Application on Microbial Biomass and N Mineralization Rates[J]. Soil Sci Plant Nutr，2002，48（2）：195-201.

第6章 城市污泥堆肥林业利用
环境风险评价及控制对策

6.1 环境生态风险评价指标的确定

6.1.1 土壤环境生态风险指标确定

对于土壤环境介质，根据本课题研究结果、国内外文献调研结果、土壤环境质量标准以及相关毒理学文献与数据库，重金属比较易于在土壤中积累且危害性较大。不同地域城市污泥中重金属变化情况有所不同，北京地区城市污泥中 Zn、Hg、Cu 和 Cr 对土壤影响较大；在东北地区 Cu 和 Zn 是污泥土地利用过程中潜在的污染元素；而广州、合肥地区的 Cd 是污泥土地利用的潜在污染元素。同时，考虑到 As 和 Ni 的致癌性较高，因此把 Cu、Pb、Zn、Cr、Ni、As、Hg、Cd 这 8 种重金属均选为风险污染因子。

多环芳烃中一方面高分子量的芘、苯并[*a*]蒽、䓛、苯并[*a*]芘、茚并[1,2,3-*cd*]芘易于在土壤中积累，萘、苊、芴、菲、荧蒽、芘、苯并[*a*]蒽、䓛、苯并[*a*]芘在土壤中变化较大。另一方面考虑到苯并[*a*]蒽、苯并[*a*]芘的致癌效应，所以选用萘、苊、芴、菲、荧蒽、芘、苯并[*a*]蒽、䓛、苯并[*a*]芘、茚并[1,2,3-*cd*]芘这 10 种多环芳烃以及多环芳烃总量作为风险污染因子。

确定电导率为辅助评价指标，定期监测土壤中电导率。而氮、磷为植物物生长所必需的营养元素，不选为土壤中的风险污染指标。

由于粪大肠菌群在土壤中存活时间较短，因此随着施肥时间的延长，施肥土壤中的粪大肠菌群回归土壤背景值，也不选为土壤中的风险污染因子。

6.1.2 地下水环境风险指标确定

根据本课题研究结果、国内外文献调研结果、地下水环境质量标准以及相关毒理学文献与数据库，选定 Cu、Pb、Zn、Cr、As、Hg、Cd 这 7 种重金属作为风险污染因子。

低分子量的萘、芴、菲、荧蒽易于迁移至地下水体，同时结合考虑苯并[*a*]芘的致癌效应，选择这 5 种多环芳烃以及多环芳烃总量作为风险污染因子。

由于氮、磷有向地下水迁移的趋势，且会对水体造成污染，所以选择氨氮和硝酸盐作为风险污染因子。

6.1.3 地表水环境风险指标确定

根据本课题研究结果、国内外文献调研结果、地表水环境质量标准以及相关毒理学文献与数据库，选定 Cu、Pb、Zn、Cr、As、Hg、Cd 这 7 种重金属作为风险污染因子。

同地下水一样，选择低分子量的萘、芴、菲、荧蒽、苯并[a]芘这 5 种多环芳烃和多环芳烃总量作为风险污染因子。

由于氮、磷有随地表径流向水体迁移的趋势，且会对水体造成污染，所以选择总磷、氨氮和硝酸盐作为风险污染因子。

6.1.4 确定环境生态风险指标

确定不同环境介质选用的环境风险污染因子，见表 6-1。

表 6-1　不同环境介质中的风险污染因子

环境介质		环境风险因子
		EC 值
土壤	重金属	Cu、Pb、Zn、Cr、Ni、As、Hg、Cd
	多环芳烃	16 种 PAHs 总量、Nap、ANA、FLU、PHE、FLT、PYR、BaA、CHR、BaP、IPY
地下水	氮	氨氮、硝酸盐
	重金属	Cu、Pb、Zn、Cr、As、Hg、Cd
	多环芳烃	16 种 PAHs 总量、Bap、Nap、FLU、PHE、FLT
地表水	氮、磷	总磷、硝酸盐、氨氮
	重金属	Cu、Pb、Zn、Cr、As、Hg、Cd
	多环芳烃	16 种 PAHs 总量、Bap、Nap、FLU、PHE、FLT

6.2 城市污泥堆肥林业利用对土壤的环境生态风险评价

6.2.1 基于环境质量标准的单因子风险评价

1. 基于本课题实验数据的评价结果

1）现状评价结果

《城镇污水处理厂污泥处置　林地用泥质》（CJ/T 362—2011）中要求，城市污泥年施肥量为 30 t/hm²。本研究中，在林地施肥后进行了多次监测，根据各种污染物在土壤中暴露水平的规律，选用施肥后 2011 年 6 月采样及 2012 年 2 月采样的数据进行风险评价。

根据林地的不同用途，选用不同标准值进行评价。施肥场地为园林绿地时，应选用《土壤环境质量标准》（GB 15618—1995）二级标准值，其中，梅花林地 pH≥7.5，银杏林地 pH 介于 6.5～7.5；施肥场地为远离居住人群的林地时，应选用《土壤环境质量标准》（GB 15618—1995）三级标准值。由于现行使用的《土壤环境质量标准》（GB 15618—1995）

中没有涉及多环芳烃的要求，所以多环芳烃数据选用《土壤环境质量标准（修订）》（GB 15618—2008）中二级标准的居住标准值作为参比标准。根据第 5 章中给出的单因子评价方法，梅花林地和银杏林地土壤中重金属和多环芳烃的单因子评价结果，分别如表 6-2 和表 6-3 所示。

表 6-2　梅花林地土壤单因子评价结果（pH≥7.5）

	项目	Cu	Zn	Pb	Cr	Ni	As	Hg	Cd
2011 年 6 月	P_i 值（二级）	0.06	0.23	0.02	0.09	0.38	0.10	0.24	0.50
	P_i 值（三级）	0.03	0.14	0.02	0.07	0.11	0.06	0.16	0.30
	项目	NAP	ANA	FLU	PHE	FLT	PYR	BaA	CHR	Bap	IPY
	P_i 值	0.00	0.00	0.00	0.01	0.00	0.00		0.01	0.01	0.00
2012 年 2 月	P_i 值（二级）	0.07	0.24	0.02	0.06	0.31	0.07	0.20	0.53
	P_i 值（三级）	0.03	0.14	0.02	0.05	0.09	0.04	0.13	0.32
	项目	NAP	ANA	FLU	PHE	FLT	PYR	BaA	CHR	Bap	IPY
	P_i 值	0.17	0.00	0.00	0.04	0.04	0.03	0.09	0.15	0.09	0.01

表 6-3　银杏林地土壤单因子评价结果（pH 为 6.5～7.5）

	项目	Cu	Zn	Pb	Cr	Ni	As	Hg	Cd
2011 年 6 月	P_i 值（二级）	0.08	0.34	0.09	0.23	0.36	0.18	2.30	0.70
	P_i 值（三级）	0.06	0.17	0.05	0.15	0.09	0.14	0.77	0.21
	项目	NAP	ANA	FLU	PHE	FLT	PYR	BaA	CHR	Bap	IPY
	P_i 值	0.05	0.00	0.00	0.02	0.03	0.02	0.06	0.21	0.11	0.10
2012 年 2 月	P_i 值（二级）	0.07	0.28	0.06	0.17	0.28	0.25	1.92	0.73
	P_i 值（三级）	0.05	0.14	0.04	0.11	0.07	0.19	0.64	0.22
	项目	NAP	ANA	FLU	PHE	FLT	PYR	BaA	CHR	Bap	IPY
	P_i 值	0.28	0.00	0.00	0.03	0.03	0.05	0.05	0.11	0.05	0.09

表 6-2 的评价结果表明，各污染风险因子的 P_i 值均小于 1，说明梅花林土壤满足《土壤环境质量标准》中二级标准的要求。梅花林地土壤各污染因子的背景值较低，可以容纳污泥堆肥带入的重金属和多环芳烃，不会造成较大的环境风险。

根据表 6-3 的评价结果，除 Hg 外，其他污染风险因子的 P_i 值均小于 1。根据单因子评价法的判别依据，表明施肥一个月（2011 年 6 月）后，银杏林地表层土壤中除重金属 Hg 超过环境质量二级标准外，其他因子均没有超标。对比银杏林地土壤的背景值发现，Hg 的背景值较高，已经超过了土壤质量二级标准，而本研究中使用的城市污泥堆肥产品中 Hg 的含量也较高，如果继续使用该污泥堆肥产品，会造成银杏林地土壤中 Hg 的积累，带来较大的环境风险。对比 2011 年 6 月和 2012 年 2 月的评价结果可以发现，不同种类污染因子的变化趋势不同，除 Cd 和 As 的 P_i 值略有增加外，其他重金属都随着时间的推移，P_i 值缓慢减少，Hg 的 P_i 值下降趋势相对明显。

2）预测评价结果

（1）梅花林　根据前面介绍的土壤污染物预测模型，可以预测累计多年施用污泥堆肥产品而带来的环境影响。

首先，先根据盆栽试验结果，得到不同重金属的年残留率，见表 6-4。

表 6-4　土壤中 8 种重金属的残留率

项目	Cu	Zn	Pb	Cr	Ni	As	Hg	Cd
残留率/%	99	95	99	99	99	99	86	99

然后，以梅花林地土壤中重金属含量为背景值，预测多年施肥后土壤中重金属的累积值。根据《城镇污水处理厂污泥处置　林地用泥质》（CJ/T 362—2011）要求，年施肥量选用 30 t/hm²。土壤容重一般为 1.10～1.30 g/cm³，本研究选用 1.20 g/cm³，表层土壤取 20 cm，得到土壤表层质量大约为 2 500 t/hm²，污泥堆肥产品中各重金属的浓度见第 4 章。将上述参数带入预测模型，即可得到梅花林地土壤中各种金属含量的预测值，见表 6-5。

表 6-5　梅花林地土壤中各重金属质量分数的模型预测值　　　　单位：mg/kg

	Cu	Zn	Pb	Cr	Ni	As	Hg	Cd
1 年	11.31	78.69	11.12	24.36	15.46	2.09	0.19	0.30
2 年	12.41	83.24	11.33	24.91	15.52	2.19	0.26	0.31
3 年	13.50	87.56	11.54	25.45	15.58	2.28	0.33	0.31
4 年	14.58	91.66	11.75	25.99	15.64	2.37	0.39	0.31
5 年	15.64	95.56	11.96	26.53	15.70	2.46	0.43	0.31
10 年	20.82	112.32	12.97	29.12	15.98	2.90	0.59	0.33
15 年	25.75	125.29	13.93	31.59	16.25	3.32	0.66	0.34
土壤环境质量标准（GB 15618—1995）二级 pH≥7.5	200	300	350	250	60	25	1	0.6
土壤环境质量标准（GB 15618—1995）三级	400	500	500	300	200	40	1.5	1

最后，根据单因子的评价方法，可以得到各种重金属的 P_i 值，评价结果见表 6-6。

表 6-6　梅花林土壤中重金属含量模型预测结果的单因子评价（二级标准 pH≥7.5）

	Cu	Zn	Pb	Cr	Ni	As	Hg	Cd
1 年	0.06	0.26	0.03	0.10	0.26	0.08	0.19	0.50
2 年	0.06	0.28	0.03	0.10	0.26	0.09	0.26	0.51
3 年	0.07	0.29	0.03	0.10	0.26	0.09	0.33	0.51
4 年	0.07	0.31	0.03	0.10	0.26	0.09	0.39	0.52
5 年	0.08	0.32	0.03	0.11	0.26	0.10	0.43	0.52
10 年	0.10	0.37	0.04	0.12	0.27	0.12	0.59	0.55
15 年	0.13	0.42	0.04	0.13	0.27	0.13	0.66	0.57

根据表 6-5 和表 6-6 的结果可以看出，在梅花林地连续 15 年施用城市污泥堆肥产品，土壤中各重金属含量均不会超出土壤环境质量的二级标准。但是，随着施用年限的增加，各金属的 P_i 值都逐渐增大，其中，Hg 的增速非常明显，需要重点监测。

（2）银杏林　按照同样的预测方法，同样得到银杏林地土壤中各重金属的预测值和风险评价结果，见表 6-7～表 6-9。

表 6-7　银杏林地土壤中各重金属质量分数的模型预测值　　　　　　单位：mg/kg

	Cu	Zn	Pb	Cr	Ni	As	Hg	Cd
1 年	19.23	92.37	21.51	25.15	16.75	5.96	1.31	0.20
2 年	20.25	96.23	21.62	25.69	16.80	6.01	1.23	0.21
3 年	21.26	99.90	21.73	26.23	16.84	6.06	1.16	0.21
4 年	22.26	103.39	21.84	26.76	16.89	6.12	1.10	0.22
5 年	23.25	106.70	21.95	27.29	16.94	6.17	1.05	0.22
10 年	28.06	120.94	22.47	29.85	17.16	6.43	0.88	0.24
15 年	32.63	131.96	22.96	32.28	17.37	6.67	0.80	0.26
土壤环境质量标准（GB 15618—1995）二级 6.5～7.5	200	250	300	200	50	30	0.50	0.30
土壤环境质量标准（GB 15618—1995）三级	400	500	500	300	200	40	1.5	1

表 6-8　银杏林土壤中重金属含量模型预测结果的单因子评价（二级标准）

	Cu	Zn	Pb	Cr	Ni	As	Hg	Cd
1 年	0.06	0.37	0.07	0.13	0.33	0.20	2.61	0.68
2 年	0.07	0.38	0.07	0.13	0.34	0.20	2.45	0.69
3 年	0.07	0.40	0.07	0.13	0.34	0.20	2.31	0.71
4 年	0.07	0.41	0.07	0.13	0.34	0.20	2.19	0.72
5 年	0.08	0.43	0.07	0.14	0.34	0.21	2.09	0.73
10 年	0.09	0.48	0.07	0.15	0.34	0.21	1.76	0.79
15 年	0.11	0.53	0.08	0.16	0.35	0.22	1.60	0.85

表 6-9　银杏林土壤中重金属含量模型预测结果的单因子评价（三级标准）

	Cu	Zn	Pb	Cr	Ni	As	Hg	Cd
1 年	0.05	0.18	0.04	0.08	0.08	0.15	0.87	0.20
2 年	0.05	0.19	0.04	0.09	0.08	0.15	0.82	0.21
3 年	0.05	0.20	0.04	0.09	0.08	0.15	0.77	0.21
4 年	0.06	0.21	0.04	0.09	0.08	0.15	0.73	0.22
5 年	0.06	0.21	0.04	0.09	0.08	0.15	0.70	0.22
10 年	0.07	0.24	0.04	0.10	0.09	0.16	0.59	0.24
15 年	0.08	0.26	0.05	0.11	0.09	0.17	0.53	0.26

根据表 6-7～表 6-9 的预测和评价结果,在银杏林地施用城市污泥堆肥产品,除 Hg 外,其他重金属含量能够满足土壤环境质量二级标准,土壤中 Hg 含量没有超出土壤环境质量三级标准,且随着施肥年限的增加 P_i 值有下降的趋势,分析原因可能是 Hg 在土壤中的挥发量大于积累量的缘故。北京城市污泥中 Hg 含量偏高,而银杏林地土壤中 Hg 的背景值也较高,所以施用高 Hg 污泥可能会对土壤造成污染,因此在施肥之前要特别关注林地土壤的本底值。

2. 基于其他文献数据的评价结果

1)广州市

林兰稳等将广州市大坦沙污水处理厂产生的脱水生污泥与粉煤灰、稻草按质量比例 4：1.2：1 混合堆制而成的污泥堆肥,该堆肥产品与北京市堆肥产品相比较可以发现,Cd、As 含量较高,为北京堆肥产品的数倍以上。

将该堆肥产品应用于草坪等园林绿地 9 个月后,监测土壤中重金属的含量,结果表明,Zn、Cd、Hg 含量都有不同程度的提高,施用污泥堆肥产品比例为 3 kg/m² 的草坪草土壤中各种金属含量见表 6-10。

表 6-10　广州市某施用污泥堆肥产品草坪草土壤中重金属质量分数　　单位：mg/kg

重金属元素	Cu	Zn	Pb	Cr	Ni	As	Hg	Cd
堆肥产品	132.3	695.2	53.12	118.0	53.12	35.63	4.08	3.409
北京市堆肥产品	102.1	744.1	27.4	66.9	18.1	9.6	9.9	0.5
土壤背景值	—	62.04	—	—	—	—	0.16	0.144
3 kg/m² 的草坪草土壤	—	65.58	—	—	—	—	0.48	0.68
城镇污水处理厂污泥处置　林地用泥质　<	1 500	3 000	1 000	1 000	200	75	15	20
城镇污水处理厂污泥处置　园林绿用泥质　<（pH≥6.5）	1 500	4 000	1 000	1 000	200	75	15	20

（1）现状评价结果　选用表 6-10 中土壤重金属的数据,参比《土壤环境质量标准》,进行土壤环境质量现状评价。分别选用《土壤环境质量标准》（GB 15618—1995）二级标准中 pH<6.5、三级环境标准值为参比值,计算重金属污染因子的 P_i 值,其单因子评价结果见表 6-11。

表 6-11　广州污泥堆肥产品草坪草利用过程中重金属单因子评价结果（pH<6.5）

重金属元素	Zn	Hg	Cd
3 kg/m² 的草坪草土壤的 P_i 值（二级）	0.33	1.60	2.27
3 kg/m² 的草坪草土壤的 P_i 值（三级）	0.13	0.32	0.68

根据表 6-11 的评价结果发现,Zn 的 P_i 值小于 1,Cd、Hg 的 P_i 值大于 1,说明在广州,污泥堆肥产品易于造成土壤中 Cd 和 Hg 的超标,而且 Cd 的污染程度大于 Hg,Zn 基本不

会对土壤造成污染。

（2）预测评价结果　根据前文介绍的土壤污染物预测模型，可以预测累计多年施用城市污泥产品而带来的环境影响。表 6-12 为在广州市长期施用该污泥堆肥产品，重金属 Zn、Hg、Cd 在草坪草土壤中的积累量随时间的变化趋势。利用单因子评价方法，得到三种重金属的 P_i 值，评价结果见表 6-13 和表 6-14。

表 6-12　广州市污泥堆肥草坪利用过程中重金属积累预测值（质量分数）　　单位：mg/kg

	Zn	Hg	Cd
1 年	66.86	0.18	0.18
2 年	71.45	0.20	0.22
3 年	75.90	0.21	0.26
4 年	79.93	0.22	0.29
5 年	83.86	0.23	0.33
10 年	100.75	0.27	0.51
15 年	113.81	0.29	0.69
土壤环境质量标准（GB 15618—1995）二级 pH<6.5	200	0.3	0.3
土壤环境质量标准（GB 15618—1995）三级	500	1.5	1.0

表 6-13　广州市污泥堆肥草坪利用重金属预测值的 P_i 值（二级标准 pH<6.5）

	Zn	Hg	Cd
1 年	0.33	0.60	0.60
2 年	0.36	0.66	0.73
3 年	0.38	0.70	0.85
4 年	0.40	0.75	0.98
5 年	0.42	0.78	1.11
10 年	0.50	0.90	1.71
15 年	0.57	0.95	2.29

表 6-14　广州市污泥堆肥草坪利用重金属预测值的 P_i 值（三级标准）

	Zn	Hg	Cd
1 年	0.13	0.12	0.18
2 年	0.14	0.13	0.22
3 年	0.15	0.14	0.26
4 年	0.16	0.15	0.29
5 年	0.17	0.16	0.33
10 年	0.20	0.18	0.51
15 年	0.23	0.19	0.69

　　根据表 6-13 和表 6-14 的评价结果,在草坪等园林绿地连续施用广州市污泥堆肥产品 15 年后,三种重金属的 P_i 值均逐渐增加,Zn 和 Hg 均没有超过土壤质量二级标准,重金属 Cd 的 P_i 值大于 1,超过了土壤质量二级标准,但没有超过三级标准,已造成土壤的 Cd 污染,这一结果与林兰稳的实际监测结果相似。所以在广州市施用城市污泥堆肥产品时,需要重点监测 Cd 的变化情况,适当减少施肥年限,避免造成土壤的 Cd 超标。

　　2)《城镇污水处理厂污泥处置　林地用泥质》(CJ/T 362—2011)

　　现行的《城镇污水处理厂污泥处置　林地用泥质》(CJ/T 362—2011)标准中给出了城市污泥或堆肥产品中重金属的限值,没有考虑到被施入土壤的重金属的背景值,所以在研究中根据第 5 章介绍的土壤污染物预测模型,选用《城镇污水处理厂污泥处置　林地用泥质》(CJ/T 362—2011)给出的各重金属的最大值,以梅花林和银杏林土壤为施肥林地,来预测施肥 15 年后土壤中重金属的变化趋势,预测结果见表 6-15～表 6-20。

表 6-15　将重金属含量为 CJ/T 362—2011 标准限值的堆肥施入梅花林土壤预测结果　　单位:mg/kg

	Cu	Zn	Pb	Cr	Ni	As	Hg	Cd
1 年	27.92	104.41	22.67	35.44	17.62	2.87	0.24	0.53
5 年	97.04	211.92	68.59	80.86	26.29	6.27	0.63	1.45
10 年	179.62	318.71	123.45	135.12	36.65	10.33	0.88	2.54
15 年	258.15	401.35	175.63	186.72	46.50	14.19	1.00	3.58
土壤环境质量标准 (GB 15618—1995) 二级 pH≥7.5	200	300	350	250	60	25	1	0.6
土壤环境质量标准 (GB 15618—1995) 三级	400	500	500	300	200	40	1.5	1

表 6-16　将重金属含量为 CJ/T 362—2011 标准限值的堆肥施入梅花林中的 P_i 值(二级 pH≥7.5)

	Cu	Zn	Pb	Cr	Ni	As	Hg	Cd
1 年	0.14	0.35	0.06	0.14	0.29	0.11	0.24	0.89
5 年	0.49	0.71	0.20	0.32	0.44	0.25	0.63	2.42
10 年	0.90	1.06	0.35	0.54	0.61	0.41	0.88	4.24
15 年	1.29	1.34	0.50	0.75	0.77	0.57	1.00	5.97

表 6-17　将重金属含量为 CJ/T 362—2011 标准限值的堆肥施入梅花林中的 P_i 值(三级标准)

	Cu	Zn	Pb	Cr	Ni	As	Hg	Cd
1 年	0.08	0.21	0.05	0.12	0.09	0.07	0.16	0.53
5 年	0.31	0.42	0.14	0.27	0.13	0.16	0.42	1.45
10 年	0.72	0.64	0.25	0.45	0.18	0.26	0.59	2.54
15 年	1.28	0.80	0.35	0.62	0.23	0.35	0.67	3.58

根据表 6-16 和表 6-17 的评价结果可以看出，如果在梅花林土壤施用的堆肥产品中重金属含量为 CJ/T 362—2011 的标准限值，连续施用 15 年时，Cu、Zn、Hg、Cd 均会超出土壤环境质量二级标准，Cu、Cd 会超出三级标准，会对梅花林土壤造成严重的污染。

表 6-18　将重金属含量为 CJ/T 362—2011 标准限值的堆肥施入银杏林土壤的预测结果　　单位：mg/kg

	Cu	Zn	Pb	Cr	Ni	As	Hg	Cd
1 年	35.84	118.09	33.07	36.23	18.91	6.73	1.36	0.44
5 年	104.64	223.06	78.58	81.62	27.53	9.98	1.24	1.35
10 年	186.85	327.33	132.95	135.84	37.82	13.86	1.17	2.45
15 年	265.03	408.02	184.66	187.41	47.61	17.54	1.14	3.50
土壤环境质量标准（GB 15618—1995）二级 6.5～7.5	200	250	300	200	50	30	0.50	0.30
土壤环境质量标准（GB 15618—1995）三级	400	500	500	300	200	40	1.5	1

表 6-19　将重金属含量为 CJ/T 362—2011 标准限值的堆肥施入银杏林土壤的 P_i 值（二级标准 pH＞7.5）

	Cu	Zn	Pb	Cr	Ni	As	Hg	Cd
1 年	0.18	0.47	0.11	0.18	0.38	0.22	2.72	1.45
5 年	0.52	0.89	0.26	0.41	0.55	0.33	2.49	4.52
10 年	0.93	1.31	0.44	0.68	0.76	0.46	2.34	8.18
15 年	1.33	1.63	0.62	0.94	0.95	0.58	2.27	11.66

表 6-20　将重金属含量为 CJ/T 362—2011 标准限值的堆肥施入银杏林土壤 P_i 值（三级标准）

	Cu	Zn	Pb	Cr	Ni	As	Hg	Cd
1 年	0.09	0.24	0.07	0.12	0.09	0.17	0.91	0.44
5 年	0.26	0.45	0.16	0.27	0.14	0.25	0.83	1.35
10 年	0.47	0.65	0.27	0.45	0.19	0.35	0.78	2.45
15 年	0.66	0.82	0.37	0.62	0.24	0.44	0.76	3.50

根据表 6-19 和表 6-20 的评价结果，如果在银杏林土壤施用的堆肥产品中重金属含量为 CJ/T 362—2011 的标准限值，连续施用 15 年时，Cu、Zn、Hg、Cd 均会超出土壤环境质量二级标准，只有 Cd 会超出土壤环境质量三级标准，会对银杏林土壤造成严重的污染。

6.2.2　基于环境质量标准的综合评价

1. 内梅罗综合指数法

1）现状评价结果

利用内梅罗综合指数评价法，选用施肥后 2011 年 6 月采样和 2012 年 2 月采样的数据进行综合评价，梅花林地的内梅罗指数均为 0.4，均未造成污染；而银杏林地的内梅罗指数计算结果为 1.6 及 1.2，可能会造成中等程度的风险。

2）预测数据的评价结果

（1）梅花林　根据内梅罗综合指数的计算方法，根据模型预测的数据进行内梅罗综合评价。评价结果见表 6-21。可以判定，梅花林施用该肥 20 年内基本不存在风险。

表 6-21　梅花林预测值的内梅罗综合评价指数

施肥年限	1 年	2 年	3 年	4 年	5 年	10 年	15 年
PI 值	0.38	0.39	0.39	0.40	0.40	0.46	0.51

（2）银杏林　银杏林地的内梅罗综合评价结果见表 6-22。可以发现，银杏林地施用该肥存在一定的风险，由于该风险主要是由于 Hg 造成的，所以该风险会随着 Hg 的挥发流失而逐渐降低。

表 6-22　银杏林预测值的内梅罗综合评价指数

施肥年限	1 年	2 年	3 年	4 年	5 年	10 年	15 年
PI 值	0.96	0.90	0.85	0.81	0.78	0.66	0.61

3）基于其他文献数据的评价结果

（1）广州　根据内梅罗综合指数的计算方法，对广州市堆肥数据结果进行内梅罗综合评价，得到内梅罗指数 PI=0.9。根据判别依据，可能会造成较低程度的风险。根据模型预测得到的内梅罗指数评价结果见表 6-23。

表 6-23　广州市预测结果的内梅罗综合评价结果

施肥年限	1 年	2 年	3 年	4 年	5 年	10 年	15 年
PI 值	0.27	0.32	0.37	0.42	0.46	0.70	0.92

根据表 6-23 的评价结果可以看出，随着施肥年限的增加，污泥堆肥对土壤环境的污染程度逐渐增大，到施肥第 10 年，内梅罗指数 PI 值为 0.7，已经达到低污染程度。说明在广州长期施用城市污泥堆肥产品，会对土壤造成一定程度污染。

（2）《城镇污水处理厂污泥处置　林地用泥质》（CJ/T 362—2011）的限值：

①以梅花林为背景值　参照《城镇污水处理厂污泥处置　林地用泥质》（CJ/T 362—2011）给出的标准限值数据进行内梅罗综合评价，根据模型预测得到的评价结果见表 6-24。可以看出，随着施肥年限的增加，污泥堆肥施用对土壤环境的污染程度逐渐增大，施肥第 5 年，内梅罗指数 PI 值达到 1.82，已经达到中等污染程度；到施肥第 10 年，PI 值已经大于 3，土壤已经达到严重污染程度。这一结果表明，如果按照《城镇污水处理厂污泥处置　林地用泥质》（CJ/T 362—2011）给出的标准限值在梅花林土壤施用城市污泥堆肥产品，会给土壤带来环境风险，随着施肥年限的增加，风险增大。

表 6-24　以标准限值预测得到的梅花林的内梅罗综合评价指数

施肥年限	1 年	5 年	10 年	5 年
PI 值	0.68	1.82	3.17	4.46

②以银杏林为背景值　银杏林地的内梅罗综合指数评价结果见表 6-25。可以看出，按照标准限值进行施肥的话，在第 1 年就会产生中等程度污染，10 年后土壤达到严重污染。

表 6-25　以标准限值预测得到的银杏林的内梅罗综合评价指数

施肥年限	1 年	5 年	10 年	15 年
PI 值	1.03	1.73	3.08	4.36

2. 潜在危害指数评价结果

1）实验数据的评价结果

（1）梅花林　在单因子评价结果的基础上，应用潜在危害指数法进行后续评价，来判断施肥后梅花林地土壤的整体污染程度。依然选用 2011 年 6 月和 2012 年 2 月的监测数据进行评价，评价结果见表 6-26、表 6-27 及图 6-1、图 6-2。

表 6-26　梅花林重金属潜在生态风险汇总（监测时间：2011 年 6 月）

			EI 评价范围	
	施肥浓度	RI	低风险	
			EI≤40	
RI 评价范围 低风险 （≤150）	4.5	23.29	Hg>Cd>Ni>As>Cu>Zn>Cr>Pb	
	3.0	18.10	Cd>Hg>As>Ni>Cu>Zn>Cr>Pb	
	6.0	16.67	Hg>Cd>Ni>As>Cu>Zn>Cr>Pb	
	1.5	13.95	Cd>Hg>Ni>As>Cu>Cr>Zn>Pb	

表 6-27　梅花林地潜在危害指数法的评价结果（监测时间：2012 年 2 月）

			EI 评价范围	
	施肥浓度	RI	低风险	
			EI≤40	
RI 评价范围 低风险 （≤150）	3.0	16.42	Cd>Hg>Ni>As>Cu>Zn>Cr>Pb	
	4.5	14.95	Cd>Hg>Ni>As>Cu>Zn>Cr>Pb	
	1.5	13.75	Hg>Cd>Ni>As>Cu>Cr>Zn>Pb	
	6.0	11.60	Cd>Hg>As>Ni>Cu>Cr>Zn>Pb	

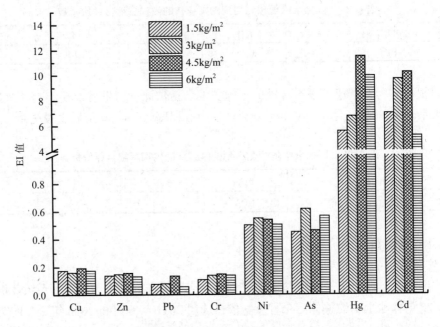

图 6-1   梅花林重金属潜在危害指数（2011 年 6 月）

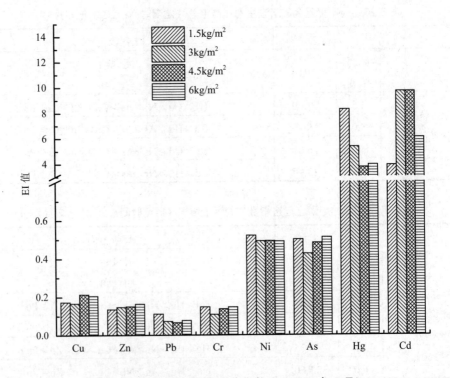

图 6-2   梅花林重金属潜在危害指数法（2012 年 2 月）

　　根据潜在危害指数法的判别依据，所有施肥浓度对应的 RI 值均小于 150，说明污泥堆肥施入梅花林土壤一个月以及 300 d 后，没有造成土壤的潜在生态风险。从图 6-2 中也能看出，各重金属也不存在潜在生态风险。

（2）银杏林　银杏林地土壤中重金属的潜在危害指数法评价结果见表 6-28、表 6-29 及图 6-3、图 6-4。

表 6-28　银杏林地潜在危害指数法评价结果（2011 年 6 月）

	施肥浓度	RI	EI 评价范围		
			低风险		
			EI≤40		
RI 评价范围 低风险 （≤150）	6.0	45.30	Hg＞Cd＞As＞Ni＞Cu＞Pb＞Cr＞Zn		
	4.5	42.75	Hg＞Cd＞As＞Ni＞Cr＞Cu＞Pb＞Zn		
	3.0	41.91	Hg＞Cd＞As＞Ni＞Cu＞Pb＞Cr＞Zn		
	1.5	41.62	Hg＞Cd＞As＞Ni＞Cu＞Pb＞Cr＞Zn		

表 6-29　银杏林重金属潜在生态风险汇总表（2012 年 2 月）

	施肥浓度	RI	EI 评价范围		
			低风险		
			EI≤40		
RI 评价范围 低风险 （≤150）	4.5	43.31	Hg＞Cd＞As＞Ni＞Cu＞Cr＞Pb＞Zn		
	6.0	42.88	Hg＞Cd＞As＞Ni＞Cu＞Pb＞Cr＞Zn		
	1.5	36.73	Hg＞Cd＞As＞Ni＞Cr＞Pb＞Cu＞Zn		
	3.0	34.24	Hg＞Cd＞As＞Ni＞Cu＞Cr＞Zn＞Pb		

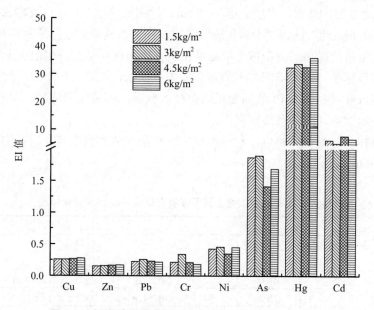

图 6-3　银杏林重金属潜在生态风险（2011 年 6 月）

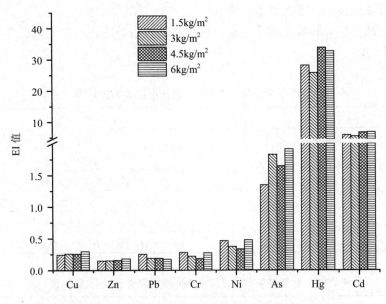

图 6-4 银杏林重金属潜在生态风险（2012 年 2 月 27 日）

根据判别依据，所有施肥浓度对应的 RI 均小于 150，表明污泥堆肥施入银杏林土壤 300 d 后，均没有造成土壤的潜在生态风险。但是，从各单项金属来看，Hg 的风险值较高，表现出 Hg 的风险值随施肥浓度增加而增加的趋势。

2）预测数据的评价结果

（1）梅花林 根据《城镇污水处理厂污泥处置 林地用泥质》（CJ/T 362—2011）要求，选用年施肥量为 30 t/hm^2。根据文献结果，选定耕作层容重一般为 1.10～1.30 g/cm^3，土地的表层质量大约为 2 250 t/hm^2，表层土壤取 20 cm，得到梅花林土壤中污染物含量预测值。最后，根据潜在生态风险方法得到不同使用年限的潜在生态风险指数，见表 6-30 以及图 6-5。

随着施肥年限的增加，梅花林土壤的潜在生态风险逐年增加，但由于土壤背景值远低于二级土壤质量标准，污泥堆肥带入的重金属含量较低，施肥 15 年后，没有达到污染级别，但是观察每种重金属的 EI 值的变化规律可以看出，随着施用堆肥年限的增加，Hg 这种风险因子逐步增加，成为首要危害因子。

（2）银杏林 与梅花林相似，利用潜在生态风险方法得到银杏林潜在生态风险指数，见表 6-31 和图 6-6。

表 6-30 梅花林土壤重金属潜在生态风险（随时间变化情况）

			EI 评价范围
	施肥年限	RI	低风险 EI≤40
RI 评价范围 低风险 （≤150）	1	49.0	Cd＞Hg＞Ni＞As＞Cu＞Zn＞Pb＝Cr
	5	70.2	Cd＞Hg＞Ni＞As＞Cu＞Zn＞Pb＝Cr
	10	84.7	Hg＞Cd＞Ni＞As＞Cu＞Zn＞Pb＝Cr
	15	92.4	Hg＞Cd＞Ni＞As＝Cu＞Zn＞Pb＝Cr

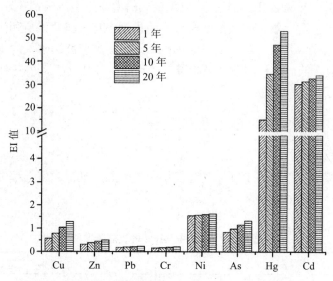

图 6-5　梅花林土壤重金属潜在生态风险（随时间变化）

表 6-31　银杏林土壤重金属潜在生态风险汇总（随时间变化情况）

	施肥年限	RI	EI 评价范围		
			可接受风险 80＜EI≤160	中等风险 40＜EI≤80	低风险 EI≤40
RI 评价范围 低风险 （≤150）	1	130.8	Hg	—	Cd＞As＞Ni＞Cu＞Zn=Pb＞Cr
	5	111.8	Hg	—	Cd＞As＞Ni＞Cu＞Zn=Pb＞Cr
	10	100.8	—	Hg	Cd＞As＞Ni＞Cu＞Pb=Zn＞Cr
	20	96.6	—	Hg	Cd＞As＞Ni＞Cu＞Pb=Zn＞Cr

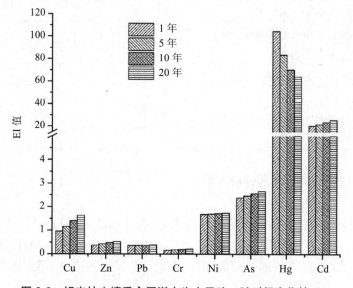

图 6-6　银杏林土壤重金属潜在生态风险（随时间变化情况）

根据评价结果，发现除 Hg 之外，其他重金属的潜在生态风险都在逐年增加，但是 Hg 易于挥发至空气中，在土壤中的残留率较低。而模型中将土壤背景值和污泥中 Hg 的挥发损失都计入计算过程，且从土壤中损失的 Hg 高于污泥堆肥施用带入的 Hg 含量，因此带来了由于 Hg 风险降低而导致的总体风险降低的现象。相比之下，梅花林地土壤由于背景值相对较低则不存在这种现象。

6.2.3　基于生态基准值的单因子风险评价

1．生态基准值

首先，通过检索文献获得 PAHs 在沉积物中的生态基准值，将土壤中 PAHs 的浓度与生态基准值相比，见表 6-32。

表 6-32　沉积物 PAHs 的生态基准值

PAHs	沉积物/（μg/g）
萘 Naphthalene，Nap	0.176
苊 Acenaphthene，ANA	—
苊烯 Acenaphthylene，ANY	NA
芴 Fluorene，FLU	0.077 4
菲 Phenanthrene，PHE	0.041 9
蒽 Anthracene，ANT	0.057 2
荧蒽 Fluoranthene，FLT	0.111
芘 Pyrene，PYR	0.053
苯并[a]蒽 Benz[a]anthracene，BaA	0.031 7
䓛 Chrysene，CHR	0.057 1
苯并[b]荧蒽 Benzo[b]fluoranthene，BbF	NA
苯并[k]荧蒽 Benzo[k]fluoranthene，BkF	NA
苯并[a]芘 Benzo[a]pyrene，BaP	0.031 9
二苯并[a,h]蒽 Dibenz[a,h]anthracene，DBA	0.033
苯并[g,h,i]菲 Benzo[g,h,i]perylene，BPE	NA
茚并[1,2,3-cd]芘 Indeno[1,2,3-cd]pyrene，IPY	NA
∑PAHs	4

2．基于本课题研究数据的评价结果

1）梅花林

根据《城镇污水处理厂污泥处置　林地用泥质》（CJ/T 362—2011）要求，选用年施肥量为 30 t/hm² 的施肥后一个月（2011 年 6 月）的梅花林地土壤中 PAHs 的监测数据，参比表 6-32 给出的生态基准值进行评价。根据单因子风险评价方法，得到评价结果如表 6-33 所示。

表 6-33　基于生态基准值的梅花林地风险评价结果（2011 年 6 月）

项目	NAP	FLU	PHE	FLT	PYR	BaA	CHR	BaP
HQ 值	0.1	0.2	0.5	0.1	0.0	0.1	0.0	0.1

根据欧共体的风险评价技术指南，当 HQ＞1 时，认为在目前的污染水平下，有可能产生环境风险，有必要进行长期监视，并通过仔细分析风险评价的各个环节来找到方法减少风险；当 0.1＜HQ＜1 时，虽然处于安全水平，但是需要长期观测对象物质的环境动态，避免高风险的发生；当 HQ＜0.1 时，被认为是安全的，没有必要对监测对象实施管理措施。根据评价结果，可以看出除 PYR 和 CHR 外，大部分多环芳烃的 HQ 值均大于 0.1 且小于 1，说明施用城市污泥堆肥产品后，梅花林地土壤虽然处于安全水平之内，但是需要长期观测。

施肥后第 300 天（2012 年 2 月），梅花林地的单因子风险评价结果，如表 6-34 所示。

表 6-34　基于生态基准值的梅花林地单因子风险评价结果（2012 年 2 月）

项目	NAP	FLU	PHE	FLT	PYR	BaA	CHR	BaP
HQ 值	0.1	0.1	0.4	0.2	0.3	0.3	0.3	0.3

根据评价结果，可以看出所有多环芳烃的 HQ 值均大于 0.1 且小于 1，说明施用城市污泥堆肥产品后，梅花林地土壤处于安全水平之内，但是需要长期观测。

2）银杏林

根据《城镇污水处理厂污泥处置　林地用泥质》（CJ/T 362—2011）要求，选用年施肥量为 30 t/hm^2 的施肥后一个月（2011 年 6 月）的银杏林地土壤中 PAHs 的监测数据，得到单因子风险评价结果，如表 6-35 所示。

表 6-35　基于生态基准值的银杏林地单因子风险评价结果（2011 年 6 月）

项目	NAP	FLU	PHE	FLT	PYR	BaA	CHR	BaP
HQ 值	1.3	0.3	2.3	1.3	2.2	1.9	1.8	1.7

根据表 6-35 的评价结果可以看出，所有多环芳烃的 HQ 值（除 FLU 外），均大于 1，说明施用城市污泥堆肥产品后，有可能会对银杏林地土壤产生环境风险，有必要进行长期监视。

施肥后第 300 天（2012 年 2 月），银杏林地土壤的单因子风险评价结果，如表 6-36 所示。

表 6-36　基于生态基准值的银杏林地土壤单因子风险评价结果（2012 年 2 月）

项目	NAP	FLU	PHE	FLT	PYR	BaA	CHR	BaP
HQ 值	0.1	0.1	0.4	0.1	0.2	0.2	0.2	0.2

根据评价结果，可以看出所有多环芳烃的 HQ 值均大于 0.1 且小于 1，说明施用城市

污泥堆肥产品后，银杏林地土壤虽然处于安全水平之内，但是需要长期观测。

6.2.4 重金属 Hg 的生态风险评价

与其他城市相比，北京城市污泥堆肥产品具有 Hg 含量偏高的特点，是其他城市污泥中 Hg 含量的 3~4 倍。根据前面的评价结果也表明，施用北京城市污泥堆肥的林地土壤中 Hg 的 P_i 值偏高，所以要重点考虑 Hg 元素所造成的生态风险。

1. Hg 对生态系统的危害

汞是自然界中唯一的液态金属，其单质和化合物在大气、水体以及土壤中均易于挥发。陈乐恬等对北京市地区大气中 Hg 含量进行调查发现，北京地区大气中 Hg 质量浓度超过大气环境的一般质量浓度（0.5~10 ng/m³）。李春兰等于 20 世纪 90 年代对北京地区土壤中 Hg 的背景值进行了调查，发现土壤中 Hg 含量纵向分布特点主要为表层最高，随着深度增加而递减，影响北京地区土壤中 Hg 含量的主要因素是人类活动，而自然因素为次要因素。污泥中 Hg 主要以残渣态存在，有研究表明 80%的 Hg 被固定在非晶态的有机硫和硫化物上，在土壤中施加含 Hg 量较高的污泥可能会增加土壤中单质 Hg 向大气的挥发，进而污染大气，同时也会造成土壤中 Hg 的累积。

Hg 对土壤生态系统具有潜在的威胁，可通过食物链影响动物的健康，且不同形态的汞具有不同的毒性和行为。Hg 主要通过抑制光合作用、根系生长和养分吸收、酶的活性、根瘤菌的固氮作用来影响农作物的生长发育。污染土壤中 Hg 元素被植物吸收也会影响种子的发芽率和生长情况，土培研究表明，当 Hg 质量分数达到 0.074 mg/kg 时，植物根系受到损害，产量降低。

2. Hg 的生态风险评价结果

1）暴露表征

当生物体测试不可行时，可以环境介质中测定的污染物含量来估算生物体的吸收量。此处选用课题组在梅花林地土壤中的实际监测数据，并结合模型预测的结果来进行 Hg 的生态风险评价研究。

2）剂量—反应效应表征

Hg 对土壤生态毒理学的研究相对较少，大多是以蚯蚓、跳虫等为研究对象。Bindesbol 发现蚯蚓（*Dendrobana octaedra*）对 Hg 的 LC_{50}（7 d）为 38 mg/kg；杨道丽研究发现，赤子爱胜蚓（*E.fetida*）以及球肾白线蚓（*Fridericia bullosa*）对于 Hg 的 LC_{50}（7 d）分别为 155.97 mg/kg 以及 7.23 mg/kg，跳虫对于 Hg 的 LC_{50}（7 d）为 9.29 mg/kg。当获取到的毒性效应数据较少时，借鉴水体生态风险评价方法，可以采用最小 LC_{50}（或 NOEC，即最低无作用浓度）除以评估因子（AF）来得到预测无效应浓度值（PNEC），从而保证不会发生不可接受的生态效应。欧盟给出的陆生生态系统评估因子的取值依据见表 6-37。

根据前文搜集到的毒性数据，最小值为 7.23 mg/kg，根据表 6-23 的取值依据，AF 选 50，可以得到土壤中 Hg 的 PNEC 为 0.15 mg/kg，这与美国俄勒冈州的重金属生态风险评估筛选值 0.1 mg/kg 相近。

表 6-37　计算 PNEC 的评估因子的取值依据

有效信息	评估因子 AF
至少有一个营养级生物（如植物、蚯蚓、生物）的 LC50	1 000
只有一个营养级生物（如植物）的 NOEC	100
有两个营养级生物的 NOEC 值	50
有三个营养级三种生物的 NOEC 值	10
已知物种敏感度分布曲线	5～1

3）风险表征——商值法

利用商值法，对比暴露数据以及毒性数据，评价结果见表 6-38。

表 6-38　梅花林地土壤中 Hg 随施肥年限变化的生态风险评价结果

施肥年限	0 年	1 年	2 年	3 年	4 年	5 年	10 年	15 年
HQ 值	0.7	1.3	1.7	2.2	2.6	2.9	3.9	4.4

由表 6-38 给出的评价结果可以看出，城市污泥堆肥产品在梅花林场地只能施用一年，或不能施用，否则会带来严重的生态风险。

6.2.5　多环芳烃中萘的生态风险评价

根据前文中的单因子评价结果已知，施用污泥堆肥的林地土壤中 NAP 的 P_i 值偏高，且变化范围较大，应对其可能造成的生态风险加以评价和关注。

1. 萘的危害

萘是合成钛酸、氨茴酸、萘酚等工业原料的中间产物，也广泛用于制备蒽醌、靛青、水杨酸等。日常生活中，萘也是土壤熏蒸剂、除臭剂以及驱虫剂的原料之一，由于其在全球大面积使用及其危害性较大，已经被 USEPA 列为优先控制的 16 种多环芳烃之一，也是我国许多工业污染场地的优先污染物。刘建武等的试验结果表明，萘对水生植物具有毒害作用，抑制呼吸强度，减少叶绿素含量以及改变过氧化物酶活性；陆志强等研究表明，不同浓度的萘对红树植物秋茄胚轴萌发和幼苗有一定的影响；何巧力按照 ISO 方法研究了赤子爱胜蚓对萘污染土壤的回避行为表明，赤子爱胜蚓对所有 50 mg/kg 的萘污染土壤有回避反应。

2. 萘的生态风险评价结果

利用联合概率曲线法对污泥堆肥施用后土壤中萘的生态风险进行评价：

（1）实验数据的来源　根据商值法的评价结果，表明银杏林土壤中的多环芳烃具有生态风险，所以根据《城镇污水处理厂污泥处置　林地用泥质》（CJ/T 362—2011）要求，选用银杏林年施肥量为 15 t/hm² 和 30 t/hm² 的监测数据。

（2）土壤生物的毒性资料　从美国环境保护局毒性数据库中收集萘对土壤生物的毒性资料，主要为土壤动物 7～8 d 暴露的半致死浓度。涉及生物、实验周期和 LC_{50} 值列于表 6-39。尽管能收集到的毒性参数不可能包括全部土壤生物，而且采用生物并非来自研究地区，但这些资料涉及多数代表性物种，且一般而言，不同区域同一物种的耐毒差异远低于不同物种间差异，这些资料基本可以用于本研究。

表 6-39　土壤动物毒性参数

土壤生物	拉丁名	实验周期/d	LC_{50}/（μg/g）
螨属亚纲	acari	8	16
节腹亚目	arthropleona	8	14
节足动物	*arthropoda*	8	11
弹尾目	collembola	8	15
爱胜蚓	*Eisenia feida*	2	4 670
跳虫	*spider*	8	12
莴苣	*lactuca*	7	100
中气门亚目	mesostigmata	8	13
甲螨亚目	Oribatida	8	15
前气门亚目	prostigmata	8	17

（3）风险表征　根据上述资料分别求得区域暴露浓度和生物耐受水平的两个概率密度函数，用 Matlab 计算两函数曲线重叠部分的面积和暴露浓度超过生物耐受水平的概率，并得到联合概率曲线。银杏林的联合概率曲线见图 6-7。

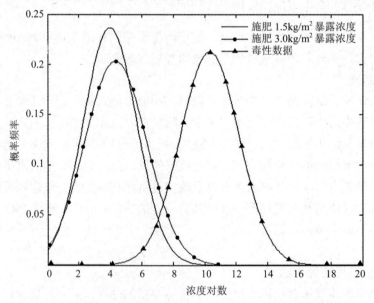

图 6-7　银杏林城市污泥堆肥产品与毒性数据的联合作用曲线

根据图 6-7，确定重叠曲线下方的面积为特定条件下的暴露风险。可以看出，重叠面积相对较小，说明污泥堆肥施用后所产生的生态风险较小。但是，随着施肥量的增加，暴露浓度与毒性数据的重叠面积有所增加，表明随着施肥浓度的增加，城市污泥堆肥产品对银杏林土壤的生态风险也相应增大。

6.3 城市污泥堆肥林业利用对水体的环境生态风险评价

6.3.1 基于环境质量标准的单因子风险评价

1. 地表水单因子风险评价结果

选用年施肥量为 30 t/hm², 施肥后 1 个月(即 2011 年 6 月), 参比《地表水环境质量标准》(GB 3838—2002)的Ⅲ类水体标准, 对梅花林和银杏林的地表径流进行水环境现状评价, 评价结果见表 6-40 和表 6-41。

表 6-40 梅花林地表径流的 P_i 值(2011 年 6 月)

项目	Cu	Zn	Pb	Cr	As	Hg	Cd	氨氮	总氮	总磷
P_i 值	0.01	0.00	N.D.	N.D.	0.01	N.D.	0.00	1.01	1.70	0.95

根据表 6-40 的评价结果可以看出, 梅花林的地表径流中营养盐指标氨氮和总氮的 P_i 值大于 1, 总磷的 P_i 值接近 1, 且总氮>氨氮>总磷。根据评价标准, 可以得到如下结论: 施用污泥堆肥产品的林地中总氮和氨氮存在流失风险, 有可能污染地表水体, 如不采取措施, 则有可能导致水体的富营养化。

表 6-41 银杏林地表径流的 P_i 值(2011 年 6 月)

项目	Cu	Zn	Pb	Cr	As	Hg	Cd	氨氮	总氮	总磷
P_i 值	0.04	0.02	N.D.	N.D.	0.02	N.D.	0.00	0.32	12.60	4.05

根据表 6-41 的评价结果可以看出, 银杏林地地表径流中总氮和总磷的 P_i 值远大于 1, 存在较大的营养盐流失风险, 非常有可能污染地表水体。

2. 地下水评价结果

为了表征最后长期施用堆肥产品对地下水体的影响, 选用年施肥量为 30 t/hm² 最后一次监测数据(即 2012 年 11 月), 参比地下水环境质量标准进行地下水环境现状评价, 其中选用《地下水质量标准》(GBT 14848—93)的Ⅲ类水体标准进行评价, 评价结果见表 6-42。

表 6-42 地下水 P_i 值(2012 年 11 月)

项目	Cu	Zn	Pb	Cr	As	Hg	Cd	氨氮	硝酸盐 (以 N 计)
P_i 值	0.07	0.11	N.D	N.D	N.D	N.D	0.01	0.85	0.01

由表 6-42 可以看出, 各污染因子的 P_i 值均小于 1, 有超过环境标准, 说明尚未对地下水造成污染。但是, 氨氮的 P_i 值为 0.85, 非常接近 1, 需要引起注意, 如长期连续施用城市污泥堆肥产品, 则需要长期监测地下水中氨氮的浓度变化。

6.3.2　基于环境质量标准的内梅罗综合指数评价

1. 地表水评价结果

1）梅花林

根据内梅罗综合指数的计算方法，选用年施肥量为 30 t/hm^2 的监测数据（2012 年 6 月）进行综合评价，得到内梅罗指数 PI=1.26，1<PI<2。根据判别依据，可以得到如下结论：在梅花林地施用城市污泥堆肥产品后，有可能造成地表径流的中等程度污染。

2）银杏林

按照同样的计算方法，可以得到银杏林地的内梅罗综合指数 PI=9.06，PI>3。根据判别依据，可以得到如下结论：在银杏林地施用城市污泥堆肥产品后，有可能造成地表径流的严重污染。

2. 地下水评价结果

根据内梅罗综合指数的计算方法，选用年施肥量为 30 t/hm^2 的监测数据（2012 年 11 月），得到地下水的内梅罗综合指数 PI=0.85，0.7<PI<1。根据判别依据，可以得到如下结论：在林地施用城市污泥堆肥产品后，有可能造成地下水体的轻度污染，主要是由氨氮污染引起的。

6.3.3　基于生态基准值的单因子风险评价

1. 生态基准值

首先，通过检索文献获得 PAHs 在淡水水体中的生态基准值（表 6-43），将水中 PAHs 的浓度与生态基准值进行比较。

表 6-43　淡水水体 PAHs 的生态基准值

PAHs	水体/（μg/L）
萘 Naphthalene，NAP	490
苊 Acenaphthene，ANA	23
苊烯 Acenaphthylene，ANY	—
芴 Fluorene，FLU	11
菲 Phenanthrene，PHE	30
蒽 Anthracene，ANT	3
荧蒽 Fluoranthene，FLT	6.16
芘 Pyrene，PYR	7
苯并[a]蒽 Benz[a]anthracene，BaA	34.6
䓛 Chrysene，CHR	7
苯并[b]荧蒽 Benzo[b]fluoranthene，BbF	NA
苯并[k]荧蒽 Benzo[k]fluoranthene，BkF	NA
苯并[a]芘 Benzo[a]pyrene，BaP	0.014
二苯并[a,h]蒽 Dibenz[a,h]anthracene，DBA	5
苯并[g,h,i]芘 Benzo[g,h,i]perylene，BPE	NA
茚并[1,2,3-cd]芘 Indeno[1,2,3-cd]pyrene，IPY	NA
∑PAHs	NA

注：NA 为数据未获得。

2．地表水生态风险评价结果

1）梅花林

选用年施肥量为 30 t/hm² 的梅花林地表径流监测数据（2012 年 6 月），参比表 6-43 给出的生态基准值进行评价。单因子评价结果如表 6-44 所示。

表 6-44　梅花林地基于生态基准值单因子评价结果

项目	NAP	FLU	PHE	FLT
HQ 值	0.00	0.01	0.00	0.01

根据欧共体的风险评价技术指南，得到如下结论：2012 年 6 月，梅花林地表径流中能够检出的 PAHs 的 HQ 值小于 0.1，说明 PAHs 的浓度均远低于生态基准值，没有必要对监测对象实施管理措施。

2）银杏林

按照同样的方法，可以得到银杏林的风险评价结果，如表 6-45 所示。

表 6-45　银杏林地基于生态基准值单因子评价结果

项目	NAP	FLU	PHE	FLT
HQ 值	0.00	0.01	0.00	0.01

可以看出，银杏林地的风险评价结果与梅花林完全一致，即 PAHs 的浓度均远低于生态基准值，不会对生态环境造成风险。

3．地下水生态风险评价结果

对比地下水中多环芳烃的暴露浓度和生态基准值，得到评价结果见表 6-46。

表 6-46　地下水基于生态基准值的单因子评价结果（2012 年 11 月）

项目	NAP	FLU	PHE	FLT	BaP
HQ 值	0.000	0.003	0.002	0.001	0.000

在地下水中能够检出的 PAHs 的 HQ 值远低于 0.1，说明 PAHs 的浓度均远低于生态基准值，对生态环境不会造成风险。但是，污泥堆肥施用后对地下水的影响是一个长期缓慢的过程，由于本实验研究持续时间较短（近两年），还不能完全说明长期连续堆肥对于地下水的影响。

6.3.4　水体的人体健康风险评价

近年来，国际上评价多环芳烃对人类健康所致风险的研究较多，目前常采用致癌风险系数法和水环境健康评价模型两种方法对 PAHs 进行风险评价。有研究者尝试采用苯并[a]芘毒性当量（TEQ）的致癌风险系数法来评价地下水体中 PAHs 的健康风险。本书中借鉴这种评价方法来评价污泥堆肥中 PAHs 迁移到地下水体之后可能造成的环境风险。

1992 年，Nisbet 等由毒性实验得出各 PAHs 相对于 BaP 的毒性当量因子（TEF），利用 PAHs 的毒性作用机制相似的这一原理，确定了各 PAHs 的毒性强弱，将各 PAHs 的浓度转化成 BaP 等效浓度 TEQ。根据每种多环芳烃对应的 TEF 值可以求出水体中典型的 PAHs

相对于 BaP 的值，即 TEQ_{BaP}。计算公式：

$$TEQ_{BaP} = \sum_{i=1}^{n} C_i \times TEF_i \qquad (6-1)$$

式中，TEQ_{BaP}——基于 BaP 的毒性当量，ng/L；

C_i——第 i 个 PAH 的质量浓度，ng/L。

根据课题组的研究结果，发现污泥堆肥中的 PAHs 有向地下水体迁移的趋势。经测量，施肥前地下水中含有很少量的 PAHs，假设地下水体中 PAHs 的增加量均来自于城市污泥堆肥产品。并假设周围人群以该地下水为饮用水源，并终生饮用该地下水。饮用 PAHs 污染的水体的终生致癌风险 ICRL 可由公式（6-2）求得：

$$ICRL = \frac{TEQ_{BaP} \times DR \times CSF \times EF \times ED}{BW \times AT \times 10^6} \qquad (6-2)$$

式中，DR——每天的饮水量，L/d；

CSF——BaP 的致癌斜率系数，kg/（d·mg）；

EF——每年暴露天数，设为 365 d；

ED——暴露年数；

BW——体重，kg；

AT——人的预期寿命，d。

部分参数选用美国环境保护局的推荐值，其余为估计值。其中 DR 取 2 L/d；EF 取 365 d；CSF 取 7.3 kg/（d·mg）；ED 对于非致癌物取 30 年，对于致癌物质取 70 年，BW 取 70 kg；AT 对于非致癌物取 30 年，对于致癌物质取 70 年；多环芳烃的毒性当量因子（TEFs）、非致癌物的参考剂量（RfD）和致癌因子（Q_{ij}），见表 6-47。

表 6-47　多环芳烃的毒性当量因子、非致癌物的参考剂量和致癌因子

化合物名称	TEFs	RfD/ [kg/（d·mg）]	Q_{ij}/ [kg/（d·mg）]
萘 Naphthalene	0.001	0.02	—
苊 Acenaphthene	0.001	0.06	—
苊烯 Acenaphthylene	0.001	0.06	—
芴 Fluorene	0.001	0.04	—
菲 Phenanthrene	0.001	0.03	—
蒽 Anthracene	0.01	0.3	—
荧蒽 Fluoranthene	0.001	0.04	—
芘 Pyrene	0.001	0.03	—
苯并[a]蒽 Benz[a]anthracene	0.1	0.03	1
䓛 Chrysene	0.01	0.03	0.1
苯并[b]荧蒽 Benzo[b]fluoranthene	0.1	0.03	1
苯并[k]荧蒽 Benzo[k]fluoranthene	0.1	0.03	0.1
苯并[a]芘 Benzo[a]pyrene	1	0.03	10
二苯并[a,h]蒽 Dibenz[a,h]anthracene	—	0.03	
苯并[g,h,i]芘 Benzo[g,h,i]perylene	0.01	0.03	
茚并[1,2,3-cd]芘 Indeno[1,2,3-cd]pyrene	0.1	0.03	1

以 2012 年 11 月的监测结果,根据上述计算方法与参数,可以得到 $TEQ_{BaP}=0.393$ ng/L,满足《城市供水水质标准》(CJ/T 206—2005)中苯并[a]芘＜10 ng/L 的要求。根据公式(6-2)可以得出水体的终生致癌风险 $ICRL=4.10\times10^{-5}$。

美国 EPA 对致癌物质可接受风险水平为 $10^{-6}\sim10^{-4}$,小于表示风险不明显,大于表示有显著风险;国际辐射防护委员会(ICRP)推荐的最大可接受风险水平 5.0×10^{-5}/a(即每年每千万人口中因饮用水中各类污染物而受到健康危害而死亡的人数不能超过 500 人),我国目前还没有这方面的规定。

根据美国 EPA 给出的范围,连续两年施肥后,地下水中多环芳烃对人体的健康风险处于可接受的水平。

6.4　城市污泥堆肥林业利用环境生态风险控制对策

6.4.1　城市污泥堆肥质量控制

污泥堆肥的制作原料主要是城市污水处理厂剩余污泥,而剩余污泥的性质、成分和污染物含量受到污水处理工艺、污水水质、脱水设备和工艺以及管理情况的影响,在不同地域及气候条件下存在较大的差异。因此,污泥堆肥应用前,应对其理化性质和污染物含量进行测定,并与污泥堆肥土地利用的相关标准进行对比,确保城市污泥堆肥的施用安全。

6.4.2　林地土壤环境容量要求

由于林地范畴广、种类多,林地土壤的理化性质和矿物学特性也有明显的区别,不同的林地土壤受人类活动的影响程度不一致,种种差异造成了不同的林地土壤对营养物质的需求和对污染物质的接纳能力各不相同。因此,施用污泥堆肥前,应对受纳土壤的本底值及土壤容量进行综合考察,确定施用城市污泥堆肥的可行性。

6.4.3　城市污泥堆肥施用季节的确定

城市污泥堆肥含有大量可被植物利用的营养物,同时也含有一定量的能够对土壤和水体形成潜在威胁的污染物。对于污泥堆肥的施用时间选择的正确与否,直接关系到堆肥的利用效率高低以及堆肥中的污染物流失量的大小。应尽量选择非雨季节进行施用,其他季节可追加少量污泥堆肥,避免因降雨等天气因素引起的地表径流和地下渗流,将肥料中易流失的污染物带入水体,从而造成水体污染。

6.4.4　城市污泥堆肥施用方式的选择

由于林地内生长的植物多种多样,每类植物都有其最适宜的施肥方式,但林地面积巨大,植物种类繁多,对每种植物都采取最佳施肥方式存在一定的困难,因此常选择一种或几种方式对整个场地进行施肥。在施用污泥堆肥时,应采取干施肥的方式,而非灌溉施肥。对施肥后的土地应进行覆土处理。撒施(撒后翻土)、环施、放射状施、穴施(开沟或挖坑埋入肥料)等方式能够避免污泥堆肥中的营养物流失,减少污染物的迁移。

6.4.5　城市污泥堆肥施用量的控制

确定污泥堆肥的施肥量需要从城市污泥堆肥营养物含量、污染物含量、施用土壤的环境容量、营养物需求量等方面进行监测和核算，在确保施用污泥堆肥不会对环境造成污染的前提下，可尽量满足植物生长对营养物的需求。本课题通过对不同场地不同施肥方式条件下，土壤、水体、植物中污染物的监测，建议施肥量应控制在 3 kg/m^2 以内。

6.4.6　城市污泥堆肥中重金属的钝化控制

污泥堆肥中含有的重金属主要以交换态、碳酸盐结合态、铁锰氧化物结合态、有机结合态和残渣态五种不同的形态存在，其中交换态和碳酸盐结合态容易随径流流失，对水环境造成污染。而金属稳定剂能够将重金属从交换态转化为氧化物结合态或残渣态，降低重金属的生物有效性和毒性，减少其随径流流失的量。因此，针对污泥堆肥中的重金属有可能进入水体而迁移的风险，可以考虑在施用城市污泥堆肥时加入适量金属钝化剂如粉煤灰、生石灰等，降低重金属的迁移能力。

6.4.7　城市污泥堆肥施用后灌溉方式的确定

污泥堆肥中的营养物、重金属和多环芳烃有机物等能够随地表径流进入水体，而地表径流中污染物的量与地形、径流量、污泥堆肥施用量、污染物溶解性、地表植被覆盖情况有关。其中，径流量与降雨强度成正比，雨量越大产生的径流量越大。污泥堆肥施用于草坪或园林绿化场地后，常常需要定期浇水以维持绿化植物的正常生长，为了减少径流的产生量，应尽量采用滴灌或喷灌等冲击强度小的灌溉方式，而避免使用漫灌、淹灌等粗放的灌溉方式。

6.4.8　城市污泥堆肥施用后径流的截流与控制

由于施用污泥堆肥的场地地表径流中可能含有大量营养物、重金属、多环芳烃有机物等污染物，在有条件的地区可利用渠道、水塘和沟渠等暂时接纳富营养、高污染的地表排水。通过对施用场地的降雨径流进行控制和收集，将收集的径流进行灌溉、补水等方式的再使用，从而实现循环利用，减少地表径流的排放。

施用城市污泥堆肥后，施用场地的营养物、重金属、多环芳烃有机物含量都将大于周围环境。当施用污泥堆肥场地附近有受保护水体、饮用水水源、重要湿地等环境敏感区时，应在施用场地和敏感区之间，利用自然生态系统建立缓冲带，或在敏感区周边设置保护带以拦截过滤从污泥堆肥施用场地迁移的养分及污染物，提高营养物质和污染物质的净化能力，防止其流入周围河流、湖泊和水库等水体及环境敏感区域。

6.4.9　城市污泥堆肥施用林地地质条件的选择

由于多环芳烃有向地下水迁移的趋势，施用污泥堆肥时应充分考虑施用场地周围的地质构造，较低的渗透系数能够降低污染物的迁移速度，防止对地下水的污染。选择具有最优的地质及水文地质条件的地点作为城市污泥堆肥的施用场地，并严格按照限制施肥量和施肥方式进行，同时应当对地下水中的污染物浓度进行定期监测，一旦发现异常立即停止施用污泥堆肥。

6.4.10　城市污泥堆肥施用林地时植物类型的优选与搭配

草本植物植物在吸收营养元素的同时，对土壤中的污染物也具有一定的吸收和累积作用，不同的植物对营养物的需求和对污染物的富集能力不同。须根系发达的植物，其根与土壤的接触面积大，有利于固定土壤和截留污染物。当施用场地为人工草坪时，绿化植物应选择须根植物，利于截留污染物，减少施用污泥堆肥产生的风险。

不同类型的植物具有不同的保持水土的能力，其对污染物的吸收能力也不同。吸收污染物的总量与植物所能富集的污染物浓度、植物的生物量、植物根系表面积、根长、根生物量等因素密切相关。在城市污泥堆肥施用的场地，应尽量丰富植物的品种和类别，增加物种多样性，合理搭配冠层结构，选择深根植物与浅根植物结合的方式，充分利用土壤中的营养物，提高污泥堆肥的利用率，并最大限度地去除由施用堆肥而带入土壤中的污染物。

参考文献

[1] 城镇污水处理厂污泥处置　林地用泥质（CJ/T 362—2011）[S]. 北京：住房和城乡建设部，2011：2-5.

[2] 土壤环境质量标准（GB 15618—1995）[S]. 北京：国家环境保护局，1995：1-2.

[3] 地表水环境质量标准（GB 3838—2002）[S]. 北京：国家环境保护总局，2002：1-3.

[4] 城镇污水处理厂污泥处置　园林绿化用泥质（GB/T 23486—2009）[S]. 北京：中国标准出版社，2009：2-3.

[5] 城镇污水处理厂污泥泥质（GB/T 24188—2009）[S]. 北京：中国标准出版社，2009：1.

[6] 土壤环境质量标准（修订）（GB 15618—2008）[S]. 北京：环境保护部，2008：4-6.

[7] 地下水环境质量标准（GBT 14848—93）[S]. 北京：国家环境保护局，1993：1-3.

[8] 陈波宇，郑斯瑞，牛希成，等. 物种敏感度分布及其在生态毒理学中的应用[J]. 生态毒理学报，2010，5（4）：491-497.

[9] 杜静. 生态风险评价的数学模型及应用研究[D]. 兰州：兰州大学，2009：13-15.

[10] 何巧力，颜增光，汪群慧，等. 利用蚯蚓回避试验方法评价萘污染土壤的生态风险[J]. 农业环境科学学报，2007，26（2）：538-543.

[11] 何巧力. 土壤中萘和铜对赤子爱胜蚓的毒理效应研究[D]. 哈尔滨：哈尔滨工业大学，2007：42-44.

[12] 李琼. 城市污泥农用的可行性及风险评价研究[D]. 北京：首都师范大学，2012：86-99.

[13] 李新荣，赵同科，于艳新，等. 北京地区人群对多环芳烃的暴露及健康风险评价[J]. 农业环境科学学报，2009，28（8）：1758-1765.

[14] 刘新，王东红，马梅，等. 中国饮用水中多环芳烃的分布和健康风险评价[J]. 生态毒理学报，2011，6（2）：207-214.

[15] 陆志强，郑文教，马丽. 萘和芘胁迫对红树植物秋茄幼苗膜透性及抗氧化酶活性的影响[J]. 厦门大学学报：自然科学版，2008，47（5）：757-760.

[16] 陆志强，郑文教，马丽，等. 不同浓度萘和芘处理对红树植物秋茄胚轴萌发和幼苗的影响[J]. 厦门大学学报：自然科学版，2005，44（4）：580-583.

[17] 罗庆，孙丽娜，张耀华. 细河流域地下水中多环芳烃污染健康风险评价[J]. 农业环境科学学报，2011，30（5）：959-964.

[18] 孙玉焕，骆永明，滕应，等. 长江三角洲地区污水污泥与健康安全风险研究 V. 污泥施用对土壤微生物群落功能多样性的影响[J]. 土壤学报，2009（3）：406-411.

[19] 孙玉焕，骆永明，吴龙华，等. 长江三角洲地区污水污泥与健康安全风险研究 I. 粪大肠菌群数及其潜在环境风险[J]. 土壤学报，2005，42（3）：397-403.

[20] 万寅婧，占新华，周立祥. 土壤中芘、菲、萘、苯对小麦的生态毒性影响[J]. 中国环境科学，2005，25（5）：563-566.

[21] 王印，王军军，秦宁，等. 应用物种敏感性分布评估 DDT 和林丹对淡水生物的生态风险[J]. 环境科学学报，2009，29（11）：2407-2414.

[22] 杨道丽. 汞与溴苯腈复合污染对赤子爱胜蚓及球肾白线蚓的生态毒理效应研究[D]. 上海：上海交通大学，2012：140-145.

[23] 杨宇，石萱，徐福留，等. 天津地区土壤中萘的生态风险分析[J]. 环境科学，2004，25（2）：115-118.

[24] 张会兴，张征，宋莹. 地下水污染健康风险评价理论体系研究[J]. 环境保护科学，2013，39（3）：59-63.

[25] Frampton G K，Jansch S，Scott-Fordsmand J J，et al. Effects of pesticides on soil invertebrates in laboratory studies：a review and analysis using species sensitivity distribution[J]. Environmental Toxicology and Chemistry，2006，25（9）：280-2489.

[26] Maltby L，Blake N，Brook T C M，et al. Insecticide species sensitivity distributions：Importance of test species selection and relevance to aquatic ecosystems[J]. Environmental Toxicolgoy and Chemistry，2005，24（2）：379-388.

[27] Oregon Department of Environmental Quality. Guidance for ecological risk assessment levels Ⅰ，Ⅱ，Ⅲ，Ⅳ，Ⅴ [EB/OL]. http：//www.deqstate.or.us/lq/pubs/docs/cu/GuidanceEcological Risk.pdf. 2014-03-20.

[28] Suter II GW. Ecologicail Risk Assessment [M]. Boca Raton FL：Lewis Publisher，1993：538.

[29] US EPA.The Risk Assessment Guidelines of 1986[R].Washingtion D.C：Office of Emergency and Remedial Response：55-58.